Elementare Arithmetik und Algebra

Hermann Schubert

Alpha Editions

This edition published in 2022

ISBN : 9789356781153

Design and Setting By
Alpha Editions
www.alphaedis.com
Email - info@alphaedis.com

Vorwort.

Der vorliegende erste Band meiner im Verein mit vielen namhaften Fachgenossen begonnenen Sammlung mathematischer Lehrbücher enthält die elementare Arithmetik und Algebra, mit Einschluß der quadratischen Gleichungen und der Rechnungsarten dritter Stufe, aber mit Ausschluß der geometrischen Reihen, der Zinseszins-Rechnung, der höheren arithmetischen Reihen, der Kombinatorik, des binomischen Lehrsatzes, der Wahrscheinlichkeitsrechnung, der Kettenbrüche, der diophantischen Gleichungen, der binomischen Gleichungen und der kubischen Gleichungen. Diese Gebiete werden im fünften Bande der Sammlung, betitelt "Niedere Analysis", Aufnahme finden.

Hamburg, im November 1898.

Hermann Schubert.

Inhaltsverzeichnis

I Abschnitt: Die arithmetische Kurzschrift. 8

1 Arithmetische Bezeichnungen. 8

2 Das Setzen der Klammern. 13

3 Der Buchstabe als Zahl. 17

II Abschnitt: Rechnungsarten erster Stufe. 22

4 Zählen und Zahl. 22

5 Addition. 26

6 Subtraktion. 33

7 Verbindung von Addition und Subtraktion. 38

8 Null. 44

9 Negative Zahlen. 46

III Abschnitt: Rechnungsarten zweiter Stufe. 52

10 Multiplikation. 52

11 Division. 65

12 Verbindung von Multiplikation und Division. 72

13 Verbindung der Rechnungsarten erster und zweiter Stufe. 75

14 Gebrochene Zablen. 81

IV Abschnitt: Anwendungen der Bechnungsarten erster und zweiter Stufe. 91

15 Formeln für die Umwandlung von Ausdrücken. 91

16 Entwickeln und Vereinfachen. 98

17 Gleichungen ersten Grades mit einer Unbekannten. 101

18 Gleichungen ersten Grades mit mehreren Unbekannten. 115

19 Arithmetische Reihen. 125

20 Proportionen. 128

21 Eigenschaften der natürlichen Zahlen. 135

22 Zahl-Darstellung. 141

23 Dezimalbrüche. 147

V Abschnitt: Quadratwurzeln und quadratische Gleichungen. 156

24 Quadrierung und Quadratwurzel-Ausziehung. 156

25 Irrationale Zahlen. 168

26 Imaginäre Zahlen. 176

27 Quadratische Gleichungen mit einer Unbekannten. 184

28 Quadratische Gleichungen mit mehreren Unbekannten. 200

VI Abschnitt: Rechnungsarten dritter Stufe. 216

29 Potenzen mit ganzzahligen Exponenten. 216

30 Wurzeln. 223

31 Potenzen mit gebrochenen und irrationalen Exponenten. 234

32 Logarithmen. 240

Anhang. 251

33 Das System der arithmetischen Operationen. 252

34 Die Erweiterungen des Zahlbegriffs. 254

35 Historisches. 255

36 Rechnungs-Ergebnisse bei den Übungen (mit Auswahl). 260

I. Abschnitt.

Die arithmetische Kurzschrift.

§ 1. Arithmetische Bezeichnungen.

Aus dem elementaren Rechnen hat sich seit dem 16. Jahrhundert eine bestimmte Zeichensprache entwickelt, deren sich die Arithmetik, d. h. die Lehre von den Zahlen, bedient. Diese Zeichensprache, die zugleich eine auf Übereinkunft beruhende Kurzschrift ist, wird in diesem Abschnitt an der Hand der Verbindung der natürlichen Zahlen durch die vier Species des Rechnens auseinandergesetzt.

Jede Zahl muß in Bezug auf jede andere eine der folgenden drei Eigenschaften haben. Entweder sie muß ihr *gleich* oder *größer* als sie oder *kleiner* als sie sein. Demnach besitzt die Arithmetik drei Vergleichungszeichen, nämlich

$$=, >, <,$$

die man beziehungsweise "*gleich*", "*größer als*", "*kleiner als*" liest. Die beiden Zeichen $>$ und $<$ unterscheide der Anfänger dadurch, daß er sich merkt, daß die Spitze des Vergleichungs-Zeichens stets auf die kleinere Zahl hin gerichtet ist.

Für die Verbindung zweier Zablen durch eine der vier Species (Grund-Rechnungsarten) Addition, Subtraktion, Multiplikation und Division sind die vier Zeichen:

$$+, -, \cdot, :$$

üblich geworden, die man beziehungsweise "*plus*", "*minus*", "*mal*" und "*durch*" liest. Die Namen für die beiden durch jede der vier Species verbundenen Zahlen sowie für das in jedem Falle erhaltene Ergebnis gehen aus der folgenden Übersicht hervor:

Name der vier Grundrechnungsarten:	Addition	Subtraktion	Multiplikation	Division
Beispiel:	$15+3=18$	$15-3=12$	$15\cdot 3=45$	$15:3=5$
Die erste Zahl, hier 15, heißt:	Summandus	Minuendus	Faktor	Dividendus
Die zweite Zahl, hier 3, heißt:	Summandus	Subtrahendus	Faktor	Divisor
Name des Ergebnisses:	Summe	Differenz	Produkt	Quotient

Addition und Subtraktion heißen Grundrechnungsarten erster Stufe, Multiplikation und Division zweiter Stufe. Ferner heißen Addition uud Multiplikation *direkte*, Subtraktion und Division *indirekte* Grundrechnungsarten.—Jede Grundrechnungsart läßt aus zwei Zahlen eine dritte finden. Diese dritte Zahl kann entweder *ausgerechnet* dargestellt werden, wie in den obigen Beispielen 18, 12, 45 und 5 oder *unausgerechnet*, wie $15+3$, $15-3$, $15\cdot 3$, $15:3$. Unausgerechnet dargestellte Summen, Differenzen, Produkte oder Quotienten nennt man *Ausdrücke*. Die drei Vergleichungszeichen wendet man auch bei Ausdrücken an. Man bezeichnet also einen Ausdruck als *gleich* einem andern, wenn er dieselbe Zahl darstellt, wie jener. Man nennt ferner einen Ausdruck *größer* oder *kleiner* als einen andern, wenn er eine größere bezw. kleinere Zahl darstellt, als jener.

Zwei durch ein Vergleichungs-Zeichen verbundene Zahlen oder Ausdrücke bilden eine *Vergleichung*, und zwar ist die Vergleichung eine *Gleichung*, wenn das verbindende Zeichen das Gleichheitszeichen ist, eine *Ungleichung*, wenn dieses Zeichen das Größer- oder das Kleiner-Zeichen ist.

Bei einer Gleichung darf man die rechte und die linke Seite vertauschen, d. h. die Gleichung rückwärts lesen. Dabei ist das Gleichheitszeichen wieder mit "gleich" zu übersetzen. So lautet $15-3=12$ rückwärts gelesen $12=15-3$. Wenn man aber eine Ungleichung rückwärts liest, so ist kleiner statt größer und größer statt kleiner zu setzen. So ergiebt $15-3>11$ rückwärts gelesen $11<15-3$.

Übungen zu § 1.

Lies die folgenden Vergleichungen:

1. $4 = 4$;

2. $9 > 3$;

3. $43 < 11$.

4. Drücke aus, dass 12 kleiner als 20 ist.

Lies und berechne:

5. $7 + 8$;

6. $13 - 5$;

7. $13 \cdot 5$;

8. $28 : 7$;

9. $28 + 7$;

10. $8 - 7$;

11. $9 : 3$;

12. $10 \cdot 10$;

13. $300 : 60$.

14. Unterscheide, bei welchen von den Ausdrücken 5) bis 13) eine Grundrechnungsart *erster* und bei welchen eine *zweiter* Stufe auftritt.

15. Bei welchen von den Ausdrucken 5) bis 13) tritt eine *indirekte* Grundrechnungsart auf?

Suche in den Ausdrücken 5) bis 13):

16. die Summanden;

17. die Minuenden;

18. die Subtrahenden;

19. die Faktoren;

20. die Dividenden;

21. die Divisoren.

Welche von den Ausdrücken 5) bis 13) sind:

22. Differenzen?

23. Quotienten?

24. Produkte?

25. Summen?

Schreibe in arithmetischen Zeichen:

26. das Produkt, dessen Faktoren 4 und 9 sind;

27. die Summe, deren Summanden 4 und 9 sind;

28. die Differenz, deren Minuendus 24 und deren Subtrahendus 8 ist;

29. den Quotienten, dessen Dividendus 24 und dessen Divisor 8 ist;

30. den Quotienten, dessen Dividendus 25 und dessen Divisor 5 ist;

31. das Produkt, dessen Faktoren 25 und 5 sind.

Drücke in arithmetischer Kurzschrift aus:

32. Durch Vermehrung von 8 um 2 entsteht 10;

33. Durch Verdoppelung von 8 entsteht 16;

34. Durch Zusammenzählen von 15 und 85 entsteht 100;

35. Durch Versechsfachung von 9 entsteht 54;

36. Der Unterschied von 19 und 16 beträgt 3;

37. Wenn man 43 um 7 wachsen lässt, entsteht 50;

38. Der siebente Teil von 91 beträgt 13;

39. Wenn man 20 in vier gleiche Teile teilt, wird jeder Teil gleich 5;

40. Die Verminderung von 32 um 10 beträgt 22.

Setze das richtige Vergleichungszeichen zwischen die Ausdrücke:

41. $9 + 4$ und $11 + 2$;

42. $13 + 5$ und $2 \cdot 9$;

43. $45 - 10$ und $4 \cdot 4$;

44. $19 \cdot 3$ und $6 \cdot 10$;

45. $28 : 4$ und $5 + 4$;

46. $37 + 7$ und $4 \cdot 11$;

47. $98 - 18$ und $162 : 2$;

48. $225 : 45$ und $216 : 36$.

Drücke in arithmetischer Zeichensprache aus:

49. Die Vermehrung von 11 um 9 ergiebt dasselbe wie die Vervielfachung von 5;

50. Die Verminderung von 17 um 7 ergiebt dasselbe wie die Vermehrung von 3 um 7;

51. Die Hälfte von 12 ist gleich der um 1 verminderten Zahl 7;

52. Das Doppelte von 6 ist der sechste Teil von 72;

53. 19 ist grösser als die Hälfte von 36;

54. Zu 13 muß man noch eine Zahl hinzufügen, um das Dreifache von 5 zu erhalten;

55. Die Zahl 100 übertrifft den Übersehuß von 120 üher 24;

56. Der fünfte Teil von 65 ergiebt mehr als der sechster Teil von 60;

57. Die Summe von 19 und 11 ist kleiner als 4 mal 8, das erhaltene Produkt aber wieder kleiner als der dritte Teil von 99;

58. 7 mal 7 liegt *zwischen* 6 mal 8 und 5 mal 10.

§ 2. Das Setzen der Klammern.

Wenn man die Differenz $20 - 4$ um 5 vermehrt, so erhält man $16 + 5$ oder 21. Wenn man zweitens 20 um die Summe von 4 und 5 vermindert, so erhält man $20 - 9$ oder 11. Man erhält also verschiedene Ergebnisse, obwohl in beiden Fällen die arithmetische Kurzschrift ein und dasselbe nämlich:

$$20 - 4 + 5$$

ergeben würde. Es ist daher notwendig, wohl zu unterscheiden, ob zuerst die Subtraktion $20 - 4$ oder zuerst die Addition $4 + 5$ ausgeführt gedacht werden soll. Diese Unterscheidung wird nun in der arithmetischen Zeichensprache dadurch getroffen, daß man den zuerst auszuführenden Ausdruck in eine *Klammer* einschließt, also bei unserm Beispiele:

$$(20 - 4) + 5 = 16 + 5 = 21,$$
$$\text{und } 20 - (4 + 5) = 20 - 9 = 11.$$

Der Kürze wegen, kann man jedoch in dem einen der beiden Fälle die Klammer fortlassen. Wenn Rechnungsarten *gleicher Stufe* zusammentreffen, wie in dem obigen Beispiele, so läßt man die Klammer um den zu *Anfang* stehenden Ausdruck fort, also:

$$(20 - 4) + 5 = 20 - 4 + 5 = 16 + 5 = 21.$$

Wenn aber Rechnungsarten *verschiedener Stufe* zusammentreffen, so läßt man die Klammer um den Ausdruck fort, der die Rechnungsart *höherer* Stufe enthält, gleichviel ob dieser Ausdruck voransteht oder nachfolgt, z. B.:

$$7 + 8 \cdot 5 = 7 + 40 = 47,$$
$$\text{aber } (7 + 8) \cdot 5 = 15 \cdot 5 = 75.$$

Über das Setzen der Klammern gelten demnach die folgenden drei Regeln:

Erste Klammerregel: *Ein Ausdruck, der selbst Teil eines ändern Ausdrucks ist, wird in eine Klammer eingeschlossen;* z. B.:

$$(7 - 3).5 = 4.5 = 20;$$
$$31 - (7 + 8) = 31 - 15 = 16;$$
$$(18 : 3) : 3 - 6 : 3 = 2.$$

Zweite Klammerregel: *Diese Klammer darf jedoch fortgelassen werden, wenn zwei Rechnungsarten* ***gleicher*** *Stufe auf einander folgen, und die* ***voranstehende*** *Rechnungsart zuerst ausgeführt werden soll;* z. B.:

$$13 - 9 + 1 = 4 + 1 = 5;$$
$$6 \cdot 9 : 3 = 54 : 3 = 18;$$
$$36 : 3 : 4 = 12 : 4 = 3.$$

Dritte Klammerregel: *Die Klammer darf ferner fortgelassen werden, wenn zwei Rechnungsarten* ***ungleicher*** *Stufe auf einander folgen und die Rechnungsart* ***höherer*** *Stufe zuerst ausgefübrt werden soll;* z. B.:

$$49 - 6 \cdot 8 = 49 - 48 = 1;$$
$$25 - 12 : 4 = 25 - 3 = 22;$$
$$80 : 4 - 2 = 20 - 2 = 18.$$

Diese drei Klammerregeln machen also die Klammer in zwei Fällen *überflüssig*, nämlich:

Erstens um einen Ausdruck, der *erster* Teil eines Ausdruckes *gleicher* Stufe ist, z. B.:

$$(9 - 7) + 1 = 9 - 7 + 1;$$

zweitens um ein Produkt oder um einen Quotienten, wenn dieselben Teile einer Summe oder einer Differenz sind, z. B.: $8 + (9 \cdot 4) = 8 + 9 \cdot 4$.

Eine überflüssige Klammer setzt man nur in Fällen, wo es zweckmäßig erscheint, den von der Klammer eingeschlossenen Ausdruck hervorzuheben oder kenntlicher zu machen.

Vor und nach einer Klammer kann der als Multiplikationszeichen dienende *Punkt* fortgelassen werden, z. B.:

$$9(4 + 3) = 9 \cdot 7 = 63; \qquad (10 - 3)3 = 7 \cdot 3 = 21.$$

In den obigen Beispielen zur Verdeutlichung der Klammerregeln sind immer nur *zwei* Rechnungsarten zusammengetreten. Ein aus zwei Rechnungsarten zusammengesetzter Ausdruck kann jedoch wieder Teil eines dritten Ausdrucks sein, dieser dritte Ausdruck wieder Teil eines vierten, u. s. w. Bei so *zusammengesetzten* Ausdrücken benutzt man zur besseren Unterscheidung anßer den runden Klammern $(\ldots)$ auch eckige $[\ldots]$, größere rundet $\big(\ldots.\big)$ und auch wohl geschweifte $\{\ldots\ldots\}$, z. B.:

$$6 \cdot [11 - (5 - 2)] = 6 \cdot [11 - 3] = 6 \cdot 8 = 48;$$

$$\begin{aligned} &100 : \{97 - [7 + 80 : (16 : 8)]\} \\ &= 100 : \{97 - [7 + 80 : 2]\} \\ &= 100 : \{97 - [7 + 40]\} \\ &= 100 : \{97 - 47\} = 100 : 50 = 2. \end{aligned}$$

Wenn man die Zahl *berechnen* will, die durch einen zusammengesetzten Ausdruck dargestellt wird, so hat man wegen der drei Klammerregeln auf folgendes zu achten:

1) Die innerhalb einer Klammer angezeigte Rechnungsart ist früher auszuführen, als die ausserhalb der Klammer vorgeschriebenen Rechnungsarten;

2) Zwei Rechnungsarten *gleicher* Stufe werden, wenn sie klammerlos aufeinanderfolgen, in der Reihenfolge, wie man liest, also von links nach rechts, ausgeführt;

3) Von zwei *ungleichstufigen* Rechnungsarten, die klammerlos aufeinanderfolgen, wird immer die Rechnungsart *höherer* Stufe zuerst ausgeführt, selbst dann, wenn sie der niederer Stufe nachfolgt.

Beispiele der Berechnung zusammengesetzter Ausdrücke:

1) $205 - 9 \cdot (3 + 9) = 205 - 9 \cdot 12 = 205 - 108 = \mathbf{97}$;

2) $(45 + 9 \cdot 5) : (2 + 3 + 4) = (45 + 45) : (5 + 4) = 90 : 9 = \mathbf{10}$;

3) $[(3 + 13 - 4) \cdot 5 - 2 \cdot 3] : (3 \cdot 6) = [(16 - 4) \cdot 5 - 2 \cdot 3] : 18 = [12 \cdot 5 - 2 \cdot 3] : 18 = [60 - 6] : 18 = 54 : 18 = \mathbf{3}$.

Übungen zu § 2.

1. Wie unterscheiden sich $(17 - 4) \cdot 3$ und $17 - (4 \cdot 3)$?

2. Wie unterscheiden sich $20 - (13 - 3)$ und $(20 - 13) - 3$?

Sehreibe in Zeichensprache den drei Klammerregeln gemäss und berechne dann:

3. 29 vermindert um die Summe von 11 und 3;

4. 48 dividiert durch das Produkt von 3 und 4;

5. 24 vermehrt um 7 und die erhaltene Summe vermindert um 8;

6. Das Produkt von 7 und 13, vermindert um 48;

7. Die Summe von 7 und 13, geteilt durch 4;

8. Der Unterschied von 28 und 19, vermehrt um 91;
9. Der dritte Teil von 96, geteilt durch 8;
10. Die Summe von 19 und 31, vermindert um 6 mal 8;
11. Die Differenz von 8 mal 4 und 5 mal 6;
12. Das Produkt der Summen $5 + 6$ und $3 + 4$;
13. Der Quotient, dessen Dividendns die Summe von 37 und 7, und dessen Divisor die Summe von 4 und 7 ist;
14. Der Ausdruck, der entsteht, wenn man die Summe von 38 und 13 um die Differenz von 18 und 7 vermindert;
15. 93 vermindert um das Produkt von 4 und 8, und die erhaltene Differenz um 39 vermehrt;
16. Das Produkt von 9 und 11 vermehrt um die Differenz zwischen 11 und 9;
17. Die Summe von 3 und 4, vermehrt um die Summe von 5 und 6, und die so erhaltene Summe vermehrt um die Differenz zwischen 100 und 18;
18. 100 vermindert um 7, die Differenz vermindert um 3 mal 4, die Differenz dividiert durch das Produkt von 3 und 9.

Berechne, den Klammerregeln gemäss:

19. $18 - 8 + 3$;
20. $18 - (8 + 3)$;
21. $20 : 10 : 2$;
22. $20 : (10 : 2)$;
23. $3 \cdot 4 \cdot 5$;
24. $3 \cdot (4 \cdot 5)$;
25. $5 \cdot 18 : 9$;
26. $5 \cdot (18 : 9)$;
27. $7 + 17 - 14$;

28. $7 + (17 - 14)$;

29. $24 : 6 + 30 : 5$;

30. $30 + 3 \cdot (5 - 2)$;

31. $20 - 5 - 6 - 2 \cdot 4$;

32. $(50 - 8) : (2 \cdot 3)$;

33. $(50 - 8) : 2 \cdot 3$;

34. $40 + (2 \cdot 5 + 3 \cdot 6) - (5 + 4 + 3)$;

35. $(1 + 2 + 3 + 4 + 5)(6 + 7)$;

36. $[(2 + 3) \cdot 4 - (9 - 4)](8 - 5)$;

37. $52 - [50 - 3(5 + 8)]$;

38. $200 - \{100 - [19 - (4 + 5)]\}$;

39. $(3 + 9)[(3 + 17) \cdot 4 - 5 \cdot 6] - \{20 + [19 - (8 + 9)]\}$;

40. $3 + 9 \cdot 3 + 17 \cdot 4 - 5 \cdot 6 - 20 + 19 - 8 + 9$.

---

§ 3. Der Buchstabe als Zahl.

Um eine beliebige Zahl zu bezeichnen, setzt man in der Arithmetik dafür einen Buchstaben, wie a, b, x, A, α u. s. w. Dabei gilt nur die Regel, dass in einer Vergleichung oder überhaupt im Laufe einer auf Zahlen bezüglichen Erörterung *ein und derselbe Buchstabe auch immer nur eine und dieselbe Zahl* vertreten darf. Meist gebraucht man in der Arithmetik die Buchstaben des kleinen lateinischen Alphabets.

Auch die Buchstaben werden, wie die gewöhnlichen Zahlzeichen, durch die Rechnungsarten zu Ausdrücken verknüpft. So entstehen *Buchstaben-Ausdrücke*, wie z. B. $a - b + a \cdot b$ oder $(7 \cdot (x + a) - 7 \cdot a) : 7$. Dabei kann der als Multiplikationszeichen dienende Punkt sowohl zwischen zwei Buchstaben, wie auch zwischen einer Zahl und einem Buchstaben fortgelassen werden.

In einem Buchstaben-Ausdrucke darf man immer für einen und denselben Buchstaben eine und dieselbe Zahl *einsetzen.* Thut man dies bei jedem in dem Ausdrucke vorkommenden Buchstaben, so lässt sich der Buchstaben-Ausdruck für die betreffenden Einsetzungen (*Substitutionen*) *berechnen.* So ergiebt z. B. der Ausdruck

$$a(a+b)-ab$$

für $a=5$, $b=3$ die Zahl 25, für $a=6$, $b=7$ die Zahl 36, nämlich:

1) $a(a+b)-ab=5(5+3)-5\cdot 3=5\cdot 8-5\cdot 3-40-15-25;$

2) $a(a+b)-ab=6(6+7)-6\cdot 7=6\cdot 13-6\cdot 7=78-42=36;$

An die Stelle der Buchstaben darf man auch Zablen-Ausdrücke oder neue Buchstaben oder Buchstaben-Ausdrücke einsetzen. Soll z. B. in $a(a+b)-ab$ der Ausdruck $3+4$ für a, $5\cdot 6$ für b gesetzt werden, so ergiebt sich: $(3+4)(3+4+5\cdot 6)-(3+4)\cdot(5\cdot 6)$. Wenn man ferner $v+w$ für a, $v\cdot w$ für b einsetzt, erhält man:

$$(v+w)(v+w+vw)-(v+w)(vw).$$

Wenn an die Stelle eines Buchstabens ein Ausdruck gesetzt wird, so ist darauf zu achten, ob nicht vielleicht dieser Ausdruck nach Vorschrift der Klammerregeln in eine Klammer einzuschliessen ist, wie dies bei den obigen Beispielen der Fall war.

Als allgemeine Zahlzeichen wendet man oft auch Buchstaben an, denen unten kleiner geschriebene Zahlen, die man dann *Indices* nennt, oder oben kleine Striche angefügt werden, z. B.:

c_1 (gelesen: "c eins"), c_2 (gelesen: "c zwei"), ...

d' (gelesen: "d-strich"), d'' (gelesen: "d-zweistrich"), ...

Wenn man zwei Ausdrücke, in denen ein Buchstabe oder mehrere Buchstaben auftreten, zu einer Gleichung verbindet, dann für jeden Buchstaben eine gewisse Zahl einsetzt, so erhält man rechts und links vom Gleichheitszeichen entweder zwei gleiche oder zwei ungleiche Zahlen. Im ersteren Falle erweist eich die Gleichung für die ausgeführte Substitution als richtig, im zweiten Falle als falsch. Beispiele:

1) $4(x+1)=3x+8$ erweist sich für $x=1$, $x=2$, $x=3$ als falsch, dagegen für $x=4$ als richtig.

2) Die Gleichung $(a+b)(a+b)=aa+2ab+bb$ erweist sich immer als richtig, was man auch für a und für b setzen mag.

Gleichungen, die immer richtig werden, gleichviel, was man für die in ihnen auftretenden Buchstaben setzen mag, heissen *identische.* Identische Gleichungen nennt man *Formeln*, wenn sie dazu dienen, arithmetische Wahrheiten (*Gesetze*) auszusprechen, die sich auf alle Zahlen beziehen, also allgemeingültig sind. Beispiele von Formeln:

1) $ab=ba$ ist eine Formel, die ausspricht, dass ein Produkt unabhängig von der Reihenfolge der Faktoren ist, aus denen es hervorgeht;

2) $a - (b + c) = a - b - c$ ist eine Formel, die ausspricht, dass man, statt eine Summe zu subtrahieren, auch den ersten Summanden subtrahieren und von der erhaltenen Differenz den andern Summanden subtrahieren darf.

Da man die beiden Seiten einer Gleichung vertauschen darf, so darf auch jede Formel rückwärts, d. h. von rechts nach links *übersetzt* werden. Beispielsweise lautet die Formel:

$$(c + d)e = ce + de$$

vorwärts übersetzt: "Eine Summe multipliziert man, indem man jeden Summanden multipliziert, und die erhaltenen Produkte addiert." Dagegen lautet dieselbe Formel, rückwärts übersetzt: "Zwei Produkte, deren zweiter Faktor derselbe ist, addiert man, indem man die andern beiden Faktoren addiert und die erhaltene Summe mit dem gemeinsamen Faktor multipliziert."

Im Gegensatz zu den identischen Gleichungen stehen die *Bestimmungsgleichungen*, oder Gleichungen schlechthin. Dies sind solche Gleichungen, die nur richtig werden, wenn man für Buchstaben, die in ihnen auftreten, gewisse Zahlen einsetzt. Wenn in einer solchen Gleichung nur ein einziger Buchstabe auftritt, so entsteht die Aufgabe, die Zahl oder die Zahlen zu bestimmen, die für den Buchstaben gesetzt werden müssen, damit eine richtige Gleichung zwischen Zahl-Ausdrücken entsteht. Beispiele:

1) $5x - 1 = 14$ wird nur richtig für $x = 3$;

2) $x \cdot x + 28 = 11x$ wird für zwei Substitutionen richtig, nämlich für $x = 4$ und auch für $x = 7$, aber für keine sonstige Einsetzung.

Der Buchstabe, für welchen man bei einer Bestimmungsgleichung eine Zahl setzen soll, damit dieselbe richtig wird, heisst die "*Unbekannte*" der Gleichung und die Zahl selbst ihr *Wert*. Die Unbekannten pflegt man mit den letzten Buchstaben des lateinischen Alphabets zu bezeichnen, und zwar meist mit x, wenn nur eine Unbekannte da ist.

Nur in den einfachsten Fällen kann man die Werte der Unbekannten durch *Raten* bestimmen. Dagegen ermöglichen es die in den folgenden Abschnitten entwickelten Gesetze der Arithmetik, die Unbekannten der Gleichungen *methodisch* zu bestimmen. Derjenige Teil der Arithmetik, der sich insbesondere mit der methodischen Bestimmung der Unbekannten beschäftigt, heisst "*Algebra*".

Übungen zu § 3.

1. Wie heisst die Summe von c und d?
2. Wie heisst der Ausdruck, der angiebt, um wieviel a grösser als b ist?
3. Wie heisst der q-te Teil von p?
4. Welcher Ausdruck drückt das m-fache von a aus?
5. Wie kann man die Zahl schreiben, die auf die Zahl a in der natürlichen Reihenfolge der Zahlen nachfolgt?
6. Wie ist das Zehnfache von $a - b$ zu schreiben?
7. Drücke arithmetisch aus, dass das Dreifache von a um den vierten Teil von b vermehrt werden soll.
8. Drücke arithmetisch aus, dass a, dividiert durch $b : c$ dasselbe ergiebt, wie $a : b$, mit c multipliziert.

Berechne die folgenden Ausdrücke für $a = 19$:

9. $4a - (a + 7)$;
10. $(a + 1)(a + 31)$;
11. $(a + 6) : (a - 14)$.

Berechne die folgenden Ausdrücke für $a = 11,\ b = 5$:

12. $a \cdot a - b \cdot b$;
13. $(a + b)(a - b)$;
14. $a - [a - (a - b)]$.

Berechne die folgenden Ausdrücke für $d = 18,\ e = 6,\ f = 5$:

15. $(d : e + f \cdot e) : (e + f)$;
16. $(d + e - f) : (d + 1)$.

Entscheide, ob die folgenden Gleichungen für $x = 7$ *richtig werden:*

17. $8(x - 5) = 2x + 2$;
18. $3x - 2x + 1 = 3x - (2x + 1)$;

19. $4x : 14 = x - 5;$

20. $16 : (x + 1) = x - 5.$

Entscheide durch Probieren, daß die folgenden Gleichungen identische sind:

21. $x + y = y + x;$

22. $xx + yy = (x + y)(x + y) - 2xy;$

23. $(a + b)(aa - ab + bb) = aaa + bbb;$

24. $3(x + 1) = 3x + 5 - 2;$

25. $(x + 5)(x + 3) = x + 8xx + 15.$

Wie heissen die folgenden Formeln in Worten:

26. $a + (b + c) = a + b + c;$

27. $(a + b) : c = a : c + b : c,$

28. $ap - aq = a(p - q);$

29. $a : b : c = a : (b \cdot c)?$

II. Abschnitt.

Rechnungsarten erster Stufe.

§ 4. Zählen und Zahl.

Selbst Völker, die noch auf einer ganz niedrigen Kulturstufe stehen, verstehen es, Zahlen aufzufassen und Zahlen mitzuteilen, selbst dann, wenn ihre Sprache kein passendes Zahlwort besitzt. In diesem Falle dienen die Finger oder Steinchen dazu, die Zahlen mitzuteilen. Einerseits diese Beobachtung, andrerseits die Beobachtung unsrer Kinder, wenn sie zählen lernen, führt uns dazu, als das wichtigste Moment im Begriff des Zählens das *Zuordnen* anzusehen. Wenn man Dinge zählt, fasst man sie als gleichartig auf, sieht sie als eine Gesamtheit an,und ordnet ihnen einzeln andere Dinge zu, z. B. die Finger, Rechenkugeln, Holzstäbchen oder Kreidestriche. Jedes von den Dingen, denen man beim Zählen andere Dinge zuordnet, heißt *Einheit*; jedes von den Dingen, die man beim Zählen ändern Dingen zuordnet, heisst *Einer*. Die Ergebnisse des Zählens heissen *Zahlen*. Wegen der Gleichartigkeit der Einheiten unter einander und auch der Einer unter einander ist die Zahl unabhängig von der Reihenfolge, in welcher den Einheiten die Einer, zugeordnet werden. Ordnet man den zu zählenden Dingen gleichartige Schriftzeichen zu, so erhält man die *natürlichen Zahlzeichen*. So stellten in ältester Zeit die Römer die Zahlen von eins his neun durch Aneinanderreihung von Strichen dar, die Azteken die Zahlen von eins his neunzehn durch Zusammenstellung einzelner Kreise. Die modernen Kulturvölker besitzen natürliche Zahlzeichen nur noch auf den Würfeln, den Dominosteinen und den Spielkarten. Wenn man den zu zählenden Dingen gleichartige Laute als Einer zuordnet, so erhält man die *natürlichen Zahllaute*, wie sie z. B. die Schlagwerke der Uhren ertönen lassen. Statt solcher natürlichen Zahlzeichen und Zahllaute gebraucht man gewöhnlich Schriftzeichen und Wörter, die sich aus wenigen elementaren Zeichen und Wortstämmen *methodisch* zusammensetzen. Die Art dieser methodischen Zusammensetzung ist jedermann aus dem Rechen-Unterricht geläufig, wird deshalb hier zunächst als bekannt vorausgesetzt, jedoch später (§ 22) näher erörtert werden. Daß bei den so zusammengesetzten Zahlwörtern und Zahlzeichen die Zahl Zehn eine grundlegende Rolle spielt, rührt davon her, daß der Mensch zehn Finger hat. Die moderne Zifferschrift, welche auf dem Prinzip des *Stellenwerts* und der Einführung eines *Zeichens für nichts* beruht, ist von indischen Brahma-Priestern erfunden, gelangte um 800 zur Kenntnis der Araber und um 1200 nach dem christlichen Europa, wo im Laufe der folgenden drei Jahrhunderte die neue Zifferschrift allmählich die römische Zifferschrift verdrängte.

Wenn man bei einer Zahl durch einen hinzugefügten Sammelbegriff daran erinnert, inwiefern die Einheiten als gleichartig engesehen wurden, spricht man eine *benannte* Zahl aus. Durch vollständiges Absehen von der Natur der gezählten Dinge gelangt man vom Begriff der benannten Zahl zum Begriff der *unbenannten* Zahl. Unter Zahl schlechthin ist immer eine unbenannte Zahl zu verstehen.

Die Lehre von den Beziehungen der Zahlen zu einander, heißt *Arithmetik* (von ἀ ριθμός, Zahl). *Rechnen* heißt, aus gegebenen Zahlen gesuchte Zahlen methodisch ableiten. In der Arithmetik ist es üblich, eine beliebige Zahl durch einen *Buchstaben* auszudrücken, wobei nur zu beachten ist, daß innerhalb einer und derselben Betrachtung derselbe Buchstabe auch immer nur eine und dieselbe Zahl bedeuten darf (vgl. § 3).

Gleich heißen zwei Zablen a und b, wenn die Einheiten von a und die von b sich einander so zuordnen lassen, daß alle Einheiten von a und von b an dieser Zuordnung teilnehmen. *Ungleich* heißen zwei Zablen a und b, wenn ein solches Zuordnen nicht möglich ist. Da beim Zählen die Einheiten als gleichartig angesehen werden, so ist es für die Entscheidung, ob a und b gleich oder ungleich sind, gleichgültig, welche Einheiten von a und von b einander zugeordnet werden. Wenn zwei Zahlen ungleich sind, so nennt man die eine die *grössere*, die andere die *kleinere*, a heißt größer als b, wenn sich die Einheiten von a und die von b einander so zuordnen lassen, daß zwar alle Einheiten von b, aber nicht alle von a an dieser Zuordnung teilnehmen. Das Urteil, daß zwei Zahlen gleich bezw. ungleich sind, heißt eine *Gleichung* bezw. *Ungleichung*. Für gleich, größer, kleiner benutzt man in der Arithmetik bezw. die drei Zeichen $=$, $>$, $<$, die man zwischen die verglichenen Zahlen setzt (vgl. § 1). Die Zahl, die vor einem dieser drei Vergleichungszeichen steht, heißt *linke Seite*, die Zahl, die nachfolgt, *rechte Seite* der Gleichung oder Ungleichung. Wenn man aus mehreren. Vergleichungen einen Schluß zieht, so deutet man dies durch einen wagerechten Strich an. Die fundamentalsten Schlüsse der Arithmetik sind:

$$\frac{a=b}{b=a};\qquad \frac{a>b}{b<a};\qquad \frac{a<b}{b>a}.$$

Diese drei Schlüsse können in Worten so ausgesprochen werden:

1) Die rechte und die linke Seite einer Gleichung dürfen vertauscht werden, oder, was dasselbe ist, jede Gleichung darf auch rückwärts, d. h. von rechts nach links, geschrieben werden (§ 1).

2) Die rechte und die linke Seite einer Ungleichung dürfen vertauscht werden, falls man das Größerzeichen in ein Kleinerzeichen oder umgekehrt verwandelt, oder, was dasselbe ist, jede Ungleichung darf vorwärts und rückwärts geschrieben werden, falls nur die Spitze des Ungleichheitszeichen immer auf das Kleinere gerichtet wird (§ 1).

Die voraufgehenden Schlüsse beziehen sich auf nur zwei Zahlen. Auf drei Zahlen beziehen sich die folgenden Schlüsse:

1) Das Gleichheitszeichen bleibt ein Gleichheitszeichen, wenn rechts oder links Gleiches eingesetzt wird; d. h. in Zeichensprache:

$$\left|\begin{array}{c} a=b\\ c=a\\ \hline c=b \end{array}\right|,\qquad \left|\begin{array}{c} a=b\\ c=b\\ \hline a=c \end{array}\right|.$$

2) Das Gleichheitszeichen ist in ein Größerzeichen zu verwandeln, wenn links Größeres oder wenn rechts Kleineres eingesetzt wird; das Gleichheitszeichen ist in ein Kleinerzeichen zu verwandeln, wenn links Kleineres oder wenn rechts Grösseres eingesetzt wird; d. h. in Zeichensprache:

$$\left|\begin{array}{c} a=b\\ c>a\\ \hline c>b \end{array}\right|,\qquad \left|\begin{array}{c} a=b\\ c<b\\ \hline a>c \end{array}\right|,\qquad \left|\begin{array}{c} a=b\\ c<a\\ \hline c<b \end{array}\right|,\qquad \left|\begin{array}{c} a=b\\ c>b\\ \hline a<c \end{array}\right|.$$

3) Ein Ungleichheitszeichen bleibt unverändert: erstens, wenn da, wo die größere Zahl steht, eine ihr gleiche oder eine noch größere Zahl eingesetzt wird, zweitens, wenn da, wo die kleinere Zahl steht, eine ihr gleiche oder eine noch kleinere Zahl eingesetzt wird; d. h. in Zeichensprache:

$$\left|\begin{array}{c} a>b\\ c=a\\ \hline c>b \end{array}\right|,\qquad \left|\begin{array}{c} a>b\\ c>a\\ \hline c>b \end{array}\right|,\qquad \left|\begin{array}{c} a>b\\ c=b\\ \hline a>c \end{array}\right|,\qquad \left|\begin{array}{c} a>b\\ c<b\\ \hline a>c \end{array}\right|,$$

$$\left|\begin{array}{c} a<b\\ c=a\\ \hline c<b \end{array}\right|,\qquad \left|\begin{array}{c} a<b\\ c<a\\ \hline c<b \end{array}\right|,\qquad \left|\begin{array}{c} a<b\\ c=b\\ \hline a<c \end{array}\right|,\qquad \left|\begin{array}{c} a<b\\ c>b\\ \hline a<c \end{array}\right|.$$

Übungen zu § 4.

1. Ein Speicher-Aufseher zählte die emporgewundenen Säcke, indem er für jeden nach oben gekommenen Sack einen Kreidestrich an die Wand machte. Er erhielt dadurch das folgende Zahlbild ||||| ||||. Wie drückt man die von dem Aufseher erhaltene Zahl kürzer aus?

2. Titus Livius erzählt in seiner römischen Geschichte (VII, 3), dass nach einem uralten Gesetze in dem Heiligtume der Minerva, der Erfinderin des Zählens, alljährlich ein Nagel eingeschlagen wurde, um die Zahl der Jahre darzustellen. Nach derselben Quelle sollen auch im Tempel zu Volsinii Nägel gezeigt sein, die von den Etruskern eingeschlagen waren, um die verflossenen Jahre zu zählen. Was war bei diesem Zählen Einheit und was Einer?

3. Wie erklärt es sich, daß in vielen Sprachen fünf und Faust oder fünf und Hand dasselbe Wort ist?

4. Welche Zahl bevorzugten die Atzteken bei der Bildung ihrer Zahlwörter, da sie für zwanzig ein besonderes, nicht aus zwei und zehn zusammengesetztes Wort besaßen, und dann alle Zahlen unter vierhundert durch Zusammensetzung dieses Wortes mit den Wörtern für die Zahlen unter zwanzig bezeichneten?

5. Welche französischen Zahlwörter verraten noch jetzt, daß die Kelten die Zahl zwanzig bei der Bildung ihrer Zahlwörter bevorzugten?

6. Welche gemeinsame Benennung darf man Fledermäusen, Vögeln und Luftballons geben?

7. Wie liest man $9 > 7$ rückwärts?

8. Was folgt aus $a = b$ und $b = 20$?

9. Was folgt aus $a < 20$ und $x = a$?

10. Was folgt aus $a < 13$ und $b < a$?

11. Was folgt aus a Meter größer als b Meter und c Kilogramm größer als a Kilogramm?

Füge bei den folgenden Schlüssen unter dem Folglich-Strich die fehlenden Vergleichungszeichen $=$, $>$, $<$ *hinzu:*

12. $\begin{array}{c} a > x \\ \underline{b = a} \\ b \quad x \end{array}$,

13. $\begin{array}{c} a < w \\ \underline{w = b} \\ a \quad b \end{array}$,

14. $\begin{array}{c} a = b \\ \underline{b < c} \\ a \quad c \end{array}$,

15. $\begin{array}{c} p > 9 \\ \underline{9 > 7} \\ p \quad 7 \end{array}$,

16. $\begin{array}{c} a < b \\ \underline{b < c} \\ c \quad a \end{array}$,

17. $\begin{array}{c} a \text{ kg} > x \text{ kg} \\ \underline{x \text{ Stunden} > b \text{ Stunden}} \\ a \quad b \end{array}$.

---

§ 5. Addition.

$$\text{I) } a + b = b + a;$$
$$\text{II) } a + (b + c) = a + b + c.$$

Wenn man zwei Gruppen von Einheiten hat, und zwar so, dass nicht allein alle Einheiten jeder Gruppe gleichartig sind, sondern daß auch jede Einheit der einen Gruppe mit jeder Einheit der andern Gruppe gleichartig ist, so kann man zweierlei thun: entweder man kann jede Gruppe einzeln zählen und jedes der beiden Zahl-Ergebnisse als Zahl auffassen oder man kann die Zählung üher beide Gruppen erstrecken und das Zahl-Ergebnis als Zahl auffassen. Man sagt dann von dieser im letzteren Falle erhaltenen Zahl, daß sie die *Summe* der beiden im ersteren Falle erhaltenen Zahlen sei, und diese beiden Zahlen nennt man die *Summanden* der Summe. Der soeben geschilderte Übergang von zwei Zahlen zu einer einzigen heißt *Addition.* Zählen und Addieren unterscheidet sich also nur dadurch, daß man beim Zählen mit einer einzigen Gruppe, beim

Addieren mit zwei Gruppen von Einheiten zu thun hat. Um anzudeuten, daß aus zwei Zahlen a und b eine dritte Zahl s durch Addition hervorgegangen ist, setzt man das Zeichen + (gelesen: plus) zwischen die beiden Summanden. Aus den Erklärungen des Größerseins und der Addition folgt, daß eine Summe größer ist, als jeder ihrer Summanden, und zwar sagt man, daß jede Summe "um" den zweiten Summanden größer sei, als der erste Summand. Umgekehrt kann man auch aus $a > b$ schließen, daß a eine Summe ist, deren einer Summand b ist.

Aus dem Begriff des Zählens folgt, daß es immer nur eine Zahl geben kann, welche die Summe zweier beliebiger Zahlen ist. Hieraus folgt der Beweis des folgenden Schlusses:

$$\begin{array}{c} a = b \\ \underline{c = d \text{ (addiert)}} \\ a + c = b + d. \end{array}$$

Dieser Schluß heißt in Worten: Aus zwei Gleichungen folgt immer eine dritte Gleichung dadurch, daß man die rechten Seiten und die linken Seiten addiert und die erhaltenen beiden Summen einander gleichsetzt. Um diesen Schluß zu beweisen, geht man davon aus, daß $a + c$ wegen der *Eindeutigkeit* der Addition eine einzige Zahl darstellt, die also auch dieselbe bleiben muß, wenn man für a die a gleiche Zahl b und für c die c gleiche Zahl d einsetzt.

Umgekehrt kann es auch nur immer eine einzige Zahl geben, die mit einer gegebenen Zahl durch Addition verbunden, zu einer *größeren* gegebenen Zahl führt.

Da das Ergebnis des Zählens unabhängig von der Reihenfolge ist, in der man zählt, so muß sein:

$$a + b = b + a,$$

d. h. in Worten: *Eine Summe bleibt unverändert, wenn man die Reihenfolge der Summanden umkehrt.* Man nennt das hierdurch ausgesprochene Gesetz das *Kommutationsgesetz der Addition.* Trotz dieses Gesetzes kann man begrifflich die beiden Summanden unterscheiden, indem man den einen als um den andern *vermehrt* auffaßt, also den einen als *passiv*, den andern als *aktiv* betrachtet. Den passiven Summanden nennt man dann *Augendus*, den ändern *Auctor*. Diese begrifflich zulässige Unterscheidung ist wegen des Kommutationsgesetzes arithmetisch unnötig.

Da man nur gleichbenannte Einheiten oder unbenannte Einheiten zählen kann, so hat auch nur die Addition von gleichbenannten oder von unbenannten Zahlen einen Sinn. Im ersteren Fall hat die Summe dieselbe Benennung, wie die Summanden, im zweiten Fall ist die Summe unbenannt.

Daraus, daß das Ergebnis des Zählens von der Reihenfolge, in der man zählt, unabhängig ist, folgt noch ein zweites auf *drei* Zahlen bezügliches Grundgesetz der Addition. Dieses lautet in Zeichensprache (§ 2):

$$a + (b + c) = a + b + c,$$

wo wegen der zweiten Klammerregel (§ 2) rechts die Klammer um $a + b$ fortgelassen ist. In Worten lautet dieses Gesetz, das man "*Associationsgesetz der Addition*" nennt, folgendermaßen: *Man erhält schließlich dasselbe Ergebnis, gleichviel, ob man von drei Zahlen erst die zweite und dritte addiert und die erhaltene Summe zur ersten addiert, oder, ob man erst die erste und zweite addiert und zur erhaltenen Summe die dritte addiert.* Man kann dieses Gesetz noch auf mannigfache andere Weise übersetzen, beispielsweise so: Die Vermehrung des zweiten Summanden einer Summe um eine Zahl verursacht die Vermehrung der Summe um dieselbe Zahl und umgekehrt.

Oben wurde gezeigt, wie zwei *Gleichungen* durch Addition zu verbinden sind. Wie aber eine Gleichung und eine *Ungleichung* oder *zwei Ungleichungen* durch Addition zu verbinden sind, folgt erst durch das Associationsgesetz. Man erhält so die folgenden sechs Schlüsse:

$a = b$	$a > b$	$a > b$
$c > d$ (add.)	$c = d$ (add.)	$c > d$ (add.)
$a + c > b + d$	$a + c > b + d$	$a + c > b + d$

oder, rückwärts gelesen:

$b = a$	$b < a$	$b < a$
$d < c$ (add.)	$d = c$ (add.)	$d < c$ (add.)
$b + d < a + c$	$b + d < a + c$	$b + d < a + c$

Diese sechs Schlüsse lauten in Worten:

1) *Größeres zu Gleichem oder Gleiches zu Größerem oder Größeres zu Größerem addiert, ergiebt Größeres.*

2) *Kleineres zu Gleichem oder Gleiches zu Kleinerem oder Kleineres zu Kleinerem addiert, ergiebt Kleineres.*

Der Beweis des ersten dieser sechs Schlüsse wird geführt, indem man $c > d$ ersetzt durch $c = d + x$ und dann diese Gleichung mit $a = b$ durch Addition verbindet. Dadurch erhält man $a + c = b + (d + x)$, woraus wegen des Associationsgesetzes folgt: $a + c = (b + d) + x$, d. h. $a + c > b + d$, nämlich um x.

Verfährt man zum Beweise des zweiten Schlusses ähnlich, so erhält man $a + c = (b + x) + d$, woraus zuerst $a + c = d + (b + x)$ und dann $a + c = (d + b) + x$ folgt. Hieraus aber kann man dann $a + c > d + b$, also auch $> b + d$ schließen.

Beim Beweise des dritten Schlusses schreibt man am besten $c = d + x$ und wendet dann den zweiten Schluß an. Dann kommt $a + c > b + (d + x)$, also $a + c > (b + d) + x$. Nun ist $(b + d) + x > b + d$, also auch $a + c > b + d$.

Die drei letzten der sechs Schlüsse gehen aus den drei ersten hervor, wenn man die rechten Seiten mit den linken Seiten vertauscht.

Bei dem Associationsgesetz $(a + b) + c = a + (b + c)$ ist links die Summe $a + b$ und rechts die Summe $b + c$ selbst wieder als Summand einer zweiten Summe aufgefaßt. Man kann dann, so fortfahrend, diese zweite Summe auch wieder als Summand einer dritten Summe betrachten, u. s. w. Wegen des Associationsgesetzes ist es dann ganz gleichgültig, in welcher Reihenfolge man sich die angedeuteten Additionen ausgeführt denkt, es muß als Resultat doch immer dieselbe Zahl erscheinen. Z. B.:

$$[(7 + 5) + 4] + (8 + 1) = [12 + 4] + 9$$
$$= 16 + 9 = \mathbf{25};$$
$$\text{oder: } ([7 + (5 + 4)] + 8) + 1 = ([7 + 9] + 8) + 1$$
$$= (16 + 8) + 1 = 24 + 1 = \mathbf{25}.$$

Da schließlich doch dieselbe Zahl als Ergebnis kommt, wie auch die Klammern gesetzt werden, so kann man bei aufeinanderfolgenden Additionen die Klammern ganz fortlassen und die Additionen nach der Reihe ausführen. Z. B.:

$$7 + 5 + 4 + 8 + 1 = 12 + 4 + 8 + 1 = 16 + 8 + 1$$
$$= 24 + 1 = \mathbf{25}.$$

Wegen des Kommutationsgesetzes ist nicht allein die Reihenfolge der Additionen, sondern auch die Reihenfolge der Summanden für das schließliche Resultat ganz gleichgültig. Man könnte in dem obigen Beispiele also auch so addieren:

$$5 + 8 + 1 + 4 + 7 = 13 + 1 + 4 + 7 = 14 + 4 + 7$$
$$= 18 + 7 = \mathbf{25}.$$

Eine Summe, deren einer Summand selbst eine Summe von zwei Summanden ist, faßt man als eine Summe von *drei* Summanden auf, u. s. w. So ist z. B. $a + b + c$ eine Summe von drei Summanden, $5 + 8 + 1 + 4 + 7$ eine Summe von fünf Summanden. Statt Summand sind auch die Ausdrücke *Addend*, *Posten*, *Glied* gebräuchlich.

Besonders häufig treten Summen von lauter gleichen Gliedern auf, z. B. $6 + 6 + 6 + 6$. Man schreibt dann dieses Glied nur einmal, setzt davor einen

Punkt und vor den Punkt die Zahl, welche angiebt, *wieviel* solcher Glieder die Summe haben soll, z. B.:

$$\begin{aligned} 6+6+6+6 &= 4 \cdot 6, \\ b+b+b &= 3 \cdot b, \\ w+w+w+w+w &= 5 \cdot w. \end{aligned}$$

Die Zahl, welche zählt, *wieviel* Glieder die so abgekürzt geschriebene Summe haben soll, nennt man den *Koeffizienten* des nur einmal geschriebenen Gliedes. Der Punkt kann vor einem Buchstaben oder vor einer Klammer fortgelassen werden (§ 1), z. B.:

$$\begin{aligned} p+p+p+p+p+p+p+p &= 8p, \\ (a+b)+(a+b)+(a+b)+(a+b) &= 4(a+b). \end{aligned}$$

Wenn man zwei abgekürzt geschriebene Summen mit demselben Gliede zu addieren hat, so hat man nur die Koeffizienten zu addieren. Denn:

$$\begin{aligned} 4a+3a &= (a+a+a+a)+(a+a+a) \\ &= a+a+a+a+a+a+a = 7a. \end{aligned}$$

Eine einzige Zahl kann man als Summe von einem Gliede auffassen und deshalb mit dem Koeffizienten 1 behaftet denken. Z. B.:

$$4b+b = 4b+1b = 5b.$$

Ist das Glied einer abgekürzt geschriebenen Summe selbst eine Summe, so hat man es in eine Klammer einzuschließen, z. B.:

$$5(x+y).$$

Die abgekürzt geschriebenen Summen werden später zu einer höheren Rechnungsart, der Multiplikation (§ 10) führen.

Übungen zu § 5.

1. a) Wie schreibt man "a vermehrt um b"? b) Welche Zahl ist hierbei passiv und welche aktiv? c) Welche heißt Augendus und welche Auctor?

2. Wenn $s = a + b$ ist, um wieviel ist $s > a$?

3. Was folgt aus $e = 5$ und $f = 6$ durch Addition?

4. Ein Kind legt zuerst zu 3 Holzstäbchen 4 andere hinzu, darauf zu 4 Holzstäbchen 3 hinzu. Wie heißt das Gesetz, wegen dessen es in beiden Fällen zu derselben benannten Zahl gelangte?

5. Welche gemeinsame Benennung gestattet es, 7 Äpfel und 4 Birnen addieren zu können?

6. Wenn ein Kind erkannt hat, daß die Addition von 5 Nüssen und 3 Nüssen zu 8 Nüssen führt, a) was kann es dann üher die Summe von 5 Minuten und 3 Minuten schließen; b) was üher $5 + 3$?

Berechne:

7. $7 + (4 + 3)$;

8. $(7 + 4) + 3$;

9. $(13 + 19) + 17$;

10. $13 + (19 + 17)$.

Wende das Associationsgesetz an, um auf möglichst bequeme Weise zu berechnen:

11. $5 + (23 + 5)$;

12. $83 + (17 + 100)$;

13. $16 + [(4 + 7) + 43]$.

Addiere nach Fortlassung der Klammern in der angegebenen Reihenfolge:

14. $7 + [(9 + 5) + 8] + (16 + 9)$;

15. $13 + [(8 + 5) + (7 + 67)]$.

16. Wie addiert man am bequemsten $1 + 2 + 3 + 4 + 5 + 6 + 7 + 8 + 9$?

17. Um wieviel wächst eine Summe, wenn der eine Summand um 9, der andere um 11 wächst?

Berechne für $x = 5$, $y = 6$, $z = 7$ die folgenden Summen, und zwar zuerst die in den Klammern stehenden Summen und nach Verschwinden der Klammern rechne in der angegebenen Reihenfolge:

18. $x + (y + z) + x$;

19. $(y + x + z) + (x + z)$;

20. $(x + y) + (y + z) + (z + x)$;

21. $x + (y + x + z) + y$.

Führe die angedeuteten Additionen aus, und wende dabei, wenn möglich, das Associationsgesetz an:

22. $$\begin{array}{l} a = 5 \\ \underline{c = 7 + b \text{ (add.)}} \end{array}$$

23. $$\begin{array}{r} 19 = x \\ \underline{1 + y = z \text{ (add.)}} \end{array}$$

24. $$\begin{array}{l} a + 3 = x \\ \underline{\quad\;\; 5 = y \quad \text{(add.)}} \end{array}$$

25. $$\begin{array}{l} a > 7 \\ \underline{b > 4 + c \text{ (add.)}} \end{array}$$

26. $$\begin{array}{l} x < 5 \\ \underline{y = 4 \text{ (add.)}} \end{array}$$

27. $$\begin{array}{l} x < 11 \\ \underline{y < \;\; 9 \text{ (add.)}} \end{array}$$

Vereinfache möglichst:

28. $7p + 3p$;

29. $8x + 42x$;

30. $3(c + d) + 6(e + d)$;

31. $4a + (7a + a + 2a)$;

32. $4a + 3b + 2b$;

33. $8x + 7y + 3y + 3x$;

34. $9 + 3a + (4a + 5)$;

35. $9x + [2y + (z + y + x) + 4y] + (3x + z + 9y)$.

---

§ 6. Subtraktion.

$$\text{I)}\ a - b + b = a;$$
$$\text{II)}\ a + b - b = a.$$

Wenn eine Rechnungsart aus zwei Zahlen e und f eine dritte Zahl g finden läßt, so entsteht die Frage, ob nicht umgekehrt aus g und einer der beiden Zahlen e und f die andere gefunden werden kann. Eine Rechnungsart, die diese Frage löst, nennt man *Umkehrung* der ursprünglichen Rechnungsart. Naturgemäß besitzt jede Rechnungsart *zwei* Umkehrungen, weil bei ihr zwei Zahlen gegeben sind, die durch die Umkehrung zu gesuchten Zahlen werden. Nur, wenn bei der ursprünglichen Rechnungsart die beiden gegebenen Zahlen vertauscht werden dürfen, ohne daß dadurch das Ergebnis sich ändert, fallen die beiden Umkehrungen in eine einzige zusammen.

Hiernach hat die Addition wegen des für sie gültigen Commutationsgesetzes (vgl. § 5) nur eine einzige Umkehrung, die man *Subtraktion* nennt. Die Subtraktion entsteht also aus der Addition dadurch, daß man die Summe und den einen Summanden als bekannt, den andern Summanden als unbekannt und deshalb als gesucht betrachtet.

Hiebei erhält:
die bekannte Summe den Namen *Minuendus*,
der bekannte Summand den Namen *Subtrahendus*,
der gesuchte Summand den Namen *Differenz.*

Das Zeichen der Subtraktion ist ein wagerechter Strich, das *Minuszeichen*, vor den man den Minuendns, hinter den man den Subtrahendus setzt. Eine Zahl a *um* eine Zahl b *vermindern* oder, was dasselbe ist, eine Zahl b *von* einer Zahl a *subtrahieren*, heißt demnach, die Zahl finden, zu welcher b *addiert* werden muß, damit sich a ergiebt. Dies spricht Formel I aus.

$13 - 8$, gelesen: "13 *minus* 8" bedeutet also die Zahl, welche, mit 8 durch Addition verbunden, zur Zahl 13 führt, oder, was dasselbe ist, die Zahl, die für x gesetzt werden muß, damit die Bestimmungsgleichung (vgl. § 3):

$$x + 8 = 13$$

richtig wird. Hiernach besteht die Berechnung einer Differenz im *Raten* des Wertes der Unbekannten einer Gleichung. Im Rechen-Unterricht wird dieses Raten derartig geubt, daß es bei kleineren Zahlen lediglich gedächtnismässig wird. Die Subtraktion mehrziffriger Zahlen wird auf die Subtraktion kleiner Zahlen durch eine Methode zurückgeführt, die auf unserer Schreibweise der Zahlen nach Stellenwert beruht. (§ 22.)

Obwohl wegen des Kommutationsgesetzes der Addition die beiden Umkehrungen derselben in eine einzige zusammenfallen, so kann man doch oft logisch unterscheiden, ob nach dem passiven oder dem aktiven Summanden, nach dem Augendus oder dem Auctor gefragt wird. Man sucht z. B. den Augendus, wenn man, um $13 - 8$ zu berechnen, fragt, *welche* Zahl um 8 vermehrt werden muss, damit die Summe 13 entsteht. Dagegen sucht man den Auctor, wenn man, um $13 - 8$ zu berechnen, fragt, *um welche* Zahl 8 vermehrt werden muss, damit die Summe 13 entsteht.

Auch bei der Subtraktion kann man die beiden gegebenen Zahlen als passive und aktive unterscheiden. Offenbar ist der Minuendus die *passive*, der Subtrahendus die *aktive* Zahl. Daher wäre es logisch richtiger, den Subtrahendus "Minutor" zu nennen.

Während die Addition zweier Zahlen immer ausführbar ist, kann die Subtraktion zweier Zahlen nur dann ausgeführt werden, *wenn der Subtrahendus kleiner als der Minuendus* ist. Dies kommt daher, daß der Minuendus die Summe des Subtrahendus und der Differenz ist, und eine Summe immer größer als einer ihrer Summanden sein muß. Beispielsweise ist $5 - 8$ eine *sinnlose* Verknüpfung der Zahlen 5 und 8 durch das Minuszeichen, weil es kein Ergebnis des Zählens giebt, das, mit 8 durch Addition verbunden, zur Zahl 5 führen könnte.

Wie bei der Addition aus $a = b$ und $c = d$ geschlossen werden kann, daß $a + c = b + d$ ist, so kann auch bei der Subtraktion aus denselben beiden Gleichungen die dritte Gleichung

$$a - c = b - d$$

erschlossen werden. Denn die Subtraktion zweier Zahlen kann, wenn sie überhaupt Sinn hat, immer nur zu einem einzigen Ergebnis führen. Also darf in $a - c$ die Zahl a durch die ihr gleiche b, die Zahl c durch die ihr gleiche d

ersetzt werden. Man spricht diesen Schluss in Worten meist so aus: *'"Gleiches von Gleichem subtrahiert giebt Gleiches."* – Aus der Definition der Subtraktion, die durch die Formel I ausgesprochen wird, kann noch eine zweite Formel, die Formel II der Überschrift, erschlossen werden. Denn $a+b-b$ bedeutet nach der Erklärung der Subtraktion die Zahl, die, mit b durch Addition verbunden, $a+b$ ergiebt. Diese Eigenschaft kann jedoch nur die Zahl a haben. Beide Formeln, I und II, faßt man zu dem Satze zusammen: *"Addition und Subtraktion einer und derselben aktiven Zahl bei einer und derselben passiven Zahl heben sich auf, d. h. lassen diese passive Zahl unverändert."*

Bei der Subtraktion von zwei abgekürzt geschriebenen Summen mit gleichem Gliede, braucht man nur die Koeffizienten zu subtrahieren, und die erhaltene Differenz als Koeffizient des Gliedes zu nehmen. Z. B.:

$$\begin{aligned} 7a - 3a &= (a+a+a+a+a+a+a) - (a+a+a) \\ &= (a+a+a+a) + (a+a+a) - (a+a+a) \\ &= a+a+a+a = 4a. \end{aligned}$$

Nach der Definition der Subtraktion bedeuten $x = a - b$ and $x + b = a$ ganz dasselbe. Man kann daher die eine Gleichung als eine Folgerung der andern auffassen. So ergiebt sich die für die Lösung von Bestimmungsgleichungen wichtige:

Transpositionsregel erster Stufe: *Eine Zahl, die auf der einen Seite einer Gleichung Summandus ist, kann dort fortgelassen werden, wenn sie auf der andern Seite als Subtrahendus geschrieben wird, oder umgekehrt. Man nennt dann die Zahl transponiert.* Z. B.:

$$\begin{aligned} &\text{Aus } x+9=11 \text{ folgt } x = 11-9; \\ &\text{Aus } 7+x=13 \text{ folgt } x = 13-7; \\ &\text{Aus } x-9=19 \text{ folgt } x = 19+9. \end{aligned}$$

Wenn die Unbekannte x *Subtrahendus* ist, so kann man die aus dem Kommutationsgesetz der Addition hervorgehende Regel anwenden: *Subtrahendus und Differenz dürfen vertauscht werden.* Z. B.:

$$\text{Aus } 17-x=5 \text{ folgt } 17-5=x.$$

Diese Beispiele zeigen, wie durch Transponieren die *Isolierung* einer Unbekannten und so die Lösung von Gleichungen bewerkstelligt werden kann.

Dieselbe Wirkung, wie das Transponieren, hat auch die Anwendung der Sätze, daß Gleiches mit Gleichem durch Addition oder Subtraktion verbunden, zu Gleichem führt. Wenn man z. B. von $x + 9 = 11$ die Gleichung $9 = 9$ subtrahiert, so erhält man, da $x + 9 - 9$ nach Formel II gleich x ist, $x = 11 - 9 = 2$.

Übungen zu § 6.

1. Wie heißt die Zahl, die um f größer ist als $e - f$?

2. Was muß man für x setzen, damit $x + g = h$ eine richtige Gleichung wird?

3. Welche Zahl muß man zu a addieren, damit die Zahl s als Summe erscheint?

4. Zu welcher Zahl muß man a addieren, damit die Summe gleich s wird?

Die Definitionsformel der Subtraktion soll angewandt werden, um die folgenden Ausdrücke kürzer darzustellen:

5. $p - q + q$; 6) $z + p + q - r + r$;

6. $20 - (a + b) + (a + b)$;

7. $e + f - f$;

8. $7a + 3b - 3b$;

9. $a - 4c + (c + c + c + c)$.

Vereinfache möglichst:

10. $7a - 2a$;

11. $5a + 6a - 4a$;

12. $9c + 5c - c + 7c$;

13. $3e + 7e - 4e - 5e$;

14. $5a + [7b + (3b + a)] - 4a$.

15. Gieb die Ungleichung an, welche bestehen muß, damit $e - f$ Sinn hat.

Führe die folgenden Schlüsse aus:

16. $e = f$
$\underline{g = 7}$ (subtr.)

17. $a = b + c$
$\underline{f = c}$ (subtr.)

18. $x = 5b$
$\underline{y = 2b \text{ (subtr.)}}$

Löse die folgenden Gleichungen durch alleinige Anwendung der Transpositionsregel erster Stufe:

19. $x + 5 = 13$;

20. $18 + x = 23$;

21. $x - 13 = 30$;

22. $43 - x = 30$;

23. $200 = 190 + x$;

24. $34 - x - 18$;

25. $39 = 100 - x$;

26. $x + a = f$;

27. $x - p = q$;

28. $v + x = w$;

29. $3 + b + x = 7 + (3 + b)$;

30. $x + 5 - 8 + 19 = 23$;

31. $x + 5 - 3 = 19 - 3$;

32. $25 - (x + 7) = 15$;

33. $49 = 7 + (8 + x)$;

34. $100 = 200 - (x + 50)$;

35. $37 - (37 - x) - 9 = 5$;

36. $50 = 500 - [250 + (x - 3)]$;

37. $a + x - b = c - d$.

§ 7. Verbindung von Addition und Subtraktion.

I) $a + (b + c) = a + b + c$ (Ass. G. d. Add., § 5);
II) $a + (b - c) = a + b - c$;
III) $a - (b + c) = a - b - c$;
IV) $a - (b - c) = a - b + c$;
V) $a - b = (a + f) - (b + f)$;
VI) $a - b = (a - g) - (b - g)$.

Der besseren Übersicht wegen ist die Formel I der Überschrift, die das Associationsgesetz der Addition ausspricht, aus § 5 wiederholt. Die übrigen Formeln zeigen auf mindestens einer der beiden Seiten eine Differenz. Um sie zu beweisen, hat man also, wegen der Definitionsformel der Subtraktion, zu *prüfen,* ob die andere Seite der Formel, um den Subtrahendus der Differenz vermehrt, den Minuendus ergiebt. Bei dieser Prüfung darf man, vorwärts und rückwärts, alle his dahin schon bewiesenen Formeln, namentlich also die vier Formeln anwenden, welche in den Überschriften von § 5 und § 6 stehen. So ergeben sich die folgenden Beweise:

In Formel II ist rechts eine Differenz, deren Subtrahendus c und deren Minuendus $a + b$ heißt. Die Formel II ist also bewiesen, wenn sich zeigt, dass die linke Seite, um c vermehrt, $a + b$ ergiebt. Dies läßt sich aber mit alleiniger Anwendung der schon bewiesenen vier Formeln zeigen. Denn:

$$a + (b - c) + c = a + [b - c + c] = a + b.$$

In Formel III steht rechts und links eine Differenz. Die Differenz links hat als Subtrahendus $b + c$, als Minuendus a. Die Formel ist also bewiesen, wenn sich zeigt, daß die rechte Seite, um $b+c$ vermehrt, a ergiebt. Dies ist mit Anwendung der schon früher bewiesenen vier Formeln auf folgende Weise beweisbar:

$$\begin{aligned} a - b - c + (b + c) &= a - b - c + (c + b) \\ &= a - b - c + c + b = a - b + b = a \end{aligned}$$

In Formel IV steht links eine Differenz, deren Subtrahendus $b - c$ und deren Minuendus a ist. Es ist also zu prüfen, ob die rechte Seite $a - b + c$, um $b - c$ vermehrt, a ergiebt. Dies ist, wenn man die vier Formeln aus § 5 und § 6 anwendet, auf folgende Weise beweisbar:

$$\begin{aligned} a - b + c + (b - c) &= a - b + [c + (b - c)] \\ &= a - b + [b - c + c] = a - b + b = a \end{aligned}$$

In Formel V ist rechts und links eine Differenz. Der Subtrahendus rechts ist $b+f$, der Minuendus $a+f$. Man mufs daher prüfen, ob die linke Seite $a-b$, um $b+f$ vermehrt, $a+f$ ergiebt. Dies ist der Fall, weil:

$$a - b + (b + f) = a - b + b + f = a + f$$

In Formel VI ist rechts und links eine Differenz. Der Subtrahendus rechts ist $b-g$, der Minnendus $a-g$. Es ist daher zu prüfen, ob die linke Seite $a-b$, um $b-g$ vermehrt, $a-g$ ergiebt. Bei dieser Prüfung wendet man am besten auch die Formel II dieses Paragraphen an. Nämlich:

$$a - b + (b - g) = a - b + b - g = a - g$$

Wenn man die vier Formeln I bis IV von links nach rechts liest, so erhält man Regeln, wie Summen und Differenzen addiert und subtrahiert werden. Wenn sie dagegen von rechts nach links, also rückwärts, gelesen werden, so ergeben sie Regeln, wie Summen und Differenzen vermehrt oder vermindert werden dürfen. Im ersten Falle *löst* man die Klammern, im zweiten Falle *setzt* man sie.

Mehrmalige Anwendung der Formeln I bis IV ergiebt auch die Lösung von Klammern um verwickeltere Ausdrücke. Z. B.:

1) $a + (b - c + d) = a + (b - c) + d = a + b - c + d$;

2) $a - (b - c + d) = a - (b - c) - d = a - b + c - d$;

3) $a+(b-c-d+e) = a+(b-c-d)+e = a+(b-c)-d+e = a+b-c-d+e$;

4) $a-(b-c-d+e) = a-(b-c-d)-e = a-(b-c)+d-e = a-b+c+d-e$;

5) $a - [b - c + (d - e) - (f - g)] = a - [b - c + (d - e)] + (f - g)] = a - (b - c) - (d - e) + (f - g) = a - b + c - d + e + f - g$.

Hieraus folgen die beiden Regeln:

Erste Regel: *Eine Klammer, vor der ein Pluszeichen steht, kann ohne weiteres fortgelassen werden.*

Zweite Regel: *Eine Klammer, vor der ein Minuszeichen steht, kann man fortlassen, wenn man dabei Summanden in Subtrahenden, Subtrahenden in Addenden und den etwa vorhandenen Minuendus in einen Subtrahendus verwandelt, d. h., wenn man die Pluszeichen in Minuszeichen, die Minuszeichen in Pluszeichen verwandelt, und einer Zahl, vor der keins dieser Zeichen steht, ein Minuszeichen giebt. Dabei ist eine innerhalb der aufzulösenden Klammer stehende neue Klammer zunächst unversehrt zu lassen.*

In den Formeln I bis IV ist die Reihenfolge der Buchstaben links und rechts dieselbe. Man kann diese Reihenfolge jedoch auch umändern, wie aus den folgenden vier Formeln hervorgeht:

1) $a+b+c = a+c+b$, weil $a+b+c = a+(b+c) = a+(c+b) = a+c+b$;

2) $a+b-c=a-c+b$, weil $a+b-c=b+a-c=b+(a-c)=a-c+b$;
3) $a-b+c=a+c-b$, weil $a-b+c=c+(a-b)=c+a-b=a+c-b$;
4) $a-b-c=a-c-b$, weil $a-b-c=a-(b+c)=a-(c+b)=a-c-b$.
Hieraus ergiebt sich die:

Dritte Regel: *Summanden und Subtrahenden dürfen in beliebige Reihenfolge gebracht werden.*

Diese dritte Regel ergiebt im Verein mit der rückwärts gelesenen Formel III $a-b-c=a-(b+c)$ die folgende:

Vierte Regel: *Einen Ausdruck, der nur Additionen und Subtraktionen enthält, berechne man, indem man zunächst nach der ersten und zweiten Regel alle Klammern löst, und dann die Summe aller hinter Minuszeichen stehenden Zahlen von der Summe aller hinter Pluszeichen stehenden Zahlen subtrahiert. Dabei ist die erste Zahl, vor der keins dieser Zeichen steht, als eine Zahl zu betrachten, vor der ein Pluszeichen steht.* Z. B.:

$$\begin{aligned}&17-[18-(5-3)+2-(19-3-4)]\\ &=17-18+(5-3)-2+(19-3-4)\\ &=17-18+5-3-2+19-3-4\\ &=(17+5+19)-(18+3+2+3+4)\\ &=41-30=\mathbf{11}.\end{aligned}$$

Aus den Formeln I bis IV kann man auch die Richtigkeit der Schlüsse beweisen, welche bei der Subtraktion den sechs bei der Addition erörterten Schlüssen (§ 5) analog sind. Dies sind folgende:

$a>b$ $c=d$ (subt.)	$a=b$ $c>d$ (subt.)	$a>b$ $c<d$ (subt.)
$a-c>b-d$	$a-c<b-d$	$a-c>b-d$

und, rückwärts gelesen:

$b<a$ $d=c$ (subt.)	$b=a$ $d<c$ (subt.)	$b<a$ $d>c$ (subt.)
$b-d<a-c$	$b-d>a-c$	$b-d<a-c$

Da eine Subtraktion nur Sinn hat, wenn der Minuendus grösser als der Subtrahendus ist, so haben diese Schlüsse nur Sinn, wenn $c<a$ und $d<b$ ist. Zum Beweise hat man jede Ungleichung in eine Gleichung zu verwandeln, z. B. $a>b$ in $a=b+e$. Beispielsweise lässt sich der dritte Schluss so beweisen:

Vorausgesetzt ist $a>b$, d. h. $a=b+e$, sowie $c<d$, d. h. $c=d-f$, also folgt durch Subtraktion $a-c=b+e-(d-f)=b+e-d+f=b-d+(e+f)$, d. h. $a-c>b-d$.

Übungen zu § 7.

Die folgenden Ausdrücke sollen auf zweierlei Weise berechnet werden, nämlich vor und nach Auflösung der Klammern:

1. $28 - (7 + 5)$;
2. $40 + (7 - 6)$;
3. $300 - (19 - 7)$;
4. $100 - (5 + 26 - 7)$;
5. $70 + (23 + 46 - 9)$;
6. $74 - (7 + 19 - 13)$;
7. $29 - (9 - 5 - 3)$;
8. $45 - (7 + 5) + (23 - 5)$;
9. $400 - (43 - 5) - (28 + 19)$;
10. $40 - [29 - (5 + 6)]$;
11. $200 - [70 + (13 - 9)]$;
12. $29 + 31 - (40 + 5 - 7 + 3)$;
13. $40 + (85 - 7 - 6 - 9 + 10) - (43 - 5 + 3)$;
14. $98 - [94 - (7 - 5) - (20 - 9 - 1) - (43 + 7)]$.

Die folgenden Ausdrücke sollen, nach Auflösung der Klammern, gemäß der vierten Regel berechnet werden:

15. $17 - 5 + 13 - 8 + 9 - 4$;
16. $25 - (20 - 7) + 18$;
17. $47 - (30 - 15) + (47 - 5 - 6) - (18 - 4 + 5)$;
18. $405 - 15 - [100 - (24 + 36) - (7 + 8 + 9)]$.

Bei den folgenden Ausdrücken sollen die Klammern gelöst werden:

19. $v - (a - b - c)$;

20. $p + (q + r - s)$;

21. $p - (a + b) + (c - d)$;

22. $a + (b - c) - (e + f + g - h)$;

23. $a + b - [c - (d - e)]$.

Die folgenden Ausdrücke sollen durch Vereinigung der abgekürzt geschriebenen Summen vereinfacht werden:

24. $4a + 7a - a$;

25. $20b - b - 3b - 6b$;

26. $41a - 3b - 2b + 7b$;

27. $14a - 3b - 5b + 6a$;

28. $20p - 3q + 30p - 47q$;

29. $4a - 2b + 7a - 3b + 9a - 5b$;

30. $3c + 4d - 7e + 5d - 6c + 8e + 19c - 5e + 6d$.

Klammern lösen und dann vereinigen:

31. $13a - (3a - b)$;

32. $72p - (q + 22p)$;

33. $17a + (a - 5b)$;

34. $40 - (3a + 5) - (7a - 8) + (5a - 3)$;

35. $24a - (b + c) + (3b - 4c) - (a - b - c)$;

36. $27a - 5 + (6a - 8) - (a - 1) - (14a - 5) + (13 - 2a)$;

37. $a + 2b - 3c + [5c - (a - b) + (5a - 3b - c) - (a - c)]$.

Bei den folgenden Ausdrücken sollen die drei letzten Glieder in eine Klammer eingeschlossen werden, vor der ein Minuszeichen steht:

38. $4a - b + c + d$;

39. $3v - w - a - b - c$;

40. $a - 3b - c + 2d$;

41. $40 - p + q - v$.

Wende die Formel VI an, um die folgenden Differenzen so zu verwandeln, daß der Subtrahendus 1 wird:

42. $27 - 13$;

43. $100 - 43$;

44. $(b + c) - (b + 1)$.

In den folgenden Ausdrücken soll

$$x = a + b - c, y = a - b + c, z = 2a - 3b - 4c$$

gesetzt und dann vereinigt werden:

45. $x + y + z$;

46. $y + z - x$;

47. $z - x - y$.

In den folgenden Gleichungen sollen die Klammern gelöst und dann soll x berechnet werden:

48. $47 - (x + 18) = 26$;

49. $4 + (100 + x) = 200$;

50. $99 = 103 - (x + 1)$;

51. $8a - (x + c) = 5a$.

Führe die folgenden Schlüsse aus:

52. $a = e$
$\underline{f < g \text{ (subt.)}}$

53. $f = g$
$\underline{9 > 7 \text{ (subt.)}}$

54. $a > b$
$\underline{7 < 13 \text{ (subt.)}}$

---

§ 8. Null.

Definition der Null: $a - a = b - b = 0$.

Da nach der Definition der Subtraktion der Minuendus eine Summe ist, deren einer Summandus der Subtrahendus ist, und demgemäß größer als dieser sein muß, so hat die Verbindung zweier *gleicher* Zahlen durch das Minuszeichen keinen Sinn. Eine solche Verbindung hat zwar die *Form* einer Differenz, stellt aber keine Zahl im Sinne des § 4 dar. Nun befolgt aber die Arithmetik ein Prinzip, das man das *Prinzip der Permanenz* oder der Ausnahmslosigkeit nennt, und das in zweierlei besteht:

Erstens darin, jeder Zeichen-Verknüpfung, die keine der bis dahin definierten Zahlen darstellt, einen solchen Sinn zu erteilen, daß die Verknüpfung nach denselben Regeln behandelt werden darf, als stellte sie eine der his dahin definierten Zahlen dar;

zweitens darin, eine solche Verknüpfung als Zahl im erweiterten Sinne des Wortes aufzufassen und dadurch den Begriff der Zahl zu erweitern.

Wenn man demgemäß die Differenzform $a - a$, bei der also Minuendus und Subtrahendus gleiche Zahlen sind, der Definitionsformel der Subtraktion $a - b + b = a$ sowie auch den Grundgesetzen der Addition unterwirft, so erzielt man, daß die Formeln des § 7 auch für die Zeichen-Verknüpfung $a - a$ Gültigkeit haben müssen. Wenn man dann auf $a - a$ die Formel VI des § 7:

$$a - b = (a - g) - (b - g)$$

anwendet, so erhält man das Resultat, daß alle Differenzformen, bei denen Minuendus und Subtrahendus gleiche Zahlen sind, einander gleichgesetzt werden dürfen. Dies berechtigt dazu, für diese einander gleichen Zeichen-Verknüpfungen ein gemeinsames festes Zeichen einzuführen. Es ist dies das Zeichen

0 (Null).

Man nennt ferner das, was dieses Zeichen aussagt, eine *Zahl*, die man auch Null nennt. Da aber Null kein Ergebnis des Zählens (§ 4) ist, so hat der Begriff der Zahl durch die Aufnahme der Null in die Sprache der Arithmetik eine Erweiterung erfahren. Aus der Definition $a - a = 0$ und den Formeln des § 7 folgt, wie man mit Null bei der Addition und Subtraktion zu verfahren hat. Nämlich:

1) $p + 0 = p$, weil $p + (a - a) = p + a - a = p$ ist;

2) $0 + p = p$, weil $a - a + p = p + (a - a) - p + a - a = p$ ist;
3) $p - 0 = p$, weil $p - (a - a) = p - a + a = p$ ist;
4) $0 + 0 = 0$, weil $a - a + (b - b) = a - a + b - b = (a + b) - (a + b) = 0$ ist;
5) $0 - 0 = 0$, weil $a - a - (b - b) = a - a - b + b = (a + b) - (a + b) = 0$ ist.

Übungen zu § 8.

Welches Zeichen setzt man für die Differenzformen:

1. $7 - 7$;
2. $a - a$;
3. $c + d - (c + d)$?

Setze andere Differenzformen für:

4. $210 - 210$;
5. $e - e$;
6. $p + q + r - (p + q + r)$.
7. Was ist $e - f - g$, wenn $f + g = e$ ist?
8. Was ist $17p - 17p$?

Berechne:

9. $26 + 0$;
10. $27 - 0$;
11. $0 + 33$;
12. $0 + 0 + 0 - 0$.

Löse die Gleichungen:

13. $x + 7 = 7$;
14. $0 + (x + 4) = 4$;
15. $13 - (x + 6) = 0$;
16. $0 = 4 - x + 4$;
17. $7 + (4 + x) - 3 = 8$.

§ 9. Negative Zahlen.

Definition der negativen Zahlen:

$$a \quad (a+n) = b - (b+n) = -n.$$

$$\text{I)}\ a + (-n) = a - n;$$
$$\text{II)}\ a - (-n) = a + n;$$
$$\text{III)}\ (-n) - a = -(n + a).$$

Wenn in $a - b$ der Minuendus a kleiner als der Subtrahendus b ist, so stellt $a - b$ keine Zahl im Sinne des § 4 dar. Nach dem in § 8 eingeführten *"Prinzip der Permanenz"* muß dann die Differenzform $a - b$ der Definitionsformel der Subtraktion $a - b + b = a$ unterworfen werden, woraus hervorgeht, daß dann die in § 7 bewiesenen Formeln auf $a - b$ auch in dem Falle anwendbar werden, wo $a < b$ ist. Wendet man insbesondere die Formel VI des § 7 auf $a - b$ an, so erkennt man, daß alle Differenzformen einander gleich gesetzt werden können, bei denen der Subtrahendus um gleichviel größer als der Minuendus ist. Es liegt daher nahe, alle Differenzformen $a - c$, bei denen der Subtrahendus c um n größer als der Minuendns a ist, also $c = a + n$ ist, durch n auszudrücken. Man thut dies, indem man vor n ein Minuszeichen setzt. Indem man dann solche Differenzformen auch "*Zahlen*" nennt, erweitert man den Zahlbegriff und gelangt zur Einführung der *negativen Zahlen.* Demgemäß lautet die Definitionsformel der negativen Zahl $-n$ (gelesen: "minus n"):

$$-n = a - (a + n).$$

Z. B.: $9 - 13 = -4$, $15 - 19 = -4$, $20 - 21 = -1$.

Im Gegensatz zn den negativen Zablen heissen die in § 4 definierten Ergebnisse des Zählens *positive Zahlen.* Aus der Definitionsformel der negativen Zahlen folgt für $a = 0$:

$$-n = 0 - n.$$

Da nun $n = 0 + n$ ist, so liegt es nahe, $+n$ für n zu setzen. Die vor eine Zahl (im Sinne des § 4) gesetzten Plus- und Minuszeichen heißen *Vorzeichen.* Negative Zablen haben also das Vorzeichen minus, positive das Vorzeichen plus. Von den beiden Vorzeichen:

$$+ \text{ und } -$$

heißt das eine das *umgekehrte* des ändern. Mit Vorzeichen versehene Zahlen heissen *relativ.* Läßt man bei einer relativen Zahl das Vorzeichen fort, so entsteht eine Zahl im Sinne des § 4, die man den *absoluten Betrag* der relativen Zahl nennt. Eine positive und eine negative Zahl heißen *entsprechend,* wenn sie denselben absoluten Betrag haben.

Die oben abgeleitete Formel $-n = 0 - n$, wonach jede negative Zahl als Differenz aufgefaßt werden kann, deren Minuendus 0 ist, führt das Rechnen mit negativen Zahlen auf das in § 8 erörterte Rechnen mit Null zurück. Auf solche Weise erkennt man die in der Überschrift mit I, II, III bezeichneten Formeln:

$$\begin{aligned} a + (-n) &= a - n, \text{ weil } a + (-n) = a + (0 - n) \\ &= a + 0 - n = a - n \text{ ist;} \\ a - (-n) &= a + n, \text{ weil } a - (-n) = a - (0 - n) \\ &= a - 0 + n = a + n \text{ ist;} \\ -n - a &= -(n + a), \text{ weil } -n - a = 0 - n - a \\ &= 0 - (n + a) = -(n + a) \text{ ist;} \end{aligned}$$

Wenn man die erste dieser drei Formeln umgekehrt liest, und dabei $+n$ für n setzt, so erhält man

$$a - (+n) = a + (-n).$$

Vereinigt man diese Formel mit Formel II der Überschrift, so erhält man den Satz:

Eine positive Zahl subtrahiert man, indem man die entsprechende negative addiert. Eine negative Zahl subtrahiert man, indem man die entsprechende positive addiert.

Dieser Satz verwandelt das Subtrahieren relativer Zahlen immer in ein Addieren solcher Zahlen. Für das Addieren relativer Zahlen gelten aber die folgenden, aus dem Obigen hervorgehenden Hegeln:

1) *Man addiert zwei positive Zahlen, indem man der Summe ihrer absoluten Beträge das positive Vorzeichen giebt;*

2) *Man addiert eine positive und eine negative Zahl, indem man der Differenz ihrer absoluten Beträge das Vorzeichen derjenigen Zahl giebt, die den größeren absoluten Betrag hat; sind die absoluten Beträge gleich, so ergiebt sich Null;*

3) *Man addiert zwei negative Zahlen, indem man der Summe ihrer absoluten Beträge das negative Vorzeichen giebt.*

Beispiele:

$$\begin{aligned}
&1)\ (+3)+(+5)=+(3+5)=+8;\\
&2)\ (+5)+(-3)=+(5-3)=+2;\\
&3)\ (+3)+(-5)=-(5-3)=-2;\\
&4)\ (-3)+(-5)=-(3+5)=-8.
\end{aligned}$$

Durch die Erfindung der negativen Zahlen kann jede Subtraktion als eine Addition betrachtet werden, sodaß ein klammerloser Ausdruck, der nur Additionen und Subtraktionen enthält, als eine *Summe* von relativen Zahlen aufgefaßt werden kann. Es ist z. B. $19-8+5+6-4$ eine Summe der relativen Zahlen $+19$, -8, $+5$, $+6$ und -4. Eine so aufgefaßte Summe nennt man eine *algebraische Summe*, und die relativen Zahlen, aus denen sie sich zusammensetzt, ihre *Glieder*. Die Glieder können auch abgekürzt geschriebene Summen sein. So ist z. B. $3a-4b-5c+6(e+f)$ eine algebraische Summe der vier Glieder $3a, -4b, -5c, +6(e+f)$.

Hiernach kann die in § 8 erkannte erste bezw. zweite Regel auch so ausgesprochen werden:

Eine algebraische Summe addiert bezw. subtrahiert man, indem man die Vorzeichen ihrer Glieder beibehält bezw. umkehrt.

Die Aufnahme der Null und der negativen Zahlen in die Sprache der Arithmetik bedingt es, daß man sich unter einem allgemeinen Zahlzeichen (Buchstaben) nicht allein eine positive Zahl, sondern auch Null oder eine negative Zahl vorzustellen hat. Auch bekommen dadurch alle bisher aufgestellten *Formeln* einen ausgedehnteren Sinn. Ferner erfahren die in den früheren Paragraphen aufgestellten *Vergleichungs-Schlüsse* einen erweiterten Sinn, wenn beachtet wird, daß, gleichviel ob a und b positiv, null oder negativ ist,

a größer als b heißen soll, wenn $a-b$ positiv ist;
a gleich b heißen soll, wenn $a-b$ null ist;
a kleiner als b heißen soll, wenn $a-b$ negativ ist.

Z. B.:

$$\left|\begin{array}{l}+8>-3\quad -3>-4\\\hline +8>-4\end{array}\right|\begin{array}{l}-4=-4\\+3>-1\ (\text{add.})\\\hline -1>-5\end{array}\left|\begin{array}{l}\ \ 0<+1\\-2>-3\ (\text{subt.})\\\hline +2<+4\end{array}\right|$$

Endlich ermöglicht die Einführung der Null und der negativen Zahlen die Lösbarkeit von Gleichungen, die, ohne diese Einfübrung, als unlösbar gelten mußten. Z. B. erhält man aus:

$$7-(x+8)=2$$

die Lösung $7-x-8=2$ oder $7-8-2=x$ oder $x=-3$.

Die Erörterungen, welche zur Erfindung der Null und der negativen Zablen geführt haben, lassen sich ohne weiteres auch auf *benannte* Zahlen übertragen. So ist z. B.:

$$-7m$$

eine Differenzform, welche ausspricht, daß man

$$-7m + (a + 7)m = am$$

setzen will. In den Anwendungen kann man aus einer negativen benannten Zahl durch Veränderung eines Wortes meist die entsprechende positive Zahl bilden. So heißt z. B.:

$-b$ Meter vorwärts dasselbe, wie b Meter rückwärts;

$-e$ Mark Vermögen dasselbe, wie e Mark Schulden.

Übungen zu § 9.

Was setzt man für:

1. $6 - 9$;
2. $20 - 33$;
3. $a - (a + 1)$;
4. $b - (b + c)$?

Berechne:

5. $0 - 9$;
6. $(+4) + (+3)$;
7. $(+4) - (+3)$;
8. $(-4) + (-3)$;
9. $(-4) - (-3)$;
10. $(+4) + (-3)$;
11. $(-4) + (+3)$;
12. $(-5) - (-7)$;
13. $(-5) + (-7) + (-8)$;

14. $(+5)+(-7)-(-8)+(-9)$;

15. $33+(-3)+(+4)+(-11)$;

16. $0+(-5)-(+3)-(-7)$;

17. $(-1)+(+2)-(-3)+(+4)$.

Führe die folgenden Additionen aus:

18. $\begin{array}{r} +8 \\ -4 \\ +5 \\ \underline{-6} \end{array}$

19. $\begin{array}{r} -3 \\ -4 \\ +15 \\ \underline{-6} \end{array}$

20. $\begin{array}{r} +13 \\ +15 \\ -7 \\ \underline{-8} \end{array}$

21. $\begin{array}{r} -13 \\ -15 \\ +7 \\ \underline{+8} \end{array}$

Berechne die folgenden Ausdrücke für $a=-3$, $b=-5$, $c=0$, $d=+8$:

22. $a+b-c+d$;

23. $-a+b+c+d$;

24. $a-b-c-d$.

Löse die folgenden Gleichungen:

25. $13-(x+19)=0$;

26. $-(x+13)=19;$

27. $-27+13-(x+8)=-21.$

Führe die folgenden Schlüsse aus:

28. $\begin{array}{l} c = c \\ \underline{-4 = -4 \text{ (subtr.)}} \end{array}$

29. $\begin{array}{l} a > b \\ \underline{0 < 1 \text{ (subtr.)}} \end{array}$

30. $\begin{array}{l} 0 > -1 \\ \underline{2 > +1 \text{ (add.)}} \end{array}$

31. $\begin{array}{l} -6 < x - 6 \\ \underline{+6 = +6 \text{ (add.)}} \end{array}$

III. Abschnitt.

Rechnungsarten zweiter Stufe.

§ 10. Multiplikation.

Definitionsformel: $\overset{1)}{a} + \overset{2)}{a} + \overset{3)}{a} + \cdots + \overset{m)}{a} = a \cdot m;$

Distributionsgesetze:
$$\begin{cases} \text{I)}\ a \cdot p + a \cdot q = a(p+q); \\ \text{II)}\ a \cdot p - a \cdot q = a(p-q), \\ \qquad \text{wo} p > q \text{ist}; \\ \text{III)}\ b \cdot p + c \cdot p = (b+c)p; \\ \text{IV)}\ b \cdot p - c \cdot p = (b-c)p. \end{cases}$$

Kommutationsgesetz: $a \cdot b = b \cdot a;$

Associationsgesetz: $a \cdot (b \cdot c) = a \cdot b \cdot c.$

Schon in § 5 ist eine Summe von lauter gleichen Summanden in abgekürzter Weise geschrieben. Hier soll nun das so abgekürzte Addieren als eine neue Rechnungsart aufgefaßt werden, die *Multiplikation* genannt wird. Eine Zahl a mit einer Zahl m *multiplizieren* heißt also, eine Summe von m Summanden bilden, deren jeder a ist. Die Zahl, welche dabei als Summand auftritt, heißt *Multiplikandus*, und die Zahl m, welche angiebt, *wie oft* die andere Zahl als Summand gedacht ist, heißt *Multiplikator.* In den obigen Formeln ist immer der Multiplikandus als die passive Zahl *vor* den Multiplikator als die aktive Zahl gesetzt. Das Ergebnis der Multiplikation, welches man $a \cdot m$ oder auch $a\,m$ schreibt, heißt *Produkt.* Der Multiplikator, welcher zählt, wie oft der Multiplikandus als Summand gedacht ist, kann naturgemäss nur ein Ergebnis des

Zählens, also eine Zahl im Sinne des § 4 sein. Der Multiplikandus aber kann jede der bisher definierten Zahlen, also positiv, null oder negativ sein. Z. B.:

$$(+a)\cdot 5 = a+a+a+a+a = +(5\,a);$$
$$0\cdot 5 = 0+0+0+0+0 = 0;$$
$$(-a)\cdot 5 = (-a)+(-a)+(-a)+(-a)+(-a) = -(5\,a).$$

Da man a als Summe von einem Summanden auffassen darf, so setzt man $a\cdot 1 = a$.

Der Multiplikandus kann auch eine benannte Zahl sein, da man benannte Zablen addieren kann. Das Produkt hat dann dieselbe Benennung. Z. B. 6 Häuser mal 4 giebt 24 Häuser. Dagegen kann der Multiplikator, welcher zählt, wie oft der Multiplikandus als Summand gedacht ist, nur eine unbenannte positive Zahl sein.

Wenn $a = b$ und $c = d$ ist, so kann man, da die Multiplikation zweier Zablen immer nur zu einem einzigen Ergebnis führt, von $b\cdot d = b\cdot d$ ausgehen, und links a für b und c für d setzen, woraus $a\cdot c = b\cdot d$ folgt. Dies ergiebt den Satz: *Gleiches mit Gleichem multipliziert ergiebt Gleiches.*

Die vier Distributionsgesetze der Überschrift lassen sich auf folgende Weise beweisen:

$$\text{I)}\ a\cdot p + a\cdot q = a\cdot(p+q),\ \text{weil:}$$
$$a\cdot p = \overset{1)}{a} + \overset{2)}{a} + \overset{3)}{a} + \cdots + \overset{p)}{a}\ \text{und}$$
$$a\cdot q = \overset{1)}{a} + \overset{2)}{a} + \overset{3)}{a} + \cdots + \overset{q)}{a}\,.$$

Addiert man nun beide Gleichungen, so erhält man:

$$a\cdot p + a\cdot q = \overset{1)}{a} + \overset{2)}{a} + \overset{3)}{a} + \cdots + \overset{p)}{a} + \overset{p+1)}{a} + \cdots + \overset{p+q)}{a}\,,$$

wofür $a\cdot(p+q)$ zu setzen ist.

$$\text{II)}\ a\cdot p - a\cdot q = a\cdot(p-q),\ \text{falls } p > q \text{ ist, weil:}$$
$$a\cdot p = \overset{1)}{a} + \overset{2)}{a} + \overset{3)}{a} + \cdots + \overset{q)}{a} + \overset{q+1)}{a} + \cdots + + \overset{p)}{a}$$
$$a\cdot q = \overset{1)}{a} + \overset{2)}{a} + \overset{3)}{a} + \cdots + \overset{q)}{a}\,.$$

Subtrahiert man nun beide Gleichungen, so erhält man:

$$a \cdot p - a \cdot q = \overset{q+1)}{a} + \overset{q+2)}{a} + \overset{q+3)}{a} + \cdots + \overset{p)}{a} = \overset{1)}{a} + \overset{2)}{a} + \overset{3)}{a} + \cdots + \overset{p-q)}{a},$$

wofür $a \cdot (p - q)$ zu setzen ist.

III) $b \cdot p + c \cdot p = (b + c) \cdot p$, weil:

$$b \cdot p = \overset{1)}{b} + \overset{2)}{b} + \overset{3)}{b} + \cdots + \overset{p)}{b} \text{ und}$$

$$c \cdot p = \overset{1)}{c} + \overset{2)}{c} + \overset{3)}{c} + \cdots + \overset{p)}{c}.$$

Addiert man nun, so kann man die Summe rechts schreiben, wie folgt:

$$b \cdot p + c \cdot p = (b + \overset{1)}{c}) + (b + \overset{2)}{c}) + (b + \overset{3)}{c}) + \cdots + (b + \overset{p)}{c}),$$

wofür $(b + c) \cdot p$ zu setzen ist.

IV) $b \cdot p - c \cdot p = (b - c) \cdot p$, weil:

$$b \cdot p = \overset{1)}{b} + \overset{2)}{b} + \overset{3)}{b} + \cdots + \overset{p)}{b} \text{ und}$$

$$c \cdot p = \overset{1)}{c} + \overset{2)}{c} + \overset{3)}{c} + \cdots + \overset{p)}{c}.$$

Subtrahiert man nun, so kann man die Differenz rechts, gleichviel ob c kleiner als, gleich, oder größer als b ist, schreiben wie folgt:

$$b \cdot p - c \cdot p = (b - \overset{1)}{c}) + (b - \overset{2)}{c}) + (b - \overset{3)}{c}) + \cdots + (b - \overset{p)}{c}),$$

wofür $(b - c) \cdot p$ zu setzen ist.

Da jede Gleichung vorwärts und rückwärts gelesen werden kann, so liefern die vier Distributionsgesetze acht Sätze die folgendermaßen lauten:

I (vorwärts): *Die Summe zweier Produkte von gleichem Multiplikandus ist gleich dem Produkte dieses Multiplikandus mit der Summe der Multiplikatoren.*

I (rückwärts): *Mit einer Summe multipliziert man, indem man mit den Summanden einzeln multipliziert und die erhaltenen Produkte addiert.*

II (vorwärts): *Die Differenz zweier Produkte von gleichem Multiplikandus ist gleich dem Produkte dieses Multiplikandus mit der Differenz der Multiplikatoren.* Dabei ist vorausgesetzt, daß der Multiplikator des Minuendus größer als der des Subtrahendus ist.

II (rückwärts): *Mit einer Differenz, deren Minuendus größer als der Subtrahendus ist, multipliziert man, indem man mit Minuendus und Subtrahendus einzeln multipliziert und die erhaltenen Produkte subtrahiert.*

III (vorwärts): *Die Summe zweier Produkte von gleichem Multiplikator ist gleich dem Produkte der Summe der Multiplikanden mit dem gleichen Multiplikator.*

III (rückwärts): *Eine Summe multipliziert man, indem man ihre Summanden einzeln multipliziert und die erhaltenen Produkte addiert.*

IV (vorwärts): *Die Differenz zweier Produkte von gleichem Multiplikator ist gleich dem Produkte der Differenz der Multiplikanden mit dem gleichen Multiplikator.*

IV (rückwärts): *Eine Differenz multipliziert man, indem man Minuendus und Subtrahendus einzeln multipliziert und das aus dem Subtrahendus hervorgegangene Produkt von dem aus dem Minuendus hervorgegangenen Produkte subtrahiert.*

Mit Hilfe dieser Distributionsgesetze lassen sieh die folgenden Schlüsse beweisen:

$$
\left|\begin{array}{r}
a = b \\
c > d \text{ (mult.)} \\
\hline
a \cdot c > b \cdot d
\end{array}\right|
\begin{array}{r}
a > b \\
c = d \text{ (mult.)} \\
\hline
a \cdot c > b \cdot d
\end{array}\left|
\begin{array}{r}
a > b \\
c > d \text{ (mult.)} \\
\hline
a \cdot c > b \cdot d
\end{array}\right|
$$

oder, rückwärts gelesen:

$$
\left|\begin{array}{r}
b = a \\
d < c \text{ (mult.)} \\
\hline
b \cdot d < a \cdot c
\end{array}\right|
\begin{array}{r}
b < a \\
d = c \text{ (mult.)} \\
\hline
b \cdot d < a \cdot c
\end{array}\left|
\begin{array}{r}
b < a \\
d < c \text{ (mult.)} \\
\hline
b \cdot d < a \cdot c
\end{array}\right|
$$

Dabei müssen c und d als Multiplikatoren Ergebnisse des Zählens, also positive ganze Zahlen sein.

Um diese Schlüsse zu beweisen, verwandelt man jede Ungleichung in eine Gleichung, multipliziert dann die linken und die rechten Seiten der beiden entstandenen Gleichungen nach Vorschrift der Distributionsgesetze, und verwandelt schließlich die entstandenen Gleichungen wieder in Ungleichungen. So erhält man beim ersten Schluß $a \cdot c = b \cdot d + b \cdot e$, woraus folgt: $a \cdot c > b \cdot d$. Beim zweiten Schluß erhält man: $a \cdot c = b \cdot d + f \cdot d$, woraus auch $a \cdot c > b \cdot d$ folgt. Beim dritten Schluß ergiebt sich zunächst $a \cdot c = (b + e)(d + f)$, woraus $a \cdot c = (b + e) \cdot d + (b + e) \cdot f$ folgt. Hieraus aber erhält man: $a \cdot c > (b + e)d$, also $a \cdot c > b \cdot d + e \cdot d$ oder $a \cdot c > b \cdot d$.

Ein Produkt, dessen Multiplikator null oder negativ ist, hat nach der Definition der Multiplikation keinen Sinn. Nach dem in § 8 eingeführten *Permanenz-Prinzip* ist einem solchen Produkte ein Sinn beizulegen, der es gestattet, daß die entwickelten Gesetze Gültigkeit behalten. Dieses Ziel erreicht man, indem man, nach § 8 und § 9, Null und negative Zahlen als Differenzen auffasst und mit ihnen genau so multipliziert, wie die rückwärts gelesene Formel II vorschreibt. So erhält man:

$$a \cdot 0 = a(b - b) = a\,b - a\,b = 0;$$
$$a \cdot (-c) = a \cdot (0 - c) = a \cdot 0 - a \cdot c = 0 - a \cdot c = -(a \cdot c).$$

In Worten lauten diese Ergebnisse:

1) *Durch Multiplikation einer beliebigen Zahl mit Null erhält man wieder Null.*

2) *Mit einer negativen Zahl multipliziert man, indem man mit ihrem absoluten Betrage multipliziert und dem erhaltenen Produkte das entgegengesetzte Vorzeichen giebt.* Z. B.: $(+4)(-3) = -12$; $(-5) \cdot (-3) = +15$.

Aus den Distributionsgesetzen geht hervor, wie multipliziert wird, wenn Multiplikandus oder Multiplikator algebraische Summen sind. Z. B.:

1) $a \cdot (e + f + g) = a \cdot e + a \cdot f + a \cdot g$, weil:
$a \cdot (e + f + g) = a \cdot (e + f) + a \cdot g = a \cdot e + a \cdot f + a \cdot g$ ist;

2) $(a + b + c) \cdot p = a \cdot p + b \cdot p + c \cdot p$, weil:
$(a + b + c) \cdot p = (a + b) \cdot p + c \cdot p = a \cdot p + b \cdot p \cdot c \cdot p$ ist;

3) $a \cdot (e - f + g) = a \cdot e + a \cdot f + a \cdot g$;

4) $a \cdot (e + f - g) = a \cdot e + a \cdot f - a \cdot g$;

5) $a \cdot (e - f - g) = a \cdot e - a \cdot f - a \cdot g$;

6) $(a - b + c) \cdot p = a \cdot p - b \cdot p + c \cdot p$;

7) $(a + b - c) \cdot p = a \cdot p + b \cdot p - c \cdot p$;

8) $(a - b - c) \cdot p = a \cdot p - b \cdot p - c \cdot p$.

In allen diesen Formeln erscheinen die Klammern *gelöst.* Liest man die Formeln rückwärts, so erscheint entweder ein gemeinsamer Multiplikandus oder ein gemeinsamer Multiplikator *abgesondert.*

Wenn Multiplikandus und Multiplikator beide algebraische Summen sind, so geschieht die Auflösung der Klammern so, wie die folgenden Formeln zeigen:

$$(a + b) \cdot (c + d) = a \cdot c + a \cdot d + b \cdot c + b \cdot d;$$
$$(a + b) \cdot (c - d) = a \cdot c - a \cdot d + b \cdot c - b \cdot d;$$
$$(a - b) \cdot (c + d) = a \cdot c + a \cdot d - b \cdot c - b \cdot d;$$
$$(a - b) \cdot (c - d) = a \cdot c - a \cdot d - b \cdot c + b \cdot d.$$

Der Beweis dieser Formeln folgt aus den Distributionsgesetzen sehr leicht. Z. B.:

$$(a + b) \cdot (c - d) = a \cdot (c - d) + b \cdot (c - d) = (a \cdot c - a \cdot d)$$
$$+ (b \cdot c - b \cdot d) = a \cdot c - a \cdot d + b \cdot c - b \cdot d.$$

Für den Fall, daß Multiplikandus und Multiplikator algebraische Summen von mehr als zwei Gliedern sind, diene folgendes Beispiel:

$$\begin{aligned}(a-b+c)\cdot(p-q-r+s) &= a\cdot p - a\cdot q - a\cdot r + a\cdot s\\ &\quad - b\cdot p + b\cdot q + b\cdot r - b\cdot s\\ &\quad + c\cdot p - c\cdot q - c\cdot r + c\cdot s.\end{aligned}$$

Demnach läßt sich folgende Regel aussprechen:

Zwei algebraische Summen multipliziert man, indem man jedes Glied des einen mit jedem Gliede des andern multipliziert und dem Produkte das positive Vorzeichen giebt, wenn die beiden multiplizierten Glieder gleiche Vorzeichen hatten, dagegen das negative Vorzeichen, wenn die beiden multiplizierten Glieder ungleiche Vorzeichen hatten.

Das Kommutationsgesete der Multiplikation $a\cdot b = b\cdot a$ beruht auf den Distributionsgesetzen. Denn:

$$\begin{aligned}a\cdot b &= (\overset{1)}{1} + \overset{2)}{1} + \overset{3)}{1} + \cdots + \overset{a)}{1})\cdot b\\ &= \overset{1)}{1\cdot b} + \overset{2)}{1\cdot b} + \overset{3)}{1\cdot b} + \cdots + \overset{a)}{1\cdot b}\\ &= \overset{1)}{b} + \overset{2)}{b} + \overset{3)}{b} + \cdots + \overset{a)}{b}\\ &= b\cdot a\end{aligned}$$

Bei diesem Beweise ist vorausgesetzt, daß b eine natürliche Zahl im Sinne des § 4 ist. Es ist aber auch $a\cdot 0 = 0\cdot a$, weil von beiden Produkten oben erkannt ist, daß sie gleich Null zu setzen sind. Ebenso ist:

$$a\cdot(-p) = (-p)\cdot a,$$

weil nach dem Obigen beide Produkte $-(a\cdot p)$ ergeben. Das Kommntationsgesetz lautet in Worten: *Die durch ein Produkt dargestellte Zahl wird nicht geändert, wenn Multiplikandus und Multiplikator Vertauscht werden.* Da der Multiplikator nicht benannt sein kann, so hat auch das Kommutationsgesetz nur Sinn, wenn der Multiplikandus unbenannt ist.

Wegen des Kommutationsgesetzes ist es bei unbenannten Zahlen meist zwecklos, Multiplikator und Multiplikandus zu unterscheiden. Man bezeichnet deshalb beide mit einem gemeinsamen Namen, nämlich "*Faktor*" (vgl. § 1), und schreibt die beiden Faktoren eines Produktes in beliebiger Reihenfolge. Der eine Faktor heißt der *Koeffizient* des andern (vgl. § 5). Das Produkt nennt man ein *Vielfaches* von jedem seiner Faktoren, und jeden Faktor einen *Teiler* des Produktes.

Wie das Kommutationsgesetz, so folgt auch das *Associationsgesetz* aus den Distributionsgesetzen, nämlich:

$$\begin{aligned} a \cdot (b \cdot c) &= a(\overset{1)}{b} + \overset{2)}{b} + \cdots + \overset{c)}{b}) \\ &= a\overset{1)}{b} + a\overset{2)}{b} + \cdots + a\overset{c)}{b} \\ &= a \cdot b \cdot c. \end{aligned}$$

Bei diesem Beweise ist vorausgesetzt, daß c eine natürliche Zahl im Sinne des § 4 ist. Es ist aber auch $a \cdot (b \cdot 0)$ gleich $a \cdot b \cdot 0$, weil beide Produkte nach dem Obigen Null ergeben. Ebenso ist $a \cdot [b \cdot (-p)] = a \cdot b(-p)$, weil beide Produkte zu dem Ergebnis $-(a \cdot b \cdot p)$ führen. Das Associationsgesetz lautet in Worten: *Man multipliziert mit einem Produkte, indem man mit dem Multiplikandus multipliziert und das erhaltene Produkt dann noch mit dem Multiplikator multipliziert.* Wenn man die das Associationsgesetz ausdrückende Formel rückwärts liest, so erhält man den Satz: *Ein Produkt multipliziert man, indem man den Multiplikator multipliziert und mit dem erhaltenen Produkte dann noch den Multiplikandus multipliziert.*

Bei der Associations-Formel ist die Reihenfolge der zur Multiplikation verwandten drei Zablen beibehalten. Man kann jedoch, dank dem Kommutationsgesetze, diese Reihenfolge beliebig verändern. Nämlich:

$$\begin{aligned} &abc = acb = bac = bca = cab = cba \\ &= a(bc) = a(cb) = b(ac) = b(ca) = c(ab) = c(ba). \end{aligned}$$

So gelangt man zu der folgenden allgemeinen Regel: *In einem Ausdruck, der aufeinanderfolgende Multiplikationen enthält, dürfen alle Klammern, die Produkte einschließen, beliebig fortgelassen und gesetzt werden, und dürfen auch alle Faktoren in beliebige Reihenfolge gebracht werden.* Z. B.:

1) $4a(3b)(c+d) = 4 \cdot a \cdot 3 \cdot b \cdot (c+d) = 4 \cdot 3 \cdot a \cdot b \cdot (c+d)$;

2) $c(de)(abf) = cdeabf = abedef$.

Ein Produkt, dessen einer Faktor selbst wieder ein Produkt ist, wird Produkt von *drei* Faktoren genannt, u. s. w. Z. B.:

efg ist ein Produkt von drei Faktoren;

$bbbb$ ist ein Produkt von vier Faktoren;

$5(a+b)c(d+e)(f+7)$ ist ein Produkt von fünf Faktoren.

Eine Zahl oder eine algebraische Summe bezeichnet man als ein Produkt von einem einzigen Faktor.

So wie in § 5 eine Summe von lauter gleichen Summanden zu einer abgekürzten Schreibweise Veranlassung gab, so giebt auch ein Produkt von lauter gleichen Faktoren zu einer *kürzeren Schreibweise* Veranlassung. Man schreibt nämlich diesen Faktor nur einmal und stellt die Zahl, welche angiebt, wie oft der Faktor als gesetzt gedacht werden soll, *höher* und *kleiner* rechts daneben. Z. B. schreibt man statt $b\,b\,b\,b\,b$ kürzer b^5 (gelesen: "b hoch fünf") und nennt dann ein derartig abgekürzt geschriebenes Produkt eine *Potenz.* Die Zahl, *welche* dabei als Faktor gedacht ist, heisst *Basis*, und die Zahl, welche zählt, *wie oft* die Basis als Faktor zu denken ist, heißt *Exponent.* Man nennt b^5 auch die fünfte Potenz von b, und sagt deshalb auch "b zur fünften Potenz" oder kürzer "b zur fünften."

Aus dieser Definition der Potenz ergiebt sich unmittelbar, wie Potenzen von gleicher Basis zu multiplizieren sind. Z. B.:

$$b^5 \cdot b^8 = (bbbbb)(bbb) = bbbbbbbb = b^8;$$
$$3^7 \cdot 3^4 = 3^{11}; \quad 8^3 \cdot 8 = 8^4.$$

Wenn also Potenzen gleicher Basis multipliziert werden sollen, müssen ihre Exponenten addiert werden. Ist die Basis einer Potenz eine Summe, eine Potenz oder ein Produkt, so hat man sie einzuklammern, z. B.:

$$(a+b)^4; \quad (a-b)^3; \quad (a \cdot b)^5.$$

So wie die abgekürzt geschriebenen Summen eine neue Rechnungsart, die Multiplikation, hervorriefen, so rufen auch die abgekürzt geschriebenen Produkte eine neue Rechnungsart, die Potenzierung, hervor, die später (§ 29) für sich behandelt werden wird. Demgemäß] nennt man die Addition, Multiplikation, Potenzierung direkte Rechnungsarten bezw. erster, zweiter und dritter Stufe.

Aus den bisher entwickelten Definitionen und Resultaten läßt sich erkennen, daß, wenn beliebig viele Zahlen, die Null oder relativ sind, durch Addition, Subtraktion und Multiplikation in beliebiger Weise verbunden werden, das schließliche Ergebnis immer Null oder relativ, also eine der bisher definierten Zablen sein muß.

Übungen zu § 10.

Man soll kürzer ausdrücken:

1. $7 + 7 + 7 + 7$;
2. $d + d + d + d + d$;
3. $(-4) + (-4) + (-4)$.

Man soll in ein Produkt verwandeln:

4. $5a + 7a$;
5. $43p - 13p$;
6. $ep + fp$;
7. $av - bv$;
8. $217 \cdot 96 + 217 \cdot 4$;
9. $6a - 6b + 6c$;
10. $7d + 7e - 7$;
11. $ap - aq + ar - as$;
12. $ab - ac + ad + a$.

Man soll die Klammern lösen:

13. $(b + c)m$;
14. $(a - b)r$;
15. $(13 - a)b$;
16. $m(b + c)$;
17. $r(a - b)$;
18. $p(a - b + c)$;
19. $5(a - 4 + b - c)$;
20. $4(a - b - c + 25)$.

Man soll die folgenden Schlüsse ausführen, in denen die Buchstaben positive Zahlen bedeuten:

21. $a = b$
    $\underline{f = g \text{ (mult.)}}$

22. $7 > 6$
    $\underline{p = q \text{ (mult.)}}$

23. $10 < 20$
    $\underline{a < b \text{ (mult.)}}$

Man soll berechnen:

24. $0 \cdot 9 - 8$;

25. $7 \cdot 0 + 50 \cdot (a - a)$;

26. $(b - b)(c - c)$;

27. $(-3) \cdot 5$;

28. $[a - (a + 2)] \cdot 5$;

29. $5 \cdot (-6) + 6 \cdot (-5)$;

30. $(7 - 9) \cdot 3 + (8 - 20) \cdot 5 + (-10)(-10)$;

31. $(-5)(-6)(-7)$;

32. $(\ 1)(-1)(-1)(-1)$;

33. $(-4) \cdot [6 \cdot 2 - (-6 \cdot 3) + (-2)(-3)]$;

34. $1 \cdot 2 \cdot 3 \cdot 0 - 5 \cdot 6 + (-7)(-8)](3 - 5) + (-4)(-13)$.

35. Welche Formeln für die Addition sind analog Formeln für die Multiplikation?

Berechne auf kürzeste Weise:

36. $2 \cdot (a \cdot 5)$;

37. $5 \cdot 37 \cdot 20$;

38. $(8a)(125b)$;

39. $5 \cdot [5 \cdot (5 \cdot 2)][2 \cdot (5 \cdot 2)] \cdot 2$;

40. $4 \cdot 4 \cdot 5 \cdot 5 + 2 \cdot 3 \cdot 5 \cdot 5 \cdot 2 \cdot 2$.

Klammern lösen und dann vereinfachen:

41. $7(a + b - 2c) + 4(a - b + 3c)$;

42. $13(a - 2b) - 5(2a - b) + 18(3a - 4b)$;

43. $4(p + 2q - s) - 13(p - q + 3s) + 5(2p + q - s)$;

44. $6 \cdot [(a - 2b + c) \cdot 3 - 2(a - b + c)] - (a - 2b + c).5$;

45. $a(b - c) - b(a + c) + c(a - b)$;

46. $a(b + c - d) - b(a + c - d) + d(a + b + c)$;

47. $3a(4 - b) - 6b(a + 4) + 24(b + a)$.

In eine Summe von möglichst wenig Produkten verwandeln:

48. $(b + c)(d + e)$;

49. $(b - c)(d + e)$;

50. $(b - c)(d - e)$;

51. $(3a - 2b)(c + d)$;

52. $(2a + 5b)(4a - 10b)$;

53. $(a - b)(p + q + r)$;

54. $(a - b - c)(p - q)$;

55. $(a - 2b + 3c)(p - q - r)$;

56. $(a + b - c)(2x + 2y - 3z)$;

57. $(3a - 4b)(c + d) + (a + b)(4c - d)$;

58. $(a - 2b)(e - f) - (a - 8b)(e + 2f) + (5a + b)(e - f)$.

Sondere den gemeinsamen Faktor ab:

59. $6a - 6b + 6c$;

60. $20a - 30b - 40c$;

61. $ap - -aq + ar$;

62. $(4b)(3a) - (4b)(5c) + 4b$;

63. $(2a - 3b)(c + d) + (a + b)(c + d) - (a - 5b)(c + d)$.

Verwandele in ein einziges Produkt:

64. $af - ag + bf - bg$;

65. $5ab + 5ac - bf - ef$;

66. $3a - pa + 3 - p$;

67. $6ab - 7b + 6ac - 7c$;

68. $2pq + 2pr - 2ps + 7aq + 7ar - 7as$;

69. $ad + ae - af - bd - be - bf + cd + ce - cf$.

Berechne:

70. 3^4;

71. $7^3 - 3^5$;

72. $4^5 - 10^8$;

73. $0^3 + 2^8$;

74. $10^8 + 8 \cdot 10^2 + 9 \cdot 10 + 9$;

75. $10^4 - (-10)^4$;

76. $10^3 + (-10)^3$;

77. $(-1)^7$;

78. $(-l)^{1899}$.

Klammern lösen und möglichst vereinfachen:

79. $4a^2(5a^2 - b)$;

80. $3a^2b^3(a + b - c)$;

81. $3a^2b(a + b) - 3a^2(b^2 - ab + 1)$;

82. $(a + b)^2$;

83. $(a-b)^2$;

84. $(a+b)(a-b)$;

85. $(a^2+b^2)^2$;

86. $(a^2-b^2)^2$;

87. $(a+b+c)^2$;

88. $(a^4-a^3)(a-1)$;

89. $(e^7-e^6+e^3)(e^3+e^4)$;

90. $(2a+3b)^2$;

91. $(2a-5)^2$;

92. $(7a^2-3b^2)(4a^2-b^2)$.

Sondere den gemeinsamen Faktor ab:

93. $a^6b^3-a^7b^4+a^5b^4-a^8b^8$;

94. $4m^2n^2-8m^8n8+12m^4n^4$;

95. $9a^2b^3c^2-7a^3b^2c^2-11a^2b^2c^3+a^2b^2c^2$.

Löse die Klammern und vereinfache:

96. $(b+c)^3$;

97. $(a+b+c)(a-b-c)$;

98. $(a-b)(a^2+ab+b^2)$;

99. $(a+b)(a^2-ab+b^2)$;

100. $(v+w)(v^4-v^3w+v^2w^2-vw^3+w^4)$.

§ 11. Division.

$$\text{I) } a : b \cdot b = a;$$
$$\text{II) } a \cdot b : b = a.$$

Die *Division* entsteht aus der Multiplikation dadurch, daß das Produkt und ein Faktor als bekannt, der andere Faktor als unbekannt und deshalb als gesucht betrachtet wird. Bei dieser Umkehrung erhält das bekannte Produkt den Namen *Dividendus*, der bekannte Faktor den Namen *Divisor*, der unbekannte Faktor den Namen *Quotient*. Eine Zahl a durch eine Zahl b dividieren, oder, was dasselbe ist, eine Zahl b in eine Zahl a dividieren, heißt also, die Zahl finden, welche mit b multipliziert werden muß, damit sich a ergiebt. Dies spricht die Formel I der Überschrift aus. $20 : 4$ bedeutet also die Zahl, welche, mit 4 multipliziert, 20 ergiebt, oder, was dasselbe ist, die Zahl, welche für x gesetzt werden muß, damit die Bestimmungsgleichung:

$$x \cdot 4 = 20$$

richtig wird. Hiernach besteht die Berechnung eines Quotienten im *Raten* des Wertes der Unbekannten einer Gleichung. Um z. B. $56 : 7$ zu bezeichnen, hat man den Wert von x aus der Gleichung $x \cdot 7 = 56$ zu raten. Im Rechen-Unterricht wird dieses Raten derartig geübt, daß es bei kleineren Zahlen lediglich gedächtnismäßig wird. Die Division mehrziffriger Zahlen wird auf die Division kleiner Zahlen durch eine Methode zurückgeführt, die auf unsrer Schreibweise der Zahlen nach Stellenwert (§ 22) beruht.

Statt des aus einem Doppelpunkte bestehenden Divisionszeichens, vor das man den Dividendns und hinter das man den Divisor setzt, schreibt man auch einen *wagerechten Strich*, üher den man den Dividendus und unter den man den Divisor setzt. Diese Schreibweise macht Klammern überflüssig, wenn der Divisionsstrich die Reihenfolge der Rechnungsarten unzweifelhaft macht. Z. B.:

$$(19 + 6) : 5 = \frac{19 + 6}{5};$$
$$[a + b(c - d)] : (e + f) = \frac{a + b(c - d)}{e + f}.$$

Wie jede Rechnungsart, die aus zwei Zablen eine dritte finden läßt, muß auch die Multiplikation zwei Umkehrungen haben. Man kann nämlich sowohl nach dem Multiplikandus wie auch nach dem Multiplikator fragen. In der That kann man diese beiden Fälle durch zwei verschieden lautende Fragestellungen unterscheiden. Wenn man fragt, *welche* Zahl mit 7 multipliziert, 56 ergiebt, so fragt man nach der passiven Zahl, dem Multiplikandus. Wenn man aber fragt, *mit* welcher Zahl 7 multipliziert werden muß, damit sich das Produkt 56 ergiebt, so fragt man nach dem Multiplikator. Wegen des Kommutationsgesetzes der Multiplikation braucht man bei unbenannten Zahlen die beiden Umkehrungen der Multiplikation nicht zu unterscheiden. Wohl aber zeigt sich die Verschiedenheit, wenn der eine der beiden Faktoren eines Produkts *benannt* ist. Da dieser Faktor dann Multiplikandus sein muß, so ergeben sich bei der Division die beiden folgenden Fälle:

1) Dividendus benannt, Divisor unbenannt; der Quotient wird benannt und erhält dieselbe Benennung wie der Dividendus. Z. B.: 15 Meter : 3 = 5 Meter. In diesem Falle nennt man das Dividieren auch *"Teilen"*.

2) Dividendus und Divisor beide von gleicher Benennung; der Quotient wird unbenannt. Z. B. 15 Meter : 5 Meter = 3. In diesem Falle nennt man das Dividieren auch *"Messen"*.

Eine Division ist nur dann ausfübrbar, wenn der Dividendus als Produkt darstellbar ist, dessen einer Faktor der Divisor ist. Es muß also der Dividendus ein *Vielfaches* (vgl. § 10) des Divisors sein, oder, was dasselbe ist, der Divisor muß ein *Teiler* des Dividendus sein. Wenn diese Bedingung nicht erfüllt ist, ist die Verbindung der beiden Zablen durch ein Divisionszeichen *sinnlos*. So ist z. B. 18 : 5 eine Quotientform, der keine der his jetzt definierten Zahlen gleichgesetzt werden kann. Das in § 8 eingeführte Prinzip der Permanenz gestattet es jedoch, solchen sinnlosen Quotientformen einen Sinn zu erteilen. Dadurch wird die Sprache der Arithmetik wesentlich bereichert, und der Zablenbegriff von neuem (§ 8 und 9) erweitert (vgl. § 13).

Die in § 10 entwickelten Gesetze für das Multiplizieren von positiven und negativen Zahlen ergeben für die Division die Regel:

Zwei relative Zahlen werden dividiert, indem man dem Quotienten ihrer absoluten Beträge das *positive* Vorzeichen giebt, wenn die relativen Zahlen *gleiche* Vorzeichen hatten, dagegen das *negative* Vorzeichen, wenn dieselben *ungleiche* Vorzeichen hatten. Z. B.:

$$(+12) : (+8) = +4; \quad (+12) : (-3) = -4;$$
$$(-12) : (+3) = -4; \quad (-12) : (-3) = +4.$$

Der Beweis dieser Kegel wird dadurch erbracht, daß das Produkt von Divisor und Quotient immer den Dividendus mit dem richtigen Vorzeichen ergiebt.

Da $0 \cdot a$ stets null ist, wenn a eine positive oder eine negative beliebige Zahl ist, so gilt die Regel:

1) *Null dividiert durch eine positive oder negative Zahl ergiebt immer null.*

Wenn man aber bei der Gleichung $0 \cdot a = 0$ nicht a, sondern 0 zum Divisor macht, so ergiebt sich $0 : 0 = a$. Also erhält man die Regel:

2) *Null dividiert durch Null kann jeder beliebigen Zahl gleichgesetzt werden.* Dieselbe kann positiv, negativ und auch null sein, weil 0 mal 0 auch 0 ist. Man nennt deshalb $0 : 0$ eine vieldeutige Quotientenform.

Da das Produkt von 0 mit keiner der bis jetzt definierten Zablen eine positive oder negative Zahl ergiebt, so muß die *Quotientenform* $a : 0$ *vorläufig als sinnlos* erklärt werden. Wir erhalten also das folgende Resultat:

3) *Eine Division fübrt immer zu einem einzigen Ergebnis, wenn der Divisor nicht null ist. Ist der Divisor null, der Dividendus auch null, so ist das Ergebnis vieldeutig, d. h. gleich jeder beliebigen Zahl. Ist der Divisor null, der Dividendus nicht auch null, so ist die Division sinnlos, d. h. das Ergebnis ist gleich keiner der bisher definierten Zablen.*

Man darf daher $b : d$ nur dann gleich $b : d$ setzen, wenn man weiß, daß d nicht null ist. Ist d nicht null, und $a = b$ sowie $c = d$, so folgt aus $b : d = b : d$ die Gleichung $a : c = b : d$, d. h. in Worten:

4) *Gleiches durch Gleiches dividiert, giebt Gleiches, falls die Divisoren von null verschieden sind.*

Wenn man die bei 4) hinzugefügte Bedingung "falls die Divisoren von null verschieden sind" nicht beachtet, so kommt man zu *Trugschlüssen.* Z. B.: Das Doppelte von a sei b. Dann hat man $6a = 3b$, also auch $42a - 36a$ gleich $21b - 18b$, woraus durch Transponieren folgt:

$$42a - 21b = 36a - 18b$$

oder:

$$21(2a - b) = 18(2a - b),$$

woraus man, wenn man links und rechts den Faktor $2a - b$ fortläßt, den Schluß $21 = 18$ ziehen kann. Dieser Schluß ist ein Trugsehluß, weil man, indem man den Faktor $2a - b$ beiderseits fortläßt, durch denselben dividiert. Da aber dieser Faktor, der Annahme gemäß, gleich null ist, so darf man durch denselben nicht dividieren, wenn man wünscht, durch die Division wiederum Gleiches zu erhalten. Umgekehrt muß man aus $21(2a - b) = 18(2a - b)$ schließen, daß $2a - b$ gleich Null sein muß.

Von den beiden Formeln der Überschrift spricht die erste die Definition der Division aus. Auch die zweite $a \cdot b : b = a$ folgt aus dieser Definition, und zwar folgendermaßen: Es muß $a \cdot b : b$ die Zahl bedeuten, die, mit b multipliziert, $a \cdot b$ ergiebt. Diese Bedingung erfüllt die Zahl a, und zwar *nur* die Zahl a, wenn b von null verschieden. Dagegen ist $a \cdot 0 : 0$ gleich jeder beliebigen Zahl, aber nicht notwendig gleich a. So wie bei der ersten Stufe (§ 6) die Fortlassung eines Summanden und eines ihm gleichen Subtrahenden "Heben" oder "Aufheben" genannt wurde, so heißt auch die Fortlassung eines Faktors und eines ihm gleichen Divisors "Heben" oder "Aufheben". Man kann daher den Inhalt der Formeln I und II kurz so aussprechen:

5) *Multiplikation und Division mit derselben Zahl heben sich auf, falls diese nicht Null ist.*

Aus dieser Regel ergiebt sich, wie Potenzen von gleicher Basis zu dividieren sind, wenn der Exponent des Dividendus größer als der des Divisors ist. Man hat nämlich die Basis beizubehalten und als Exponenten die Differenz der Exponenten des Dividendus und des Divisors zu nehmen. Z. B.:

$$a^7 : a^3 = (a \cdot a \cdot a \cdot a) \cdot (a \cdot a \cdot a) : (a \cdot a \cdot a) = a \cdot a \cdot a \cdot a = a^4.$$

Nach der Definition der Division ist $a : b = c$ nur eine andere Ausdrucksweise für $a = c \cdot b$. Hieraus ergiebt sich die für die Lösung von Bestimmungsgleichungen wichtige *Transpositionsregel zweiter Stufe: Wenn eine Zahl auf der einen Seite einer Gleichung Faktor ist, so kann sie dort fortgelassen werden, wenn sie auf die andere Seite als Divisor gesetzt wird, und umgekehrt.* Z. B.:

1) Aus $x \cdot 5 = 60$ folgt $x = 60 : 5$;
2) Aus $7 \cdot x = 91$ folgt $x = 91 : 7$;
3) Aus $x : 6 = 4$ folgt $x = 6 \cdot 4$.

Diese Beispiele zeigen, wie durch die Transposition die *Isolierung* einer Unbekannten, d. h. die Lösung von Bestimmungsgleichungen bewerkstelligt werden kann.

Zu demselben Ziele, wie durch Transponieren, gelangt man auch durch Anwendung der beiden Sätze: *"Gleiches mit Gleichem multipliziert, giebt Gleiches"* und *"Gleiches durch Gleiches dividiert, giebt Gleiches, falls die Divisoren nicht null sind."* Dividiert man z. B. $7 \cdot x = 91$ durch $7 = 7$, so erhält man links $7 \cdot x : 7$, also x, rechts $91 : 7$, demnach $x = 91 : 7 = 13$.

Übungen zu § 11.

1. 20 kg : 4 kg;
2. 16 Stunden : 4 Stunden;
3. 24 kg : 6;
4. 24 Stunden : 4;
5. 110 Volt : 11;
6. 110 Volt : 11 Volt;
7. 70 Mark : 14 Pfennige;
8. 16 Stunden : 4 Minuten;
9. $(b + c)a : a$;
10. $(a + b + c) \cdot (ef) : (ef)$;
11. $\frac{7ab}{b}$;
12. $\frac{1899}{211} \cdot 211$;
13. $\frac{20a^3b}{c^2d} \cdot c^2d$.
14. a Liter kosten b Mark. Wieviel kosten a' Liter?
15. a Arbeiter leisten eine Arbeit in b Tagen. In wieviel Tagen a' Arbeiter?
16. $(a : p + b : p) \cdot p$;
17. $a + \frac{c+d}{e} \cdot e - \frac{c}{f} \cdot f - \frac{a}{g} \cdot g$.
18. $(ab)(cd)(ef) : (ace)$;
19. $\left(a + \frac{b}{c} - \frac{f}{c}\right) c$;
20. $a - \left(\frac{a}{v} - \frac{b}{v}\right) v$;

21. $ab + ac - \left(\frac{a(b+c)}{e}e + f\right)$

22. $\frac{-20}{+4}$;

23. $\frac{-20}{-4}$;

24. $\frac{15}{-3} + \frac{-72}{-18} + \frac{+23}{+23}$;

25. $\frac{(-3)(-4)}{(-2)(-6)} - \frac{7 \cdot 8 \cdot 9(-10)}{14 \cdot 18 \cdot (-20)} + \frac{0}{+13}$;

26. $\frac{0-8}{8} - \frac{0 \cdot 8 \cdot 4}{2} + \frac{(a-a) \cdot 3}{9} + \frac{3b-3b}{7}$;

27. $\frac{5c-5c}{2a-2a}$;

28. $\frac{4x-12}{3-x}$ für $x = 3$;

29. $\frac{8 \cdot 9 - 3 \cdot 24}{8 \cdot 9 + 3 \cdot 24}$;

30. $\frac{x^{15}}{x^8}$;

31. $\frac{a^7 - a^7}{a^3}$;

32. $b^7 \cdot b^4 \cdot b : b^6$;

33. $a^8 b^9 c^{10} : a^8 b^9 c^{10}$.

Die folgenden Gleichungen sollen durch Transponieren gelöst werden:

34. $\frac{8}{x} = 9$;

35. $\frac{x}{p} = 9$;

36. $x : (c + d) = e$;

37. $36 = 9x$;

38. $4x = 20a$;

39. $(a + b + c)x = d$;

40. $\dfrac{64}{x} = 16$;

41. $\dfrac{111}{x} = 37$;

42. $16 = \dfrac{160}{x}$.

43. $6x - 7 = 5$;

44. $29 = 15x - 1$;

45. $(3 + 4x) \cdot 5 = 75$;

46. $\dfrac{7 - x}{3} = 2$;

47. $\dfrac{9 + 3x}{6} = 4$;

48. $\dfrac{19 - 3x}{13} = 1$;

49. $\dfrac{-16}{x} = -2$;

50. $\dfrac{3x - 7}{-16} = 1$;

51. $\dfrac{0 + x}{-10} = +2$.

---

§ 12. Verbindung von Multiplikation und Division.

I) $a \cdot (b \cdot c) = a \cdot b \cdot c$ (Assoc. Gesetz der Mult., § 10),
II) $a \cdot (b : c) = a \cdot b : c$,
III) $a : (b \cdot c) = a : b : c$,
IV) $a : (b : c) = a : b \cdot c$;
V) $a : b = (a \cdot m) : (b \cdot m)$,
VI) $a : b = (a : m) : (b : m)$.

Die Formeln der Überschrift entsprechen genau den Formeln I bis VI in § 7, indem nur die Multiplikation an die Stelle der Addition, die Division an die Stelle, der Subtraktion tritt. Ebenso müssen also auch die Übersetzungen in Worte und die Beweise entsprechend sein. Beispielsweise ist Formel III bewiesen, wenn von der rechten Seite $a : b : c$ gezeigt werden kann, daß sie, mit $b \cdot c$ multipliziert, a ergiebt. Dies ist der Fall, da $(a : b : c) \cdot (b \cdot c) = (a : b : c) \cdot (c \cdot b) = (a : b : c) \cdot c \cdot b = a : b \cdot b = a$ ist.

Formel V spricht aus, daß der Wert eines Quotienten sich nicht ändert, wenn man ihn erweitert, d. h. Dividendus und Divisor mit derselben Zahl multipliziert. Formel VI spricht aus, daß der Wert eines Quotienten sich nicht ändert, wenn man ihn *hebt*, d. h. Dividendus und Divisor durch dieselbe Zahl dividiert.

Auch den vier in § 7 abgeleiteten Regeln entsprechen hier genau vier auf Multiplikation und Division bezügliche Regeln. Namentlich sei hier die der vierten Regel in § 7 entsprechende Regel hervorgehoben:

Ein Ausdruck, der, außerhalb der etwa vorhandenen Klammern, nur Multiplikationen und Divisionen enthält, wird berechnet, indem das Produkt aller Faktoren durch das Produkt aller Divisoren dividiert wird. Z. B.:

$$7 \cdot 16 \cdot 9 : 12 \cdot 10 : 15 = \frac{7 \cdot 16 \cdot 9 \cdot 10}{12 \cdot 15} = \frac{7 \cdot 4 \cdot 4 \cdot 3 \cdot 3 \cdot 2 \cdot 5}{3 \cdot 4 \cdot 3 \cdot 5}$$
$$= 7 \cdot 4 \cdot 2 = 56.$$

Übungen zu § 12.

Löse die Klammern und berechne dann:

1. $36 \cdot (4 : 2)$;
2. $36 : (4 : 2)$;
3. $144 : (4 \cdot 9)$;
4. $25 \cdot 8 : 10 : 10$;
5. $1 \cdot 2 \cdot 3 \cdot 4 \cdot 5 : (6 \cdot 10)$;
6. $8 \cdot 9 \cdot 10 : (20 : 4)$;
7. $2^3 \cdot 5^2 : [100 : (4 \cdot 5)]$.

Verwandele in einen Quotienten, dessen Dividendus und Divisor ein Produkt ist, und berechne dann:

8. $8 \cdot 9 \cdot 12 : (4 \cdot 8 \cdot 3)$;
9. $\frac{11 \cdot 12 \cdot 16}{24} \cdot 5 \cdot 5$;
10. $\frac{111}{37} \cdot \frac{64}{16} \cdot \frac{125}{25}$;
11. $\frac{52 \cdot 51 \cdot 50}{2 \cdot 3 \cdot 4} \cdot \frac{3 \cdot 4 \cdot 5}{6 \cdot 5}$;
12. $\frac{(-1)(-2)(-3)(-4)}{(-6)(-2)}$;
13. $\frac{(-1)^4(-2)^5(-3)^7}{(-6)^3 \cdot (+9)^2}$.

Es soll vereinfacht werden:

14. $\frac{7ab}{cd} \cdot (cd)$
15. $\frac{16pq}{8a} \cdot (4ab)$;
16. $\frac{4ab}{25c}(5c)$;

17. $p^3q^3r^3 \cdot \dfrac{st}{p^2q^2r^2}$;

18. $144a^6b^7 : (9a^4b) : (8ab^6)$;

19. $\dfrac{16(b+c)}{d+e} \cdot \dfrac{d+e}{b+c}$;

20. $\dfrac{7ab}{c} \cdot \dfrac{c}{de} \cdot \dfrac{de}{a \cdot b}$;

21. $abc : \dfrac{abc}{de}$;

22. $\dfrac{24ab}{8m} : \dfrac{6a}{4m}$;

23. $\dfrac{48p^3q^3}{6a^2b^2} : \dfrac{16p^2q^2}{3ab}$

24. $(a+3b) \cdot \dfrac{p}{a+3b}$.

Die folgenden Quotienten sollen gehoben werden:

25. $\dfrac{24a}{36b}$;

26. $\dfrac{abcfg}{abdef}$;

27. $\dfrac{15a^3b^2c}{5a^2b}$;

28. $\dfrac{10p-10q}{5a}$;

29. $\dfrac{(a-b)^2}{ac-bc}$;

30. $\dfrac{ab+ac-ad}{pb+pc-pd}$;

31. $\dfrac{(a^2+ab)p}{(a+b)^2}$;

32. $\dfrac{3ab+3ac-bd-cd}{3a-d}$;

33. $\dfrac{ab - ad + bc - cd}{eb - ed + fb - fd}$.

§ 13. Verbindung der Rechnungsarten erster und zweiter Stufe.

$$\left.\begin{array}{rl} \text{I)} & (a+b)m = am + bm \\ \text{II)} & (a-b)m = am - bm \end{array}\right\} \text{(vgl. § 10, Distrib.-Gesetze),}$$
$$\begin{array}{rl} \text{III)} & (a+b) : m = a : m + b : m, \\ \text{IV)} & (a-b) : m = a : m - b : m. \end{array}$$

Die Formeln I und II sind schon in § 10 bei der Multiplikation bewiesen. Der Beweis von III beruht auf I und der von IV auf II. Denn $(a + b) : m$ ist gleich jeder Zahl, die mit m multipliziert, $a+b$ ergiebt. Diese Bedingung erfüllt aber die rechte Seite $a : m + b : m$ nach Formel I, weil $(a : m + b : m) \cdot m = a : m \cdot m + b : m \cdot m = a + b$ ist. In derselben Weise wird Formel IV mit Benutzung von Formel II bewiesen. Die Übersetzung der Formel III in Worte lautet folgendermaßen:

Eine Summe wird dividiert, indem man jeden Summanden dividiert und die erhaltenen Quotienten addiert.

Von rechts nach links gelesen, liefert Formel III die folgende Regel:

Zwei Quotienten von gleichem Divisor werden addiert, indem man die Summe der Dividenden durch den gleichen Divisor dividiert.

Analog lauten die beiden Übersetzungen der Formel IV. Aus beiden Formeln folgt ohne weiteres, wie ein Quotient, dessen Dividendus eine algebraische Summe ist, in eine algebraische Summe von Quotienten verwandelt werden kann, die alle den Divisor des ursprünglichen Quotienten zum Divisor haben, und wie umgekehrt eine algebraische Summe von Quotienten mit gleichem Divisor in einen Quotienten zu verwandeln ist. Z. B.:

1) $\dfrac{a+b-c+3d}{m} = \dfrac{a}{m} + \dfrac{b}{m} - \dfrac{c}{m} + \dfrac{3d}{m}$;

2) $\dfrac{e}{p} - \dfrac{f}{p} + \dfrac{g}{p} = \dfrac{e-f+g}{p}$;

Wenn im zweiten Falle die Divisoren *noch nicht gleich* sind, so kann ein übereinstimmender Divisor durch das in § 12 erörterte *Erweitern* der Quotienten erzielt werden. Z. B.:

1) $\dfrac{a}{b} + \dfrac{c}{d} = \dfrac{ad}{bd} + \dfrac{cb}{bd} = \dfrac{ad+cb}{bd}$;

2) $\dfrac{a}{b} - \dfrac{c}{d} = \dfrac{ad}{bd} - \dfrac{cb}{bd} = \dfrac{ad-cb}{bd}$.

Die Formel III kommt auch bei dem im Rechen-Unterricht gelehrten Verfahren in Anwendung, welches die Division einer mehrziffrigen Zahl bewerkstelligt. Z. B.:

$$\frac{8432}{8} = \frac{84 \cdot 100 + 32}{8} = \frac{(8 \cdot 10 + 4) \cdot 100}{8} + \frac{32}{8}$$

$$= 10 \cdot 100 + \frac{4 \cdot 100 + 32}{8} = 10 \cdot 100 + \frac{43 \cdot 10 + 2}{8}$$

$$= 10 \cdot 100 + \frac{(8 \cdot 5 + 3) \cdot 10 + 2}{8} = 10 \cdot 100 + 5 \cdot 10 + \frac{32}{8}$$

$$= 10 \cdot 100 + 5 \cdot 10 + 4 = 1054;$$

oder kürzer:	oder noch kürzer:
$8432 : 8 = 1000 + 50 + 4$	$8432 : 8 = 1054.$
$\underline{8000}$	$\underline{8}$
432	43
$\underline{400}$	$\underline{40}$
32	32
$\underline{32}$	$\underline{32}$

Dasselbe Verfahren wird auch angewandt, um einen Quotienten, dessen Dividendus und Divisor algebraische Summen sind, in eine algebraische Summe zu verwandeln, wobei vorausgesetzt ist, daß der Dividendus das Produkt des Divisors mit einer algebraischen Summe ist. Beispiele:

1) $(2a^3 - 75ab^2 + 18b^3) : (a - 6b) = 2a^2 + 12ab - 3b^2;$

$$\begin{array}{l} \underline{2a^3 - 12a^2b} \text{ (subt.)} \\ 12a^2b - 75ab^2 \\ \underline{12a^2b - 72ab^2} \text{ (subt.)} \\ -3ab^2 + 18b^3 \\ \underline{-3ab^2 + 18b^3} \end{array}$$

2) $(21x^4 - 17x^3 - 6x - 8) : (7x^2 - x + 4) = 3x^2 - 2x - 2.$

$$\begin{array}{l} \underline{21x^4 - 3x^3 + 12x^2} \text{ (subt.)} \\ -14x^3 - 12x^2 - 6x \\ \underline{-14x^3 + 2x^2 - 8x} \text{ (subt.)} \\ \qquad -14x^2 + 2x - 8 \\ \qquad \underline{-14x^2 + 2x - 8} \end{array}$$

Übungen zu § 13.

Verwandele in eine algebraische Summe:

1. $\frac{9a - 9b + 9c}{9}$;

2. $\frac{14a + 21b - 35c}{7}$;

3. $\frac{22a - 22b + 11}{11}$;

4. $\frac{e + f - g}{h}$;

5. $\frac{14ac - 4ad + 8ae}{a}$;

6. $\frac{3ab - 4bc}{b} + \frac{7ac + bc}{c}$;

7. $\frac{4ab - a^2}{a} - \frac{b^2 - ab}{b}$;

8. $\frac{16a - 12b}{4} - \frac{15a + 10b}{5} - \frac{14a + 42b}{7}$;

9. $\frac{4a^3 - 7a^2b + 8a^2c}{a^2} - \frac{3ab^2 + b^3}{b^2} + \frac{ac - bc}{c}$;

10. $\frac{avw - 7bvw + cvw}{vw}$;

11. $\frac{3apq + 6bpq - 21cpq}{3pq}$;

12. $a - \frac{42ap - 48bp}{6p}$;

13. $7a - b - \frac{6av + 10bv}{2v}$.

Vereinfache:

14. $\frac{9a}{11} - \frac{4a}{11} + \frac{6a}{11}$;

15. $\frac{4a}{p} - \frac{a}{p} + \frac{3a}{p}$;

16. $\frac{7a - 2b}{c} + \frac{5b}{c} - \frac{7a}{c}$;

17. $\frac{2ab - 3ac}{v} + \frac{4ab + 3ac}{v}$;

18. $\frac{7a}{13} - \frac{b + c - 6a}{13}$;

19. $\frac{2a + b}{3} + \frac{a + 2b}{3}$;

20. $\frac{3a - b}{2a - b} + \frac{a - b}{2a - b}$;

21. $\frac{7a - 3b}{a + b} - \frac{a + 3b}{a + b}$;

22. $\frac{3p - q}{p + q} + \frac{2p - 2q}{p + q} - \frac{4p - 4q}{p + q} - \frac{p + 11q}{p + q}$;

23. $\frac{a + b}{v} + (4a - b) : v + \frac{3a - b}{w} - (a - b) : w$;

24. $(7p - 5) : (p + 1) - (2q + 1) : (q + 1) - (6p + 1) : (p + 1) + (q + 2) : (q + 1)$.

Erst auf gleichen Divisor bringen und dann zusammenfassen:

25. $\frac{v}{w} - \frac{p}{q}$;

26. $\frac{a}{bc} + \frac{f}{cd}$;

27. $\frac{2ef}{ab} - \frac{d}{a}$;

28. $\frac{a}{de} - \frac{b}{df} - \frac{c}{ef}$;

29. $a + \frac{b}{c}$

30. $x - \frac{x - y}{2}$;

31. $\frac{x+y}{2} - y$;

32. $p - q + \frac{p-6q}{3}$;

33. $\frac{a+b}{4} + \frac{a-b}{2}$;

34. $\frac{2a-b}{7} - \frac{a+b}{3}$;

35. $\frac{a+b-2c}{3} + \frac{2a-7b+c}{6}$;

36. $\frac{a-b+c}{4} - \frac{a+b}{6} + \frac{-a+5b}{12}$;

37. $\frac{p-q}{15} + \frac{q}{4} - \frac{2p-q}{6} + \frac{4p-q}{12} - \frac{2p-3q}{10}$;

38. $\frac{3b}{a} - \frac{a^2+b^2}{ab} + \frac{a^2c+b^2c-c}{c}$;

39. $\frac{2a+3}{a+1} - \frac{5a-13}{a-1}$;

40. $\frac{3a-b}{a+2b} - \frac{3a+b}{a+b}$;

Die folgenden Ausdrücke sollen nach dem allgemeinen Divisionsverfahren vereinfacht werden:

41. $\frac{11a-22}{a-2}$;

42. $\frac{ap-bp}{a-b}$;

43. $\frac{16ab-12ac}{4b-3c}$;

44. $\frac{ab+a+cb+c}{b+1}$;

45. $\frac{3ax-4ay+3bx-4by}{3x-4y}$;

46. $\frac{7a^2 - 14ab + 7ac}{a - 2b + c}$;

47. $\frac{pq - 2p - 2q + 4}{q - 2}$;

48. $\frac{x^2 - 7x + 12}{x - 3}$,

49. $\frac{v^2 - v - 30}{v - 6}$;

50. $\frac{a^2 - 3ab + 2ac - 6bc}{a + 2c}$;

51. $\frac{a^2 + b^2 + c^2 + 2ab - 2ac - 2bc}{a + b - c}$;

52. $\frac{a^2 - b^2}{a - b}$;

53. $\frac{a^3 - b^3}{a - b}$;

54. $\frac{a^4 - b^4}{a^2 + b^2}$;

55. $\frac{27a^3 - b^3}{3a - b}$;

56. $\frac{p^3 + 8q^3}{p + 2q}$;

57. $\frac{a^4 - b^4}{a^2 + b^2}$;

58. $(a^2 - 5ab + 6b^2 + ac - 2bc) : (a - 3b + c)$;

59. $(6a^3 - 26a^2b + 32b^3) : (6a - 8b)$;

60. $(81p^4 - 18p^2 + 1) : (9p^2 - 6p + 1)$;

61. $(x^4 - 24x + 55) : (x^2 - 4x + 5)$;

62. $(x^4 - 9x^3 + 13x^2 - 43x + 24) : (x - 8)$;

63. $(216p^3 - 125) : (36p^2 + 30p + 25)$.

§ 14. Gebrochene Zablen.

I) Erweiterung des Zahlbegriffs:
$\frac{a}{b} \cdot = a$, auch wenn b kein Teiler von a ist;

II) $\frac{a}{b} = \frac{a \cdot n}{b \cdot n}$;

III) $\frac{a}{b} = \frac{a : m}{b : m}$,

IV) $\frac{a}{p} + \frac{b}{p} = \frac{a + b}{p}$,

V) $\frac{a}{p} - \frac{b}{p} = \frac{a - b}{p}$,

VI) $\frac{a}{b} \cdot \frac{c}{d} = \frac{ac}{bd}$,

VII) $\frac{a}{b} : \frac{c}{d} = \frac{a}{b} \cdot \frac{d}{c} = \frac{ad}{bc}$,

VIII) $\frac{a}{b} = g + \frac{a - gb}{b}$, wo $a - gb < b$ ist.

Das in § 8 eingefübrte *Permanenz-Prinzip* verlangt, daß man $a : b$ auch in dem Falle Sinn erteilt, wo b kein Teiler von a ist. Indem wir auch in diesem Fall $\frac{a}{b} \cdot b = a$ definieren, erreichen wir, daß wir mit der Qnotientenform $\frac{a}{b}$ nach denselben Gesetzen rechnen dürfen, wie mit Quotienten, die eine der bisher definierten Zahlen darstellen. Wenn also a und b einen gemeinsamen Teiler haben, so kann man nach Formel VI in § 12 durch diesen Teiler heben. Z. B.:

$$\frac{18}{12} = \frac{3}{2}; \quad \frac{60}{100} = \frac{3}{5}; \quad \frac{13}{117} = \frac{1}{9}.$$

Indem man diese Quotientenformen auch Zahlen nennt, erweitert man den Zahlbegriff. Man nennt die neu definierten Zahlen *gebrochene Zablen* oder *Brüche* im Gegensatz zu den in § 4, § 8 und § 9 definierten Zahlen, die *ganze* genannt werden. Die ganzen Zahlen können durch Erweitern auch die Form der Brüche erhalten. Z. B.:

$$6 = \frac{6}{1} = \frac{12}{2} = \frac{60}{10}$$

Deshalb müssen alle für Brüche geltenden Rechenregeln auch für ganze Zahlen gelten, wenn dieselben in Bruchform gedacht sind. Beim Schreiben der gebrochenen Zahlen wendet man als Divisionszeichen meist den wagerechten Strich und nicht den Doppelpunkt an. Statt Dividendus sagt man meist "*Zähler*", statt Divisor "*Nenner*". Statt $a : b$ sagt man auch a-b-tel (tel entstanden aus *Teil*), z. B. vier Fünftel. Einen Bruch *umkehren* heißt, einen neuen Bruch bilden, dessen Zähler uud Nenner beziehungsweise Nenner und Zähler des ursprünglichen Bruches sind. Der Bruch, welcher durch Umkehrung eines andern entsteht, heißt sein *reziproker Wert.* So sind $\frac{3}{5}$ und $\frac{5}{3}$ sowie $\frac{1}{4}$ und 4 zu einander reziproke Werte oder kurz *reziprok.*

Die Regeln, nach denen Brüche durch Addition, Subtraktion, Multiplikation und Division zu verbinden sind, müssen dieselben sein, wie die für Quotienten, die ganze Zablen darstellen, weil beide auf derselben Definitionsformel beruhen. Diese Regeln lauten:

1) *Zwei Brüche addiert oder subtrahiert man, indem man sie durch Erweitern auf gleichen und möglichst kleinen Nenner bringt, dann von den so erhaltenen Brüchen die Zähler addiert oder subtrahiert, und schließlich einen Bruch bildet, dessen Zähler die erhaltene Summe oder Differenz ist, und dessen Nenner der gemeinsame Nenner der erweiterten Brüche ist.* Z. B.:

$$\frac{1}{3}+\frac{7}{12}=\frac{4}{12}+\frac{7}{12}=\frac{11}{12};$$

$$\frac{7}{6}-\frac{2}{9}=\frac{21}{18}-\frac{4}{18}=\frac{17}{18};$$

$$5+\frac{2}{7}=\frac{35}{7}+\frac{2}{7}=\frac{37}{7};$$

$$\frac{1}{3}+\frac{1}{2}-\frac{1}{4}=\frac{4}{12}+\frac{6}{12}-\frac{3}{12}=\frac{7}{12};$$

Der bei der Addition und Subtraktion von Brüchen zu bestimmende gemeinsame Nenner heißt *Generalnenner.* Bei der algebraischen Summe von Brüchen mit den Nennern 16, 12 und 8 ist 48 der Generalnenner, weil 48 die kleinste Zahl ist, von der 16, 12 und 8 zugleich Teiler sind.

2) *Zwei Brüche multipliziert man, indem man einen Bruch bildet, dessen Zähler das Produkt ihrer Zähler und dessen Nenner das Produkt ihrer Nenner*

ist. Z. B.:

$$\frac{4}{5} \cdot \frac{6}{7} = \frac{24}{35};$$
$$\frac{5}{8} \cdot 9 = \frac{45}{8};$$
$$\frac{5}{6} \cdot \frac{9}{25} = \frac{5 \cdot 9}{6 \cdot 25} = \frac{3}{2 \cdot 5} = \frac{3}{10}.$$

3) *Ein Bruch wird durch einen andern dividiert, indem man den Bruch, der Divisor ist, umkehrt, und mit dem so entstandenen neuen Bruch den Bruch, der Dividendus ist, multipliziert.* Z. B.:

$$\frac{3}{5} : \frac{7}{9} = \frac{3}{5} \cdot \frac{9}{7} = \frac{27}{35};$$
$$\frac{5}{4} : 7 = \frac{5}{4} \cdot \frac{1}{7} = \frac{5}{28};$$
$$8 : \frac{2}{3} = \frac{8}{1} \cdot \frac{3}{2} - \frac{8 \cdot 3}{1 \cdot 2} = 12;$$
$$\frac{24}{35} : \frac{6}{49} = \frac{24}{35} \cdot \frac{49}{6} = \frac{24 \cdot 49}{35 \cdot 6} = \frac{28}{5}.$$

Wenn man die Betrachtungen, welche in § 8 und § 9 zu der Zahl Null und den negativen Zahlen führten, für gebrochene Zahlen wiederholt, so gelangt man zum Begriff der *positiven, negativen und relativen gebrochenen Zahl.* Das Rechnen mit solchen relativen gebrochenen Zahlen geschieht nach denselben

Gesetzen wie das Rechnen mit relativen ganzen Zahlen. Z. B.:

$$\left(-\frac{4}{5}\right)+\left(-\frac{1}{10}\right)=-\left(\frac{4}{5}+\frac{1}{10}\right)=-\frac{9}{10};$$
$$\left(-\frac{5}{3}\right)+\left(+\frac{1}{6}\right)=-\left(\frac{5}{3}-\frac{1}{6}\right)=-\frac{9}{6}=-\frac{3}{2};$$
$$\left(-\frac{1}{6}\right)-\left(-\frac{1}{3}\right)=+\left(\frac{1}{3}-\frac{1}{6}\right)=+\frac{1}{6};$$
$$\left(+\frac{5}{8}\right)\cdot\left(-\frac{12}{7}\right)=-\frac{5\cdot 12}{8\cdot 7}=-\frac{15}{14};$$
$$\left(-\frac{7}{9}\right):\left(-\frac{1}{4}\right)=+\frac{7}{9}\cdot\frac{4}{1}=\frac{28}{9};$$
$$0\cdot\frac{3}{2}=0;$$
$$0:\frac{5}{11}=0.$$

Jede der bisher definierten Zahlen ist also:

entweder *positiv-ganz*
oder *null*
oder *negativ-ganz*
oder *positiv-gebrochen*
oder *negativ-gebrochen.*

Der gemeinsame Name für alle solche Zahlen heißt *rationale Zahl.* Wenn man rationale Zablen in beliebiger Ordnung den Grundrechnungsarten erster und zweiter Stufe unterwirft, so erscheint immer wieder eine rationale Zahl, falls eine Division durch Null nicht vorkommt. Z. B.:

$$\left[13-\left(-\frac{5}{6}\right)\right]\cdot\frac{12}{5}:(-3)=\left(13+\frac{5}{6}\right)\cdot\frac{12}{5}:(-3)$$
$$=\frac{83}{6}\cdot\frac{12}{5}:(-3)=\frac{166}{5}:(-3)=-\left(\frac{166}{5}\cdot\frac{1}{3}\right)=-\frac{166}{15}.$$

So wie die Einführung der Null und der negativen Zahlen eine Ausdehnung der Begriffe "größer" und "kleiner" hervorrief, so macht auch die Einführung der Brüche eine Erweiterung dieser Begriffe nötig. Allgemein soll a *größer* als b heißen, wenn $a-b$ eine positive ganze *oder gebrochene* Zahl ist, und a *kleiner* als b, wenn $a-b$ eine negative ganze oder gebrochene Zahl ist. Mit Hilfe dieser

Begriffs-Erweiterung lassen sich für die Division die folgenden 6 Vergleichungs-Schlüsse aufstellen:

$$\left|\begin{array}{c|c|c} a>b & a=b & a<b \\ \underline{c=d\ (\text{div.})} & \underline{c>d\ (\text{div.})} & \underline{c>d\ (\text{div.})} \\ \frac{a}{c}>\frac{b}{d} & \frac{a}{c}<\frac{b}{d} & \frac{a}{c}<\frac{b}{d}. \end{array}\right|$$

und, umgekehrt gelesen:

$$\left|\begin{array}{c|c|c} b<a & b=a & b>a \\ \underline{d=c\ (\text{div.})} & \underline{d<c\ (\text{div.})} & \underline{d<c\ (\text{div.})} \\ \frac{b}{d}<\frac{a}{c} & \frac{b}{d}>\frac{a}{c} & \frac{b}{d}<\frac{a}{c} \end{array}\right|.$$

Diese Schlüsse gelten jedoch nur unter der *Bedingung, daß a, b, c und d positiv sind.*

Um den ersten Schluß zu beweisen, verwandeln wir $a > b$ in die Gleichung $a = b + p$, die wir dann mit der Gleichung $c = d$ durch Division verbinden. So erhalten wir nach dem in § 11 aufgestellten Schluß: $\frac{a}{c} = \frac{b}{d} + \frac{p}{d}$, also $\frac{a}{c} > \frac{b}{d}$.

Um den zweiten Schluß zu beweisen, dividieren wir $a = b$ durch $c = d + q$. Dann erhalten wir $\frac{a}{c} = \frac{b}{d+q}$. Für $\frac{b}{d+q}$ kann man aber setzen:

$$\frac{b}{d} - \frac{bq}{d(d+q)},$$

woraus folgt, daß $\frac{a}{c} < \frac{b}{d}$ ist.

Für den dritten Schluß setzen wir $a = b-p$, $c = d+q$ und erhalten zunächst $\frac{a}{c} = \frac{b}{d+q} - \frac{p}{d+q}$, also $\frac{a}{c} < \frac{b}{d+q}$.

Setzt man dann wieder $\frac{b}{d+q} = \frac{b}{d} - \frac{bq}{d(d+q)}$ so erhält man, daß $\frac{a}{c}$ um so mehr kleiner als $\frac{b}{d}$ sein muß.

In Worten kann man den Inhalt der drei bezw. sechs Schlüsse so aussprechen:

Man gelangt zu Größerem, wenn man erstens Größeres durch Gleiches, zweitens Gleiches durch Kleineres, drittens Größeres durch Kleineres dividiert. Man gelangt zu Kleinerem, wenn man erstens Kleineres durch Gleiches, zweitens Gleiches durch Größeres, drittens Kleineres durch Größeres dividiert. Dabei ist vorausgesetzt, daß die vier in Betracht kommenden Zahlen positiv sind.

Wenn man mit Beachtung der soeben bewiesenen Regel $a > b$, $a = b$, $a < b$ durch $b = b$ dividiert, so erkennt man, daß der Bruch $\frac{a}{b}$ größer, gleich oder kleiner als 1 zu setzen ist, je nachdem der Zähler a größer als der Nenner b oder gleich dem Nenner b oder kleiner als der Nenner b ist. Brüche, deren Zähler und Nenner positive Zahlen sind, und die kleiner als 1 sind, heißen *echte*. Wenn solche Brüche aber größer als 1 sind, heißen sie unechte Brüche. Wenn $\frac{a}{b}$ unecht ist, so kann man $\frac{a}{b} = 1 + \frac{a-b}{b}$ setzen, wo nun $a - b$ positiv ist. Wenn nun auch $\frac{a-b}{b}$ sich als unecht erweisen sollte, so kann man wieder $\frac{a-b}{b}$ gleich $1 + \frac{a-2b}{b}$ setzen. Dann erhält man $\frac{a}{b} = 2 + \frac{a-2b}{b}$. So kann man fortfahren, bis der auf die ganze Zahl rechts folgende Summand ein positiver echter Bruch wird. Dadurch erhält man schließlich:

$$\frac{a}{b} = g + \frac{a-gb}{b} \quad \text{(F. VIII der Überschrift)},$$

wo $\frac{a-gb}{b}$ ein echter Bruch ist. Dieses Ergebnis lautet in Worten:

Jeder positive unechte Bruch ist entweder gleich einer positiven ganzen Zahl oder gleich der Summe einer positiven ganzen Zahl und eines positiven echten Bruches. Z. B.:

$$\frac{7}{5} = 1 + \frac{2}{5}, \quad \frac{48}{3} = 16; \quad \frac{95}{6} = 15 + \frac{5}{6}.$$

Die Summe einer positiven ganzen Zahl und eines positiven echten Bruches nennt man *gemischte Zahl.* Jeder unechte Bruch läßt sich also in eine gemischte Zahl verwandeln, und liegt deshalb zwischen zwei aufeinanderfolgenden ganzen Zahlen, d. h. er ist größer als eine ganze Zahl, aber kleiner als die nächstfolgende ganze Zahl. Bei gemischten Zahlen pflegt man das Pluszeichen fortzulassen, wenn kein Mißverständnis möglich ist. Z. B.: $\frac{95}{6} = 15\frac{5}{6}$. Einen *negativen* Bruch kann man auch immer als Summe einer negativen Zahl und eines positiven oder negativen echten Bruchs darstellen, z. B.:

$$-\frac{19}{8} = -2 - \frac{3}{8} = -3 + \frac{5}{8}.$$

Wir erhalten also das folgende Resultat:

Jeder Bruch, mag er positiv oder negativ sein, ist Summe einer ganzen Zahl und eines positiven echten Bruchs. Z. B.:

$$\frac{21}{8} = 2 + \frac{5}{8}, \quad \frac{4}{5} = 0 + \frac{4}{5}, \quad -\frac{4}{5} = -1 + \frac{1}{5},$$
$$-\frac{43}{8} = -6 + \frac{5}{8}, \quad -\frac{111}{40} = -3 + \frac{9}{40}.$$

Wenn man die Verwandelung eines unechten Bruches $\frac{a}{b}$ in eine gemischte Zahl $g + \frac{r}{b}$ als eine Division auffaßt, so nennt man g die *Ganzen*, r den *Rest*. Der Rest ist immer kleiner als der Divisor.

Wie ein unechter Bruch in eine gemischte Zahl verwandelt werden kann, so kann auch der Quotient zweier algebraischer Summen als Summe dargestellt werden, deren einer Summand eine algebraische Summe ist, während der andere Summand ein Quotient ist, der denselben Divisor und den Rest als Dividendus hat, wie folgende Beispiele zeigen:

1) $$\begin{array}{l} (a^4 + 1) : (a^2 - 1) = a^2 + 1 + \dfrac{2}{a^2 - 1} \\ \underline{a^4 - a^2} \\ \quad a^2 + 1 \\ \quad \underline{a^2 - 1} \\ \qquad +2 \text{ (Rest)} \end{array}$$

2) $$\begin{array}{l|l} (x^5 - x^4 + 3x^3 - 2x + 5) : (x^2 + x + 1) & \\ \underline{x^5 + x^4 + x^3} & = x^3 - 2x^2 + 4x \\ \quad - 2x^4 + 2x^3 - 2x & \\ \quad \underline{- 2x^4 + 2x^3 - 2x^2} & -2 + \dfrac{-4x + 7}{x^2 + x + 1} \\ \qquad + 4x^3 + 2x^2 - 2x & \\ \qquad \underline{+ 4x^3 + 2x^2 + 4x} & \\ \qquad\quad - 2x^2 - 6x + 5 & \\ \qquad\quad \underline{- 2x^2 - 2x - 2} & \\ \qquad\quad \text{(Rest)} \; - 4x + 7 & \end{array}$$

Man erkennt an diesen Beispielen, daß, wenn Dividendus und Divisor algebraische Summen sind, deren Glieder Vielfache von Potenzen eines und desselben Buchstabens sind, es sich immer erreichen läßt, daß die höchste Potenz des Restes kleiner als die höchste Potenz des Divisors ist.

Übungen zu § 14.

Berechne:

1. $\frac{5}{12} - \frac{1}{12}$;
2. $\frac{1}{2} + \frac{1}{4}$;
3. $\frac{1}{3} + \frac{1}{6} - \frac{1}{2}$;
4. $\frac{4}{5} \cdot \frac{3}{7}$;
5. $\frac{4}{5} : \frac{3}{7}$;
6. $\left(5 + \frac{1}{7}\right) \cdot \frac{7}{12}$;
7. $5 + \frac{1}{7} \cdot \frac{7}{12}$;
8. $18 - \left(7 - \frac{1}{2}\right) - \left(11 - \frac{3}{8}\right)$;
9. $\left(\frac{11}{12} - \frac{1}{4}\right)\left(8 - \frac{13}{2}\right)$;
10. $\frac{2}{5} : \left(\frac{1}{10} + \frac{1}{15}\right)$;
11. $\left(-\frac{3}{4}\right)\left(-\frac{5}{8} + 2\right)\left(-\frac{32}{33}\right)$;
12. $1 : \frac{1}{2} : \frac{1}{4} : \frac{1}{8}$;
13. $37 : \left(4 + \frac{5}{8}\right) - 31 : \left(\frac{1}{2} + \frac{15}{32}\right)$;
14. $4\tfrac{1}{4} : (-5\tfrac{2}{3}) + \frac{1}{8} \cdot \frac{2}{3} - \frac{1}{2}\left(\frac{1}{9} + \frac{1}{24}\right)$.

Vereinfache:

15. $\left(\frac{3}{4}a - \frac{1}{2}b\right) : (3a - 2b);$

16. $p \cdot \frac{s}{p} - 6(3s + p);$

17. $\left[\frac{4}{5}a - \left(\frac{2}{3}b - \frac{1}{6}b + \frac{7}{15}a\right)\right] : \left(\frac{1}{3}a - \frac{1}{2}b\right) \cdot 1899;$

18. $\frac{7}{4pq} - \frac{3}{8pr} + \frac{5}{6rq} + \frac{p+q+r}{pqr};$

19. $\frac{\frac{1}{2}a - \frac{1}{3}b}{6} - \frac{\frac{1}{5}a - \frac{3}{10}b}{8} + \frac{\frac{1}{10}a + \frac{2}{15}b}{12};$

20. $\left(\frac{3}{4}a + \frac{1}{5}b\right)\left(\frac{16}{3}a - \frac{5}{12}b\right) \cdot \frac{15}{16};$

21. $\left(\frac{1}{3}x - \frac{3}{4}y\right)^2;$

22. $\left(\frac{1}{2}a + \frac{1}{4}b\right)^3.$

Verwandele in eine algebraische Summe:

23. $\left(\frac{3}{4}a^3 - \frac{5}{4}a^2b + \frac{5}{8}ab^2 - \frac{1}{8}b^3\right) : (a - b);$

24. $\left(\frac{7}{16}p^3 + q^3 + \frac{11}{8}p^2q - 5pq^2\right) : \left(\frac{1}{2}p - q\right);$

25. $\left(\frac{1}{8}a^3 + 1\right) : \left(\frac{1}{2}a + 1\right);$

26. $\left(x^2 - x + \frac{1}{4}\right) : \left(\frac{x}{7} - \frac{1}{14}\right);$

27. $\left(\frac{1}{16}x^4 - \frac{81}{25}y^4\right) : \left(\frac{1}{4}x^2 + \frac{9}{5}y^2\right);$

28. $\left(\frac{27}{8}a^3 - \frac{8}{27}b^3\right) : \left(\frac{3}{2}a - \frac{2}{3}b\right);$

29. $\left(\frac{1}{16}a^4 - b^4\right) : \left(\frac{1}{8}a^4 + \frac{1}{4}a^2b + \frac{1}{2}ab^2 + b^3\right);$

Wende das Verfahren der Bestimmung der gemischten Zahl auf die folgenden Quotienten an:

30. $(8a^3 - 20a^2b + 4ab^2 - 3b^3) . (4a^2 - 3b^2);$

31. $(7a^4 + a^2b^2 - b^4) : \left(a^2 - \frac{1}{2}b^2\right);$

32. $(3a^3 - l) : (3a - -1);$

33. $\left(1\tfrac{7}{9}a^2 + \frac{1}{25}b^2\right) : \left(\frac{4}{3} + \frac{1}{5}\right).$

Die folgenden Gleichungen sollen durch die Transpositionsregeln erster und zweiter Stufe gelöst werden:

34. $7x - \frac{5}{3} = \frac{37}{3};$

35. $8\left(x - \frac{3}{4}\right) = 2 : \frac{5}{8};$

36. $\frac{5}{x-3} + \frac{4}{9} = 1;$

37. $39 = \frac{1}{3}\left(15 - \frac{x}{17}\right).$

IV. Abschnitt.

Anwendungen der Bechnungsarten erster und zweiter Stufe.

---

§ 15. Formeln für die Umwandlung von Ausdrücken.

$$\begin{aligned}
\text{I)}\ & (a+b)^2 = a^2 + 2ab + b^2; \\
\text{II)}\ & (a-b)^2 = a^2 - 2ab + b^2; \\
\text{III)}\ & (a+b)^3 = a^3 - 3a^2b + 3ab^2 - b^3; \\
\text{IV)}\ & (a-b)^3 = a^3 - 3a^2b + 3ab^2 - b^3; \\
\text{V)}\ & (a-b)(a+b) = a^2 - b^2; \\
\text{VI)}\ & (a-b)(a^2 - ab + b^2) = a^3 - b^3; \\
\text{VII)}\ & (a+b)(a^2 - ab + b^2) = a^3 + b^3.
\end{aligned}$$

Wenn man nach den in § 10 aufgestellten Regeln die in den Formeln der Überschrift links stehenden Klammern auflöst, so ergeben sich ihre rechten Seiten. Die Anwendung dieser Formeln zeigen folgende Beispiele:

1) $(a+1)^2 = a^2 + 2a + 1;$

2) $(4a-3)^2 = (4a)^2 - 2(4a)\cdot 3 + 3^2 = 16a^2 - 24a + 9;$

3) $\left(2p + \frac{1}{2}\right)^3 = (2p)^3 + 3\cdot(2p)^2\cdot\left(\frac{1}{2}q\right) + 3\cdot(2p)\cdot\left(\frac{1}{2}q\right)^2 + \left(\frac{1}{2}q\right)^3 =$ $8p^3 + 6p^2q + \frac{3}{2}pq^2 + \frac{1}{8}q^3;$

4) $(3x-1)^3 = (3x)^3 - 3\cdot(3x)^2\cdot 1 + 3\cdot(3x)\cdot 1^2 - 1^3 = 27x^3 - 27x^2 + 9x - 1;$

5) $(3a-2b)(3a+2b) = (3a)^2 - (2b)^2 = 9a^2 - 4b^2;$

6) $(2x-1)(4x^2+2x+1) = (2x-1)\left[(2x)^2 + (2x)\cdot 1 + 1^2\right] = (2x)^3 - 1^3 =$ $8x^3 - 1;$

7) $\left(a+\frac{1}{2}\right)\left(a^2-\frac{1}{2}a+\frac{1}{4}\right)=\left(a+\frac{1}{2}\right)\left[a^2-a\cdot\frac{1}{2}+\left(\frac{1}{2}\right)^2\right]=a^3+\left(\frac{1}{2}\right)^3=$ $a^3+\frac{1}{8}$.

Wenn man bei den Formeln V bis VII den links stehenden ersten Faktor transponiert und die entstehenden Formeln rückwärts liest, so entstehen Formeln, die bei Divisionen brauchbar sind, nämlich:

$$\frac{a^2-b^2}{a-b}=a+b;$$

$$\frac{a^3-b^3}{a-b}=a^2+ab+b^2;$$

$$\frac{a^3+b^3}{a+b}=a^2-ab+b^2.$$

Nach Analogie von Formel VI lassen sich folgende Formeln aufstellen:

$(a-b)(a^3+a^2b+ab^2+b^3)=a^4-b^4;$

$(a-b)(a^4+a^3b+a^2b^2+ab^3+b^4)=a^5-b^5$

u. s. w.

Hieraus erkennt man die Richtigkeit der folgenden Regel:

1) *Die Differenz von zwei Potenzen mit gleichem Exponenten ist durch die Differenz der Basen teilbar.*

Wenn man bei den soeben aufgestellten sich an VI anschließenden Formeln $-b$ statt b setzt, so erscheint links $a+b$ statt $a-b$ als Faktor. Rechts aber muß unterschieden werden, ob der Exponent gerade oder ungerade ist. Ist der Exponent gerade, so bleibt rechts eine Differenz; ist er aber ungerade, so wird aus der Differenz eine Summe. Daher gelten die beiden Regeln:

2) *Die Differenz von zwei Potenzen mit gleichem Exponenten ist durch die Summe der Basen teilbar, wenn der Exponent gerade ist.*

3) *Die Summe von zwei Potenzen mit gleichem Exponenten ist durch die Summe der Basen teilbar, wenn der Exponent ungerade ist.*

Auch die Formeln I bis IV lassen Verallgemeinerungen zu. Wenn man nämlich $(a+b)^3=a^3+3a^2b+3ab^2+b^3$ beiderseits mit $a+b$ multipliziert, so erhält man links $(a+b)^4$ und rechts eine Summe von fünf Summanden. Der erste Summand ist a^4, der fünfte b^4, während die drei übrigen Vielfache von a^3b, von a^2b^2 und von ab^3 sein müssen. Da a^3b sowohl aus a^3 durch Multiplikation mit b, als auch aus a^2b durch Multiplikation mit a entsteht, so muß der Koeffizient von a^3b die Summe der Koeffizienten von a^3 und von a^2b, also $1+3=4$ sein. Ebenso ergiebt sich als Koeffizient von a^2b^2 die Summe der Koeffizienten von a^2b und von ab^2, also $3+3=6$. Man erhält so aus:

$$(a+b)^3 = a^3 + 3a^2b + 3ab^2 + b^3$$

die neue Formel:

$$\begin{aligned}(a+b)^4 &= a^4 + (1+3)a^3b + (3+3)a^2b^2 + (3+1)ab^3 + b^4\\ &= a^4 + 4a^3b + 6a^2b^2 + 4ab^3 + b^4.\end{aligned}$$

In derselben Weise gewinnt man aus dieser Formel:

$$\begin{aligned}(a+b)^5 &= a^5 + (1+4)a^4b + (4+6)a^3b^2 + (6+4)a^2b^3 + (4+1)ab^4 + b^5\\ &= a^5 + 5a^4b + 10a^3b^2 + 10a^2b^3 + 5ab^4 + b^5\end{aligned}$$

Da man so beliebig weit fortfahren kann, so ergiebt sich die folgende Regel:

4) *Die n-te Potenz der Summe $a+b$ ist gleich einer Summe von $n+1$ Summanden. Der erste Summand ist die n-te Potenz von a, der letzte die n-te Potenz von b, während jeder übrige Summand Produkt eines Zahl-Koeffizienten, einer Potenz von a und einer Potenz von b ist. Die Summe der Exponenten dieser Potenzen ist stets n. Der Zahl-Koeffizient ergiebt sich als Summe zweier Koeffizienten der $(n-1)$-ten Potenz, und zwar derjenigen beiden, die in der folgenden Zusammenstellung der Koeffizienten über dem gesuchten stehen:*

Zweite Potenz:	1, 2, 1;
Dritte „ :	1, 3, 3, 1;
Vierte „ :	1, 4, 6, 4, 1;
Fünfte „ :	1, 5, 10, 10, 5, 1;
Sechste „ :	1, 6, 15, 20, 15, 6, 1;
Siebente „ :	1, 7, 21, 35, 35, 21, 7, 1;
Achte „ :	1, 8, 28, 56, 70, 56, 28, 8, 1.
u. s. w.	u. s. w.

Übungen zu § 15.

Löse die Klammern mit Anwendung der Formeln I bis VII:

1. $(e+f)^2$;
2. $(a-1)^2$;
3. $(3x+1)^2$;
4. $(4x-5)^2$;

5. $(6p + 5q)^2$;

6. $\left(a - \frac{1}{2}\right)^2$;

7. $\left(3a + \frac{1}{6}b\right)^2$;

8. $(c - d)^3$;

9. $(2a + 3b)^3$;

10. $(1\frac{1}{3}a - 1)^3$;

11. $\left(1 - \frac{1}{4}w\right)^3$;

12. $\left(a - \frac{1}{3}\right)\left(a + \frac{1}{3}\right)$;

13. $\left(\frac{3}{2}c + \frac{2}{3}d\right)\left(\frac{3}{2}c - \frac{2}{3}d\right)$;

14. $(b^2 - 1)(b^2 + 1)$;

15. $(3ab + c)(3ab - c)$;

16. $(c - 1)(c^2 + c + 1)$;

17. $\left(p - \frac{1}{2}\right)\left(p^2 + \frac{1}{2}p + \frac{1}{4}\right)$;

18. $(2a + b)(4a^2 - 2ab + b^2)$;

19. $(ab - x)(a^2b^2 + abx + x^2)$.

Vereinfache die folgenden Quotienten mit Anwendung der Formeln I bis VII:

20. $\frac{a^2 + 2ab + b^2}{3(a + b)}$;

21. $\frac{4x - 4y}{x^2 - 2xy + y^2}$;

22. $\frac{4a^2 + 4ab + b^2}{c(b + 2a)}$;

23. $\dfrac{e^2 - f^2}{e + f}$;

24. $\dfrac{a^3 + 1}{a + 1}$;

25. $\dfrac{p^3 + 8}{p + 2}$;

26. $\dfrac{8x^3 - 1}{2x - 1}$;

27. $\dfrac{9a^2 + 6a + 1}{9a^2 - 1}$;

28. $\dfrac{125x^3 - 8}{25x^2 - 20x + 4}$;

29. $\dfrac{(p^3 - q^3)16b^2}{64 \cdot b \cdot (p - q)}$;

30. $\dfrac{\frac{2}{3}a^2 - \frac{3}{2}b^2}{2a - 3b}$;

31. $\dfrac{a^2 + 2ab + b^2 - p^2}{a + b + p}$;

32. $\dfrac{a^2 + b^2 - 2ab - c^2}{a - c - b}$;

33. $\dfrac{a^3 - 3a^2 + 3a - 1}{a^3 - 1}$;

34. $\dfrac{p^2 + q^2 + 2pq - 25s^2}{p + q + 5s}$;

35. $\dfrac{d^2 - e^2 - f^2 + 2ef}{d^2 + e^2 - f^2 + 2de}$;

36. $\dfrac{a^3 - 2a^2b + ab^2}{a^2c - b^2c}$.

Verwandele in ein Produkt von zwei Faktoren:

37. $c^2 - d^2$;

38. $p^3 + s^3$;

39. $p^4 - q^4$;

40. $9c^2 - 25d^2$;

41. $27a^3 + 64$,

42. $16a^2 - 24ab + 9b^2$;

43. $p^3 - a^3 - b^3 - 3a^2b - 3ab^2$;

44. $\frac{81}{16}a^4 - 1$;

45. $a^4b^4 - c^4d^4$;

46. $16p^4 + 8p^2 + 1$;

47. $p^6 - 2p^3q^3 + q^6$.

Verwandele in einen Quotienten:

48. $\frac{1}{b+c} - \frac{1}{b-c} - \frac{2c}{b^2-c^2}$;

49. $\frac{b}{3a+2b} + \frac{b}{3a-2b}$;

50. $\frac{p+1}{9p^2-9} - \frac{2}{3p+3}$;

51. $\frac{a}{2a+1} + \frac{a}{4a^2-1} - 1$;

52. $\frac{1}{a+b} + \frac{1}{a-b} + \frac{a}{a^2-b^2} - \frac{b}{(a+b)^2} + \frac{2a}{(a-b)^2}$.

Die folgenden Quadrate sollen berechnet werden, und zwar nach dem Muster von

$$68^2 = (68+2)(68-2) + 2^2 = 70 \cdot 66 + 2^2 = 4624$$

oder von

$$91^2 = (91+9)(91-9) + 9^2 = 100 \cdot 82 + 81 = 8281:$$

53. 88^2;

54. 93^2;

55. 46^2;

56. 109^2;

57. 73^2;

58. 201^2;

59. 498^2;

60. 1024^2.

Führe die Divisionen aus:

61. $\frac{a^4 - x^4}{a - x}$;

62. $\frac{a^4 - x^4}{a + x}$;

63. $\frac{a^5 - e^5}{a - e}$;

64. $\frac{a^5 + e^5}{a + e}$.

Vereinfache:

65. $(a + b)(a^5 - a^4 b + a^3 b^2 - a^2 b^3 + ab^4 - b^5)$;

66. $(x + 1)(x^4 - x^3 + x^2 - x + 1)$;

67. $(2a - b)(16a^4 + 8a^3 b + 4a^2 b^2 + 2ab^3 + b^4)$;

68. $(2a + \frac{1}{2}b)(8a^3 - 2a^2 b + \frac{1}{2}ab^2 - \frac{1}{8}b^3)$.

Zerlege in Faktoren:

69. $(p^4 - s^4)$;

70. $p^5 + s^5$;

71. $16a^4 - 81b^4$;

72. $243a^5 - 1$;

73. $\frac{a^4}{81} - b^4$;

74. $a^5b^5 + c^5d^5$.

Löse die Klammern der Ausdrücke:

75. $(a-b)^4$;

76. $(a+1)^5$;

77. $(2a-b)^6$;

78. $(x-1)^7$;

79. $(1+1)^8$;

80. $(a+b+c)^4$.

---

§ 16. Entwickeln und Vereinfachen.

Ein Ausdruck heisst *entwickelt*, wenn derselbe in eine klammerlose algebraische Summe von möglichst wenig Gliedern verwandelt ist dergestalt, dass jedes dieser Glieder ein Produkt von einem oder mehreren Faktoren ist, und dass jeder dieser Faktoren eine rationale Zahl oder ein Buchstabe oder eine Potenz eines solchen ist. Entwickelt sind z. B. die folgenden algebraischen Summen:

$$7abc - c + 13e - 18; \quad 5a^4 - 3a^3b + 6a^2b^2 + b^4;$$
$$x^4 - x^3 + x^2 - x + 1; \quad a^4 + 12a^2b^2 + b^4.$$

Jeder Ausdruck, der keine unausführbaren Divisionen enthält, lässt sich durch Auflösen der Klammern entwickeln. Z. B.:

1) $$7(a-b)c + b(7c-d) - (a+b)(c-d)$$
$$= 7ac - 7bc + 7bc - bd - ac + ad - bc + bd$$
$$= 6ac + ad - bc;$$

2) $$[(a+b)^2 - 15ab : 5] \cdot \frac{a^4 - b^4}{a^3 - a^2b + ab^2 - b^3}$$
$$= [a^2 + 2ab + b^2 - 3ab](a+b) = (a^2 - ab + b^2)(a+b)$$
$$= a^3 + b^3.$$

Jeder Ausdruck, in welchem nur die Rechnungsarten erster und zweiter Stufe auftreten, läßt sich auf die *Hauptform* bringen, d. h. in einen Quotienten verwandeln, dessen Dividendus und dessen Divisor entwickelte algebraische Summen sind. In besonderen Fällen kann sich eine solche Summe auf ein einziges Glied reduzieren, und dieses kann auch ein bloßer Buchstabe oder eine Zahl sein. Ferner kann der Divisor 1 sein und deshalb die Hauptform eine entwickelte algebraische Summe sein.

Um einen Ausdruck auf die Hauptform zu bringen, hat man ausser dem Lösen von Klammern namentlich noch zweierlei zu thun. Erstens hat man immer eine algebraische Summe von Quotienten in einen einzigen Quotienten zu verwandeln. Zweitens hat man immer aus einem Quotienten, dessen Dividendus und Divisor selbst noch Quotienten enthält, diese letztern fortzuschaffen. Dies geschieht dadurch, daß man Dividendus und Divisor mit einem passend gewählten Faktor multipliziert. Wie ein Ausdruck auf die Hauptform gebracht wird, zeigen folgende Beispiele:

1) $$\frac{7}{12}a - \frac{\frac{9}{2}a^2 - ab + \frac{b^2}{4}}{3(\frac{3}{4}a - b)} = \frac{7a}{12} - \frac{18a^2 - 4ab + b^2}{3(3a - 4b)}$$
$$= \frac{7a(3a - 4b) - 4(18a^2 - 4ab + b^2)}{12(3a - 4b)}$$
$$= \frac{21a^2 - 28ab - 72a^2 + 16ab - 4b^2}{12(3a - 4b)}$$
$$= \frac{-51a^2 - 12ab - 4b^2}{36a - 48b};$$

2) $$\frac{5a + 3}{5} - \frac{3a^2 + a - 1}{3a} - \frac{5 + 3a}{15a}$$
$$= \frac{15a^2 + 9a - 15a^2 - 5a + 5 - 5 - 3a}{15a} = \frac{a}{15a} = \frac{1}{15};$$

3) $$\left[\frac{a - 1}{3b} + \frac{b \cdot (-3)}{a - 1}\right] : \left(\frac{1}{3b} - \frac{1}{a - 1}\right)$$
$$= \frac{(a - 1)^2 - (3b)^2}{3b(a - 1)} : \frac{(a - 1) - (3b)}{3b(a - 1)} = \frac{(a - 1)^2 - (3b)^2}{(a - 1) - (3b)}$$
$$= a - 1 + 3b;$$

4) $$\frac{a^2-b^2}{a^2+b^2}\left(\frac{1}{a-b}-\frac{1}{a+b}\right)-\frac{(a+b)^2-a^2-b^2}{a^3+ab^2}$$
$$=\frac{a^2-b^2}{a^2+b^2}\cdot\frac{2b}{a^2-b^2}-\frac{2ab}{a(a^2+b^2)}$$
$$=\frac{2b}{a^2+b^2}-\frac{2b}{a^2+b^2}=0.$$

Übungen zu § 16.

Entwickele in eine klammerlose algebraische Summe:

1. $(a+b-c)^2$;
2. $(a+b-c-d)^2$;
3. $(a+2b)^3-(a-2b)^3$;
4. $(2a-3b)^4$;
5. $(2a-l)^5+(2a+1)^5-a(8a)^2$;
6. $\left(\frac{1}{2}a-b-c\right)^3$
7. $(a+b)(a^2-ab+b^2)-(a+b)^3$;
8. $(2a-b-c)(a+b)-(2a-b)(a+3b-c)$;
9. $(a+1)(a+2)(a+3)(a+4)-a^3(a+10)$;
10. $(a+b+c)(-a+b+c)(a-b+c)(a+b-c)$;
11. $\frac{a^2+b^2+c^2-2ab+2ac-2bc}{a-b+c}+\frac{a^2+2ac+c^2-b^2}{a+b+c}$;
12. $\left[(a+b)^6+(a-b)^6\right]:2-15a^2b^2(a^2+b^2)$.

Bringe auf die Hauptform:

13. $\frac{a-b}{4}+\frac{a-2b}{3}+\frac{3a-4b}{6}$;
14. $4+\frac{a+2b}{a-2b}-\frac{3a-7b}{a-2b}$;

15. $\left(\frac{2a}{3}-\frac{b}{4}+\frac{6a^2}{b}\right)\left(\frac{4a}{a+b}+\frac{b-4a}{a+b}\right);$

16. $(ab+cd)^2+(ac+bd)^2-2(ad+bc)^2;$

17. $\frac{5ab-5cd}{a-b}:\frac{(a+c)(b-d)+ad-bc}{a+b};$

18. $\frac{3a+7}{6a-9}-\frac{3a^2-5a+1}{4a^2-9}+\frac{a}{2a+3};$

19. $\frac{p-\frac{9q^2}{p}}{1-\frac{3p}{q}}-\frac{7p-21q}{(4^2-3^2)[(a+1)^2-a(a+2)]};$

20. $\frac{9a^2-12ab+4b}{3a-4b}-\frac{7a^2-5ab-2b^2}{a-b}-3(3a-b).$

---

§ 17. Gleichungen ersten Grades mit einer Unbekannten.

Schon in § 6 und § 11 sind die *Transpositionsregeln* erster und zweiter Stufe dazu verwandt, um solche Bestimmungsgleichungen zu lösen, in denen die Unbekannte nur einmal vorkommt. Hier sollen nun auch solche Gleichungen gelöst werden, in denen die Unbekannte an *mehreren* Stellen vorkommt. Dann sind die folgenden Operationen vorzunehmen, um die *Isolierung* der Unbekannten x und dadurch die Lösung der Gleichung zu bewerkstelligen:

1) Man stelle rechts und links eine algebraische Summe von Quotienten her, deren Divisoren Zahlen sind;

2) Man schaffe durch Multiplikation mit dem Generalnenner die Brüche fort;

3) Man löse die Klammern, in denen die Unbekannte x vorkommt;

4) Man transponiere alle Glieder, die x als Faktor enthalten, nach links;

5) Man vereinige, d. h. man verwandele die rechte Seite in eine bekannte Zahl, die linke Seite in das Produkt von x mit einer bekannten Zahl;

6) Man transponiere den Koeffizienten von x nach rechts.

Es liege z. B. die folgende Gleichung vor:

$$\frac{\frac{3}{2}x-\frac{5}{2}}{2}+\left(\frac{x}{3}-1\right)=\frac{4-x}{2}+\frac{3-\frac{2}{3}x}{2}.$$

1) Durch die erste der sechs Operationen entsteht:

$$\frac{3x-5}{4}+\frac{x}{3}-1=\frac{4-x}{2}+\frac{9-2x}{6};$$

2) Brüche fortschaffen durch Multiplikation mit 12:

$$3(3x-5)+4x-12=6(4-x)+2(9-2x);$$

3) Klammern lösen:

$$9x-15+4x-12=24-6x+18-4x;$$

4) Transponieren:

$$9x+4x+6x+4x=24+18+15+12;$$

5) Vereinigen:

$$23x=69;$$

6) Den Koeffizienten von x transponieren:

$$x=69:23=\mathbf{3}.$$

Die *Probe* geschieht durch Einsetzen der für x gefundenen Zahl in die vorliegende Gleichung.

Dadurch kommt links:

$$\frac{\frac{3}{2}x-\frac{5}{2}}{2}+\left(\frac{x}{3}-1\right)=\frac{\frac{3}{2}\cdot 3-\frac{5}{2}}{2}+\left(\frac{3}{3}-1\right)$$
$$=\frac{\frac{9}{2}-\frac{5}{2}}{2}+(1-1)=\frac{2}{2}+0=\mathbf{1}.$$

Rechts kommt:

$$\frac{4-x}{2}+\frac{3-\frac{2}{3}x}{2}=\frac{4-3}{2}+\frac{3-\frac{2}{3}\cdot 3}{2}$$
$$=\frac{1}{2}+\frac{3-2}{2}=\frac{1}{2}+\frac{1}{2}=\mathbf{1}.$$

Wenn Gleichungen außer der Unbekannten x noch sonstige Buchstaben enthalten, die als bekannte Zahlen gelten sollen, hat man die Vereinigung der x enthaltenden Glieder durch *Absondern* zu bewerkstelligen. Z. B.:

$$ax+3c-3b=bx-cx+6c-6b+3a$$

oder:

$$ax - bx + cx = 3a - 3b + 3c$$

oder:

$$x(a - b + c) = 3(a - b + c)$$

oder:

$$x = \frac{3(a - b + c)}{a - b + c} = 3.$$

Das Fortschaffen der Brüche kann unterbleiben, wenn kein Nenner die Unbekannte x enthält. Z. B.:

$$\frac{x}{11} + \frac{x}{3} - 5 = \frac{2}{3}$$

oder:

$$x\left(\frac{1}{11} + \frac{1}{3}\right) = 5 + \frac{2}{3};$$

oder:

$$x \cdot \frac{14}{33} = \frac{17}{3};$$

also:

$$x = \frac{17}{3} : \frac{14}{33} = \frac{17 \cdot 33}{3 \cdot 14} = \frac{187}{14} = 13\tfrac{5}{14}.$$

Wenn eine Gleichung *mehrere* Buchstaben enthält, so kann man jeden als Unbekannte betrachten und deshalb jeden durch die übrigen ausdrücken. Z. B.:

$$4x - y + \frac{1}{3}z = 13$$

ergiebt:

$$x = \frac{13 + y - \frac{1}{3}z}{4} = \frac{39 + 3y - z}{12};$$

ferner:

$$y = 4x + \frac{1}{3}z - 13;$$

und:

$$z = 3(13 - 4x + y) = 39 - 12x + 3y.$$

Mit Hilfe der Gesetze der Rechnungsarten erster und zweiter Stufe kann man nur solche Gleichungen lösen, welche sich auf die *eingerichtete* Form

$$A \cdot x = B$$

bringen lassen, wo A und B bekannt, und zwar entweder Zahlen oder auch Buchstaben-Ausdrücke sind. Die Lösung von Gleichungen, welche auf andere Formen, z. B.:

$$Ax^2 + Bx = C$$

führen, kann erst später (§ 27) erörtert werden. Doch können hier solche Gleichungen behandelt werden, bei denen Glieder, die x^2, x^3 u. s. w. enthalten, sich fortheben, z. B.:

$$(4x - 3)(3x - 5) = (2x - 3)(6x - 7)$$

ergiebt:

$$12x^2 - 9x - 20x + 15 = 12x^2 - 18x - 14x + 21$$

oder:

$$-9x - 20x + 18x + 14x = 21 - 15$$

oder:

$$3x = 6, \text{ d. h.} x = 2.$$

Wenn in der eingerichteten Form $Ax = B$ die bekannten Zablen A und B beide null sind, so ergiebt sich $x = \frac{0}{0}$, also eine *vieldeutige* Quotientenform (§ 11). Dadurch werden wir darüber belehrt, daß x jede beliebige Zahl sein kann, daß also die vorgelegte Gleichung keine Bestimmungsgleichung, sondern eine *identische* Gleichung war. Z. B.:

$$\frac{2}{3}x - 5m = \frac{1}{2}(x - 9m) + \frac{x}{6} - \frac{1}{2}m$$

ergiebt:

$$4x - 30m = 3(x - 9m) + x - 3m$$

oder:

$$4x - 30m = 3x - 27m + x - 3m$$

oder:

$$4x - 4x = 30m - 30m,$$

d. h.:

$$0 \cdot x = 0 \text{ oder } x = 0 : 0,$$

d. h. die vorgelegte Gleichung war eine identische. In der That läßt sich die rechte Seite durch Umformung in die linke verwandeln. Es ist nämlich:

$$\begin{aligned}\frac{1}{2}(x-9m)+\frac{x}{6}-\frac{1}{2}m &= x\left(\frac{1}{2}+\frac{1}{6}\right)-m\left(\frac{9}{2}+\frac{1}{2}\right)\\ &= \frac{2}{3}m-5m.\end{aligned}$$

Wenn in der eingerichteten Form $Ax=B$, $B=0$, aber A nicht Null ist, so ergiebt sich $x=0$. Wenn aber umgekehrt $A=0$ und B nicht Null ist, so kann x keiner der bisher definierten Zahlen gleichgesetzt werden.

Wenn auf beiden Seiten einer Gleichung *ein und derselbe die Unbekannte x enthaltender Faktor steht, so kann man diesen Faktor gleich null setzen*, weil dadurch beide Seiten der Gleichung null werden, die Gleichung also erfüllt wird. Das Nullsetzen des x enthaltenden gemeinsamen Faktors ergiebt dann eine Gleichung zur Bestimmung von x. Wenn durch Fortlassen des gemeinsamen Faktors eine immer noch x enthaltende Gleichung entsteht, so kann man auch diese lösen, und erhält dann zwei Werte für x, welche beide die vorgelegte Gleichung befriedigen. Z. B.:

1) $$4(x-9)=\frac{5}{2}(x-9)-x+9$$

oder:

$$4(x-9)=(x-9)\left(\frac{5}{2}-1\right).$$

Dies ergiebt:

$$x-9=0 \text{ oder } x=9.$$

2) $$\frac{x}{5}\left(x+\frac{7}{2}\right)=(2x+7)(x-9)$$

ergiebt:

$$\frac{x}{5}\left(x+\frac{7}{2}\right)=2\left(x+\frac{7}{2}\right)(x-9),$$

woraus zunächst

$$x+\frac{7}{2}=0 \text{ oder } x=-\frac{7}{2} \text{ folgt.}$$

Andrerseits erhält man aus:

$$\frac{x}{5} = 2(x - 9)$$

zunächst:

$$x = 10x - 90, \text{ woraus } 90 = 9x, \text{ also } x = 10 \text{ folgt.}$$

Aufgaben, welche in Worte gekleidet sind und Fragen enthalten, die durch Lösung einer Gleichung beantwortet werden können, heißen "*eingekleidete Gleichungen.*" Um eine eingekleidete Gleichung zu lösen, hat man zunächst die in Worten gemachten Angaben in die arithmetische Zeichensprache so zu übersetzen (*Ansatz*), daß eine Bestimmungsgleichung entsteht, aus deren Lösung die Antwort hervorgeht. Hierzu das folgende Beispiel:

Aufgabe: Von zwei Dörfern, die 1 Kilometer von einander entfernt sind, gehen zwei Fußgänger A und B gleichzeitig ab, um sich zu begegnen. Sie treffen sich nach 6 Minuten. B legt aber in jeder Minute $6\frac{2}{3}$ Meter mehr zurück, als A. Wieviel Meter legt A in der Minute zurück?

Auffindung des Ansatzes: A geht in 1 Minute x Meter, B also $\left(x + \frac{20}{3}\right)$ Meter. Nach 6 Minuten hat A einen Weg von $6 \cdot x$ Metern, B einen Weg von $6\left(x + \frac{20}{3}\right)$ Metern gemacht. Die Summe beider Wege muß 1 Kilometer, also 1000 Meter betragen. Also ist:

$$6x + \left(x + \frac{20}{3}\right) = 1000$$

Lösung der Gleichung:

$$6x + 6x + 40 = 1000.$$

oder:

$$12x = 960, \text{ also } x = 80.$$

Beantwortung der Frage: A legt 80 Meter in der Minute zurück.

Probe: Der Weg von A beträgt 480 Meter, der von B beträgt $6\left(80 + \frac{20}{3}\right)$ Meter oder $\left(6 \cdot \frac{260}{3}\right)$ Meter oder 520 Meter. Die Summe beider Wege beträgt 1000 Meter.

Um den Ansatz aufzufinden, bat man namentlich folgendes zu beachten:

1) Man suche sowohl danach, welche Zahl als Unbekannte einzuführen ist, wie auch danach, welche Zahl auf doppelte Weise ausgedrückt werden kann. Dies ist selten die Unbekannte selbst.

2) Wenn mehrere Zahlen unbekannt sind, so betrachte man doch nur die eine als die Unbekannte x der aufzustellenden Gleichung, und suche die andern unbekannten Zahlen durch x auszudrücken.

3) Nicht immer ist es geschickt, die Zahl, nach der gefragt ist, als Unbekannte anzusehen. Oft thut man besser, eine andere Zahl, durch welche die gesuchte Zahl ausgedrückt werden kann, als Unbekannte zu betrachten.

4) Wenn eine Angabe zwei benannte Zahlen verschiedener Benennung enthält, so führe man immer die Angabe auf die Einheit *jeder* der beiden Benennungen zurück. Z. B.: 1 Kilo kostet 13 Mark ergiebt auch, daß man für 1 Mark $\frac{1}{13}$ Kilo erhält. Ferner bedeutet die Angabe, daß 7 Personen mit einem Vorrat 5 Wochen reichen, zweierlei: erstens, daß 1 Person 35 Wochen reichen würde, zweitens daß 35 Personen 1 Woche reichen würden.

Übungen zu § 17.

A. Keine Klammern, keine Brüche.

1. $8x - 5 = 3x + 10$;
2. $4 + 13x = x + 28$;
3. $x + 5x + 7x = 7 + 6x$;
4. $-4 = 8x + 3x + 37$;
5. $x + 3x + 5x + 7x = 6x + 50$;
6. $0 = 8x + 9x - 102$.

B. Klammern, aber keine Brüche.

7. $5x - (x - 6) = 26$;
8. $9x + 5 = 13 - (4x - 5)$;
9. $107 - 7(x - 8) = 63 + 3x$;
10. $5(8x - 1) = 3(12x + 1)$;
11. $7(20 - 5x - 8) - 17(x + 8) = 0$;
12. $4(x + 1) - 7(x + 2) = 11(x - 6)$;
13. $2 \cdot 4 \cdot (x - 3) - 3 \cdot 5 \cdot (x - 7) = 9(9 - x) + 14$.

C. Brüche, aber x nicht im Nenner.

14. $\frac{x}{5} - 7 = x - 15;$

15. $x - \frac{x}{9} + 7 = \frac{4-x}{3};$

16. $7 + \frac{x}{3} = \frac{x}{2} - 6;$

17. $\frac{7 - 8(x-5)}{9} = \frac{x+9}{18};$

18. $\frac{x}{2} + \frac{x}{3} + \frac{x}{4} + \frac{x}{5} = 11\left(x - \frac{53}{60}\right);$

19. $\frac{4x-5}{8} + \frac{7x-12}{6} = \frac{3x+5}{12} + \frac{9x+2}{24};$

20. $4(x-5) - \frac{x+3}{8} = \frac{x+7}{12} - \frac{7x-23}{6};$

21. $1 - \frac{7-x}{8} = \frac{5x-1}{14} - \frac{3-x}{28};$

22. $\frac{4(x-13)}{5} - \frac{5(7-x)}{3} - 8\left[\frac{9x}{5} - \frac{x+1}{15}\right] = 0.$

D. x in Nenner.

23. $\frac{7}{x} - \frac{6}{x} = \frac{1}{42};$

24. $\frac{4}{x+1} = 2;$

25. $\frac{1}{x} - \frac{2}{x} + \frac{3}{x} = \frac{1}{2};$

26. $\frac{7}{x} - \frac{5}{2x} = 4\tfrac{1}{2};$

27. $\frac{30}{x-6} + \frac{2}{x-6} = 32;$

28. $\frac{1}{x+3} - \frac{1}{2(x+3)} = \frac{1}{8};$

29. $\dfrac{3}{2x+2} - \dfrac{1}{3x+3} = \dfrac{7}{24}$;

30. $\dfrac{3(1+1x)}{1-\frac{1}{x}} + \dfrac{1+\frac{1}{2-x}}{1-\frac{1}{2-x}} = 2.$

E. Glieder, die $\mathbf{x^2, x^3, \ldots}$ enthalten, aber sich fortheben.

31. $(4x-1)(6x+1) = 12(x-1)(2x+3)$;

32. $(2x+7)(2x-7) = (4x-1)(x-3)$;

33. $\dfrac{2x-5}{4x-9} = \dfrac{x-2}{2x-3}$;

34. $\dfrac{8x-3}{16x+9} = \dfrac{28x-19}{28(2x-1)}$;

35. $\left(7-\dfrac{x}{3}\right)\left(7+\dfrac{x}{3}\right) + \dfrac{x^2}{9} = x-1$;

36. $\left(3x+\dfrac{1}{3}\right)\left(4x+\dfrac{1}{4}\right) = \left(6x-\dfrac{1}{3}\right)\left(2x+\dfrac{1}{2}\right)$;

37. $(x+2)^2 + (x+3)^2 = (x+5)^2 + (x-2)^2$;

38. $\dfrac{10x+1}{2x-1} - \dfrac{2x-9}{2x+1} = 4$;

39. $x(x+1)(x+2) = (x-1)(x-2)(x+6)$;

40. $(x+1)^3 = x^3 + 3x^2 + 10.$

F. Buchstaben-Gleichungen.

41. $7x + a = m;$

42. $a = bx - c;$

43. $3x + 32a = 2(a + x);$

44. $a - b + c = ax - (b - c);$

45. $5(x - p) = 9 - 3(x + p) - (x - 7p);$

46. $3(b - 2a - x) - 5(a - 3b + 4x) = 6a + b;$

47. $\frac{3a - b - 5x}{2} + \frac{x - 9a}{6} = \frac{7x - b}{3};$

48. $(x - a)(p + q) = p^2 - q^2;$

49. $x + \frac{x + a}{1 - a} + \frac{x - a}{1 + a} + 2 = 0;$

50. $1 + a^3 - \frac{a^3 - x}{a^3} + \frac{a^2 - x}{a^2} - \frac{a - x}{a} = 0.$

G. x gleich 0 oder $\frac{0}{0}$ oder unmöglich.

51. $4x + 3 = 3(x + 1);$

52. $\frac{9x + 5}{4} = \frac{7x + 6}{6} + \frac{2 + x}{8};$

53. $9(x - 3) + 7(x + 3) = 4x + 6(2x - 1);$

54. $3ax + b = a(x + 1) + a(x - 1) + a\left(x + \frac{b}{a}\right);$

55. $4x + 5 = 4x + 3;$

56. $(x + 1)^2 - x^2 = 2(x + 1);$

57. $(x + 1)^2 = 2x(x + 1) - (x + 1)(x - 1);$

58. $x^3 + a^3 = (x + a)(x^2 - ax + a^2);$

59. $\frac{4}{x + 5} + \frac{1}{x + 10} = \frac{5(x + 9)}{(x + 5)(x + 10)};$

60. $\frac{3x + 1}{2} + \frac{x + 2}{4} = \frac{1 + x}{3} + \frac{4 - 5x}{6}.$

H. Zerlegung in Faktoren.

61. $8(x-3) = (x+4)(x-3);$

62. $5(x-p) + 7x(x-p) = 12(x-p);$

63. $x^2 + x = 5x;$

64. $\dfrac{x+3}{x+1} - 3 \cdot \dfrac{x+3}{x+1} = 4 \cdot \dfrac{x+3}{x};$

65. $(x-1)(2x+5) = (x-1)(x+6);$

66. $9(x+1) = x^2 - 1;$

67. $\left(\dfrac{x}{3} + 4\right)(5x-1) = x + 12;$

68. $x^3 - 1 = (x-1)(x^2+11);$

69. $\dfrac{9x-8}{9} = \left(-\dfrac{8}{9}\right)(2x-7).$

J. Nach mehreren Buchstaben auflösen.

Jeder vorkommende Buchstabe soll als Unbekannte betrachtet und durch die übrigen Buchstaben ausgedrückt werden.

70. $5a - 2b = 3(a+b);$

71. $7(a-b+1) = 3a + 5b - 4;$

72. $\dfrac{a+b}{2} + \dfrac{a-b}{2} = b + 1;$

73. $\dfrac{5c-d}{3} + \dfrac{c+2d}{3} = \dfrac{c+d+1}{12};$

74. $x(y-2) = 5 + y;$

75. $5x - y + z = 4 + 5(2x+y+z).$

K. Ungleichungen.

Wie eine Gleichung auf $x = C$ zurückgeführt werden kann, wo C eine bekannte Zahl ist, so läßt sich in derselben Weise eine Ungleichung auf $x > C$ oder $x < C$ zurückfuhren, wo C bekannt ist.

76. $5x \quad 4 > 4(x + 1)$;

77. $9(x - 5) - 7(x - 1) > 0$;

78. $x + 8 < 9(x + 5) + 10(7 - x)$;

79. $\frac{5x + 1}{3} < \frac{x - 1}{6}$;

80. $\frac{1 - 7x}{12} - \frac{x + 1}{9} > x$;

81. $x + a < 5x - 7a$.

L. Eingekleidete Gleichungen.

82. Eine Zahl zu bestimmen, die, mit 3 multipliziert, dasselbe ergiebt, als wenn man sie um 10 vermehrt.

83. Das um 8 verminderte Vierfache einer gesuchten Zahl ist gleich dem um 1 verminderten Dreifachen der Zahl.

84. Teilt man das um 8 vermehrte Doppelte einer gesuchten Zahl durch 3, so erhält man die um 1 größere Zahl.

85. Eine gemischte Zahl zu bestimmen, die um ihr Fünftel kleiner ist als die Zahl 7.

86. Um welche Zahl muß man Zähler und Nenner des Bruches $\frac{3}{7}$ vermehren, damit der absolute Betrag des Bruches zwei Drittel werde.

87. Die Zahl 87 in zwei Summanden zu zerlegen, von denen der eine um 9 größer ist, als der andere.

88. Die Zahl 111 in drei Summanden zu zerlegen, von denen der eine das Doppelte eines andern ist und zugleich um 11 kleiner als der dritte Summand ist.

89. Welche Zahl ist um a größer als ihr b-ter Teil?

90. An einem Orte ist der längste Tag 5 mal so lang als die kürzeste Nacht. Wieviel Stunden hat dieser Tag?

91. Anna putzt in jeder Minute 4 Rüben, Bertha nur 3, arbeitet aber eine halbe Stunde länger als Anna. So bewältigen sie beide 1000 Rüben. Wie lange hat Anna geputzt?

92. Elsa und Hildegard haben in ihrem Ansichts-PostkartenAlbum zusammen 1000 Postkarten, Elsa 10 mehr als das Doppelte der Zahl, die Hildegard hat. Wieviel hat letztere?

93. Von zehn Häusern gleichen Wertes besitzt A sieben, B drei. A hat außerdem hunderttausend Mark in Staatspapieren, B zweihunderttaugend Mark. So kommt es, daß das Vermögen beider gleich ist. Wie groß ist der Wert jedes Hauses?

94. Jemand hatte in der rechten Tasche doppelt so viel Mark wie in der linken. Als er aber 9 Mark aus der rechten Tasche genommen und in die linke gesteckt hatte, ergab es sich, daß er in beiden gleichviel Mark hatte. Wieviel Mark hatte er *im ganzen?*

95. Bei einer Wahl hatte der Gewählte 6 Stimmen mehr erhalten, als die Hälfte der abgegebenen Stimmen, alle übrigen zusammen 44 Stimmen mehr, als der dritte Teil der abgegebenen Stimmen beträgt. Wieviel Stimmen waren abgegeben?

96. An einer polytechnischen Hochschule studierten 14 mal soviel Inländer als Ausländer. Als aber 15 Ausländer neu hinzugekommen waren und 15 Inländer abgegangen waren, hatte die Hochschule zwar noch dieselbe Gesamtziffer, aber nur noch 11 mal soviel Inländer, als Ausländer. Wie groß war die Gesamtzahl?

---

97. Ein Kapital von 11 000 Mark hatte nach einer gewissen Anzahl von Jahren 12 100 Mark Zinsen eingebracht, indem es die Hälfte der Zeit zu 4%, ein Drittel der Zeit zu $3\frac{1}{2}$% und ein Sechstel der Zeit zu 3% gestanden hatte. Wieviel Jahre stand das Kapital auf Zinsen?

98. Am 1. Januar 1899 hat jemand ein Kapital von 7000 Mark zu $4\frac{1}{2}$% auf Zinsen gegeben. Zwei Jahre später, am 1. Januar 1901, gab ein Andrer 10 000 Mark zu $3\frac{1}{2}$% auf Zinsen. Zu welcher Zeit haben beide Kapitalien gleichviel Zinsen abgeworfen?

99. Jemand verkauft eine Ware zu 312 Mark. Dadurch hat er ebenso viel Prozent gewonnen, wie er verlieren würde, wenn er sie zu 288 Mark verkaufen sollte. Wieviel Prozent gewann er?

---

100. Unter fünf Personen sollen 5000 Mark so verteilt werden, daß die zweite Person 100 Mark mehr erhält als die erste, die dritte 100 Mark mehr als die zweite usw. Wieviel Mark erhält die erste Person?

101. In einem Fünfeck beträgt die Winkelsumme bekanntlich 540 Grad. Wie groß ist jeder Winkel, wenn die fünf Winkel sich wie 1 zu 2 zu 3 zu 4 zu 5 verhalten?

102. 9 Liter Wasser werden durch den galvanischen Strom in 8 Kilo Sauerstoff und 1 Kilo Wasserstoff zerlegt. Nun hatte Jemand bei einer solchen Zerlegung an Sauerstoff 42 Kilo mehr erhalten, als an Wasserstoff. Wieviel Liter Wasser hatte er zerlegt?

103. Eine Quantität Alkohol ist 70-prozentig und wiegt 80 Kilogramm. Wieviel Kilogramm Wasser muß man zusetzen, um zu erreichen, daß der Alkohol 50-prozentig werde.

---

104. Einem Boten, der um 6 Uhr morgens abgegangen ist, wird um 8 Uhr ein berittener Bote nachgesandt, der in jeder Stunde 10 Kilometer zurücklegt, und es dadurch erreicht, daß er den ersten Boten um 10 Uhr einholt. Wieviel Kilometer hatte der erste Bote in der Stunde zurückgelegt?

105. Ein Weg von Eisenach auf die Hohe Sonne beträgt 9 Kilometer. Gleichzeitig, um 6 Uhr morgens, brechen zwei Touristen von den beiden Endpunkten dieses Weges auf. Um welche Zeit treffen sie sich, wenn der aufwärts gehende Tourist 63 Meter in der Minute zurücklegt, der abwärts gehende aber 87 Meter in der Minute macht?

106. Von zwei Radfahrern, die sich entgegenfahren, fäbrt der eine in der Sekunde 4 Meter, der andere $4\frac{1}{2}$ Meter. Sie sind jetzt 2 Kilometer von einander entfernt. Nach wieviel Minuten sind sie 300 Meter von einander entfernt?

107. Jemand, der zum Kilometer 12 Minuten braucht, legt die Entfernung zwischen zwei Dörfern in derselben Zeit zurück, wie ein Radfahrer einen 10 Kilometer längeren Weg, falls der Radfahrer $4\frac{1}{2}$ Minuten zum Kilometer braucht. Wieviel Kilometer sind die Dörfer von einander entfernt?

---

108. Um 12 Uhr stehen die beiden Zeiger einer Uhr übereinander. Wieviel Minuten nach 1 Uhr stehen sie wieder übereinander?

109. Wie lang ist die Hypotenuse eines rechtwinkligen Dreiecks, dessen größere Kathete 24 Centimeter lang ist, während die kleinere Kathete 18 Centimeter kürzer als die Hypotenuse ist?

110. Wie lang ist die Seite eines Quadrats, dessen Inhalt um 63 Quadratcentimeter wächst, wenn die Seite um 3 Centimeter wächst?

111. Ein Teich hat die Form eines Quadrats. Jede Seite desselben beträgt 80 Decimeter. Genau in der Mitte wächst eine Pflanze, die 32 Decimeter üher den Spiegel des Teiches hinaufragt. Als man die Pflanze an das Ufer nach der Mitte einer Seite hinzog, reichte ihre Spitze nur his an den Rand des Teiches. Welche Tiefe hat der Teich?

---

112. An dem 30 Centimeter langen Arm eines Hebels hängen 7 Kilo mehr als an dem 40 Centimeter langen Arm. Der Hebel zeigt Gleichgewicht. Wieviel Kilo hängen an jedem Arm?

113. Wieviel Ohm Widerstand hat ein Strom, der bei 200 Volt Spannung dieselbe Stromstärke aufweist, wie ein anderer Strom, der bei 100 Volt Spannung 5 Ohm weniger Widerstand hat, als der erste Strom?

114. Ein Hohlspiegel von 100 Centimeter Krümmungsradius entwirft ein Bild, das nur ein Zehntel so weit von ihm entfernt ist, wie das Objekt. Wie weit ist letzteres vom Hohlspiegel entfernt?

---

§ 18. Gleichungen ersten Grades mit mehreren Unbekannten.

Wenn eine Gleichung zwei Unbekannte x und y enthält, so kann immer die eine Unbekannte, etwa x, durch die andere Unbekannte y ausgedrückt werden (vgl. § 17, J). Wenn man dann für y irgend eine Zahl einsetzt, so ergiebt sich für x ein zugehöriger Wert, so dass *unzählig viele Wertepaare* von x und y die Gleichung befriedigen. Beispielsweise wird $9x - 7y = 1$ erfüllt für

$$x = 1, y = \frac{8}{7} x = 2, y = \frac{17}{7} x = \frac{1}{9}, y = 0 x = 4, y = 5$$

$$x = 704, y = 905 \text{ u. s. w.}$$

Wenn nun zu einer vorliegenden Gleichung zwischen x und y noch eine zweite solche Gleichung zwischen denselben Unbekannten hinzutritt, so entsteht die Aufgabe, diejenigen Wertepaare herauszufinden, welche das entstandene *Gleichungssystem* befriedigen, d. h. die, für x und y eingesetzt, beide Gleichungen zu identischen machen. Man löst diese Aufgaben dadurch, daß man eine neue Gleichung bildet, welche die eine Unbekannte gar nicht mehr enthält. Letztere heißt dann *eliminiert.* Die Lösung der nur die eine Unbekannte enthaltenden neuen Gleichung liefert dann den Wert dieser Unbekannten, und die Einsetzung dieses Wertes in eine der beiden verliegenden Gleichungen führt dann zum Werte der anderen Unbekannten.

Die *Elimination* der einen Unbekannten kann auf mannigfache Weise bewerkstelligt werden. Namentlich aber sind drei Methoden üblich, die zu diesem Ziele führen, nämlich:

1) *Gleichsetzungsmethode.* Um x zu eliminieren, drücke man x durch y zermittelst beider Gleichungen aus. Dann setze man die beiden für x erhaltenen Ausdrucke, in denen nur y vorkommt, einander gleich. Z. B.:

$$\left\{\begin{aligned} 9x - 7y &= 13 \\ \frac{5x-1}{6} &= 2y - \frac{5}{8} \end{aligned}\right\} \text{ führt zu } \left\{\begin{aligned} x &= \frac{13+7y}{9} \\ x &= \frac{12y-9}{5} \end{aligned}\right\}.$$

Daher ist:

$$\frac{13+7y}{9} = \frac{12y-9}{5} \text{ oder } 65 + 35y = 108y - 81$$

oder:

$$146 = 73y, \text{ d. h. } y = 2.$$

Hieraus findet man $x = 3$ aus $x = \dfrac{13+14}{9}$ oder aus $x = \dfrac{24-9}{5}$.

2) *Einsetzungsmethode.* Vermittelst einer der beiden Gleichungen drücke man die eine Unbekannte, etwa x, durch die andere ans und setze den erhaltenen Ausdruck in der andern Gleichung überall da ein, wo jene Unbekannte x vorkommt. Z. B.:

$$\left\{\begin{aligned} 4x - y &= 2y - 5x - \frac{33}{2} \\ 10(x+y) &= 7y + 26 \end{aligned}\right\} \text{ ergibt zunächst:}$$

$$x = \frac{3y - \frac{33}{2}}{9} = \frac{y - \frac{11}{2}}{3} = \frac{2y-11}{6}.$$

Setzt man diesen Ausdruck in die zweite Gleichung ein, so erhält man:

$$10\left[\frac{2y-11}{6}\right] = 7y + 26 \text{ oder:}$$

$$20y - 110 + 60y = 42y + 156,$$

oder $38y = 266$, d. h. $y = \mathbf{7}$, also $x = \dfrac{2\cdot 7 - 11}{6} = \dfrac{\mathbf{1}}{\mathbf{2}}$.

3) *Methode der gleichgemachten Koeffizienten.* Man bringe beide Gleichungen auf die *geordnete Form*, d. h. auf die Form:

$$ax + by = c,$$

wo a, b, c ganze Zablen sind, die positiv, null oder negativ sein können. Dann multipliziert man, um etwa x zu eliminieren, beide Gleichungen derartig mit möglichst kleinen ganzen Zahlen, daß die Koeffizienten von x in den beiden entstandenen Gleichungen sich nur durch das Vorzeichen unterscheiden. Dann ergiebt die Addition beider Gleichungen eine von x freie Gleichung. Z. B.:

$$\left\{\begin{array}{c} 4x - y = 2y - 5x - \dfrac{33}{2} \\ 10(x+y) = 7y + 26 \end{array}\right\}$$

ergiebt zunächst in geordneter Form:

$$\left\{\begin{array}{c} 18x - 6y = -33 \\ 10x + 3y = 26 \end{array}\right\}.$$

Um nun x zu eliminieren, multipliziert man die erste Gleichung mit -5, die zweite mit 9. Dann erhält man:

$$\left\{\begin{array}{c} -90x + 30y = +165 \\ 90x + 27y = +234 \end{array}\right\}, \text{ woraus durch Addition folgt:}$$

$57y = 399$, d. h. $y = \mathbf{7}$, worauf man durch Einsetzen $x = \dfrac{\mathbf{1}}{\mathbf{2}}$ erhält.

Um aus den beiden Gleichungen in geordneter Form y zu eliminieren, hat man die erste Gleichung unverändert zu lassen und die zweite mit 2 zu multiplizieren. So erhält man:

$$\left\{\begin{array}{c} 18x - 6y = -33 \\ 20x + 6y = +52 \end{array}\right\}, \text{ woraus durch Addition folgt:}$$

$$38x = 19 \text{ oder } x = \frac{\mathbf{1}}{\mathbf{2}}.$$

Der Koeffizient, welcher bei der zu eliminierenden Unbekannten erzielt werden muß, ist immer die kleinste Zahl, von welcher die Koeffizienten der beiden Gleichungen beide Teiler sind.

Wenn in der geordneten Form $ax + by = c$ die ganzen Zahlen a, b, c einen gemeinsamen Teiler haben, so hat man durch denselben zu dividieren, um kleinere Koeffizienten zu erhalten.

Oft erleichtert die Einfübrung andrer Unbekannter die Berechnung. Wenn z. B.:

$$\left\{\begin{array}{l} \frac{3}{x} + \frac{5}{y-2} = \frac{3}{2} \\ \frac{2}{x} - \frac{1}{y-2} = \frac{2}{15} \end{array}\right\}$$

gegeben ist, so betrachtet man am besten nicht x und y, sondern $\frac{1}{x}$ und $\frac{1}{y-2}$ als Unbekannte.

So erhält man $\frac{1}{x} = \frac{1}{6}$, also $x = \mathbf{6}$ und $\frac{1}{y-2} = \frac{1}{5}$, also

$$y - 2 = 5 \text{ oder } y = \mathbf{7}.$$

Um drei Unbekannte x, y, z aus drei Gleichungen I, II, III zu bestimmen, eliminiert man zunächst eine und dieselbe Unbekannte, z. B. x, aus zwei Paaren der gegebenen Gleichungen, z. B. sowohl aus I und II als auch aus I nnd III. Dadurch erhält man zwei Gleichungen, die nur noch y und z enthalten, und aus denen man y und z, wie oben erörtert ist, bestimmen kann. Analog verfährt man bei vier Gleichungen mit vier Unbekannten und überhaupt bei n Gleichungen mit n Unbekannten. Man hat bei der Elimination namentlich darauf zu achten, daß immer *eine und dieselbe* Unbekannte aus allen Gleichungen verschwindet, und das neue Gleichungs-System, das die eliminierte Unbekannte nicht mehr enthält, nur eine Gleichung weniger hat, als das voraufgegangene System.

Aus einem Gleichungssysteme folgen nur dann bestimmte Werte der Unbekannten, wenn die Gleichungen des Systems von einander unabhängig sind, d. h. nicht eine der Gleichungen aus den andern durch bloße Umformung gewonnen werden kann. Bei mehr als zwei Gleichungen ist es oft schwer, zu erkennen, daß dieselben von einander abhängen. Die Elimination ist jedoch ein Mittel, um diese Abhängigkeit erkennen zu lassen, wie das folgende Beispiel zeigt:

$$\left\{\begin{aligned} 3x - y + 5z &= 16 \\ 12x + y - 7z &= 8 \\ 42x + y - 11z &= 56 \end{aligned}\right\}.$$

Wenn man hier y eliminiert, sowohl aus der ersten und zweiten, als auch aus der ersten und dritten Gleichung, so erhält man:

$$\left\{\begin{aligned} 15x - 2z &= 24 \\ 45x - 6z &= 72 \end{aligned}\right\},$$

wo man erkennt, daß die zweite Gleichung entsteht, wenn man die erste mit 3 multipliziert. Wollte man eine Unbekannte, etwa z, aus diesen beiden Gleichungen eliminieren, so würde man erhalten, daß $x = 0 : 0$ ist, d. h. jede beliebige Zahl sein kann. Dies verrät, daß die gegebenen drei Gleichungen nicht von einander unabhängig sein können. In der That erhält man aus dem Doppelten der ersten Gleichung und dem Dreifachen der zweiten Gleichung die dritte Gleichung.

Übungen zu § 18.

A. Ganzzahlige Unbekannte.

1. $\left\{\begin{aligned} x + y &= 19 \\ x - y &= 7 \end{aligned}\right.;$

2. $\left\{\begin{aligned} x - 5y &= 4 \\ 3x + 5y &= 32 \end{aligned}\right.;$

3. $\left\{\begin{aligned} 4x + 3y &= 47 \\ -4x + 10y &= -34 \end{aligned}\right.;$

4. $\left\{\begin{aligned} 9x - 7y &= 11 \\ 9x + y &= 19 \end{aligned}\right.;$

5. $\left\{\begin{aligned} 5x - 4y &= 1 \\ 6x + 2y &= 8 \end{aligned}\right.;$

6. $\begin{cases} 16x - 15y = 18 \\ 2x + 5y = 16 \end{cases};$

7. $\begin{cases} x = y + 9 \\ 7x - y = 69 \end{cases};$

8. $\begin{cases} 3(2y - x) - 5y = 2 \\ 5(x + y) + 4(y - x) = 46 \end{cases};$

9. $\begin{cases} x = 5y \\ 5x - y = 48 \end{cases};$

10. $\begin{cases} 108x + 13y = 147 \\ 81x - 17y = 30 \end{cases}.$

B. Die Werte der Unbekannten werden auch gebrochene Zahlen.

11. $\begin{cases} 7x - 5y - 1 = 0 \\ 5x + 7y = 6 \end{cases};$

12. $\begin{cases} 8x - \frac{1}{3}y = 3 \\ \frac{1}{2}x + \frac{y}{4} = 1 \end{cases};$

13. $\begin{cases} 1\frac{1}{5}x - 2y - \frac{6}{5} = 0 \\ y = 3x - 1 \end{cases};$

14. $\begin{cases} 5\left(\frac{x}{3} + \frac{x}{4}\right) = y + \frac{1}{2} \\ 4x - 2\left(y - \frac{1}{3}\right) = 1 \end{cases};$

15. $\begin{cases} 8x - \frac{y}{3} = \frac{4}{3} \\ 9x + \frac{y}{8} = 1 \end{cases};$

16. $\begin{cases} 19 - \frac{1}{2}(x + y) = 75x \\ 23 - 2(x - y) = 2y \end{cases}.$

C. Buchstaben-Gleichungen.

17. $\begin{cases} 7x - y = a + b \\ 6x + y = 12(a + b) \end{cases};$

18. $\begin{cases} 2x - 3y = 5(b + c) - a \\ x + y = 2a \end{cases};$

19. $\begin{cases} 3x + y = 4c + d \\ 3x - y = 2c + 5d \end{cases};$

20. $\begin{cases} ax - 5y = a^2 - 5b \\ 3ax + by = 3a^2 + b^2 \end{cases};$

21. $\begin{cases} (a - b)x - cy = a^2 - ab \\ ax - (c - b)y = a^2 \end{cases};$

22. $\begin{cases} ax + by = c \\ a'x + b'y = c' \end{cases}.$

D. Brüche fortschaffen und Klammern Lösen.

23. $\begin{cases} 7(9x - 4) - 3(y - x) = 221 \\ 5(4x - 3y) - \frac{1}{3}(x + x) = 2 \end{cases};$

24. $\begin{cases} \frac{x}{3} + \frac{y}{4} = 3 \\ \frac{x}{2} + \frac{y}{6} = 2\frac{5}{6} \end{cases};$

25. $\begin{cases} \frac{3}{8}(x - 2y) + \frac{1}{9}(x - y) = 4 \\ \frac{1}{10}x + (2x - 15y) = 6 \end{cases};$

26. $\begin{cases} \frac{x + 2y}{x - 3y} = 6 \\ 7(x - 3y) - \frac{1}{4}x = 6 \end{cases};$

27. $$\begin{cases} \dfrac{3x+4}{4} - \dfrac{x+2+8y}{8} = \dfrac{9}{4} \\ \dfrac{x+2y+1}{6} - \dfrac{10y+x}{9} = 0 \end{cases};$$

28. $$\begin{cases} \dfrac{x+y}{10} - \dfrac{1}{15} = \dfrac{2x}{15} \\ -2 = \dfrac{x}{7} - y + 3\left(x - \dfrac{7}{3}y\right) \end{cases};$$

29. $$\begin{cases} \dfrac{2x-5y+9}{10} - \dfrac{x+2y+1}{15} = \dfrac{3x-8y}{25} \\ \dfrac{x+y+1}{12} = \dfrac{4x+y+1}{18} - \dfrac{4x-y-2}{27} \end{cases}.$$

E. Unbestimmbare Unbekannte.

30. $$\begin{cases} 8x - 3y = 29 \\ 12x - \dfrac{9}{2}y = 14 \end{cases};$$

31. $$\begin{cases} 19x - (x - 9y) = 9 \\ 17y - 2(8y - x) = 1 \end{cases};$$

32. $$\begin{cases} ax + by = a \\ \dfrac{1-x}{y} = \dfrac{b}{a} \end{cases};$$

33. $$\begin{cases} 4(x+y-p) - 3(x+y) = 3(p-y) \\ \dfrac{x}{4} + y = \dfrac{7}{4}p \end{cases}.$$

F. Drei Unbekannte.

34. $\begin{cases} 2x + 3y + z = 12 \\ 5x - 2y + 3z = 13\,; \\ x + 9y - z = 15 \end{cases}$

35. $\begin{cases} 4(x - y) = y - (z + 1) \\ 3(x + y) = 5x + y + z - 2\,; \\ \frac{1}{6}z = 5x - 6y \end{cases}$

36. $\begin{cases} \frac{x}{7} - \frac{2y + z + 2}{6} = 2x + 2y - 5z \\ x + 3y = \frac{17}{2}(x - 2z) \qquad ; \\ 1 = x - 4y - (z + 1) \end{cases}$

37. $\begin{cases} x + y = 4 \\ y + z = 8\,; \\ z + x = 6 \end{cases}$

38. $\begin{cases} 4x - y = 1 \\ \frac{y}{3} + \frac{z}{5} = 4\,; \\ z - x = 4 \end{cases}$

39. $\begin{cases} \frac{x + y + 9z}{12} + \frac{3x - 6z + y}{18} = \frac{z + 3y + x + 2}{24} + \frac{1}{18} \\ \frac{4x - y + z}{10} - \frac{x + y + z - 8}{15} = \frac{4x + 5z + y - 10}{20} \quad ; \\ \frac{x + 1}{3} = \frac{y - 1}{6} + \frac{z + 1}{9} \end{cases}$

G. Eingekleidet.

40. Wie heißen die beiden Zahlen, deren Summe 19 und deren Differenz 11 beträgt?

41. Welche beiden Zahlen geben subtrahiert die Zahl 2 und dividiert auch?

42. Wenn man Zähler und Nenner eines gesuchten Bruches um 1 vermehrt, so erhält man einen Bruch, dessen absoluter Betrag $\frac{3}{4}$ ist. Wenn man aber Zäbler und Nenner um 1 vermindert, ergiebt sich ein Bruch mit dem absoluten Betrage $\frac{2}{3}$.

43. Ein Antrag wurde mit einer Majorität von 40 Stimmen angenommen, indem $\frac{2}{3}$ aller Abstimmenden dafür, $\frac{1}{3}$ dagegen stimmten. Wieviel Stimmen waren für, wieviel gegen den Antrag?

44. Welche zweiziffrige Zahl mit der Quersumme 13 hat die Eigenschaft, daß durch Vertauschung ihrer Ziffern eine Zahl entsteht, die um 45 kleiner ist?

45. Jemand hat zwei Kapitalien ausgeliehen, das erste zu $3\frac{1}{2}\%$, das zweite zu 3%. Dadurch hatte er eine jährliche Zinsen-Einnahme von 550 Mark. Hätte er umgekehrt das erste zu 3%, das zweite zu $3\frac{1}{2}\%$ ausgeliehen, so würde er jährlich einen Zinsengenuß von 555 Mark haben. Wie groß waren die Kapitalien?

46. Auf derselben Strecke bewegen sich zwei Punkte, die jetzt 4000 Meter von einander entfernt sind. Bewegen sie sich in derselben Richtung, so wird der vordere in 40 Sekunden eingeholt. Bewegen sie sich aber in entgegengesetzten Richtungen, so treffen sie sich schon nach 25 Sekunden. Welche Geschwindigkeiten haben die Punkte?

47. Von zwei Städten, die durch eine Chaussee verbunden sind, gehen zwei Freunde einander entgegen. Nachdem jeder 6 Stunden unterwegs war, trafen sie sich. Sie würden sich schon nach 5 Stunden 24 Minuten getroffen haben, wenn jeder von beiden in 1 Stunde ein halbes Kilometer mehr gemacht hätte, als er wirklich gemacht hat. Wenn der eine ein halbes Kilometer in der Stunde mehr, der andre weniger gemacht hätte, so wurden sie sich gerade in der Mitte zwischen den beiden Städten getroffen haben. Wieweit sind diese von einander entfernt? Wieviel Kilometer legte jeder in der Stunde zurück?

48. Eine Strecke ist um 1 Centimeter kürzer als eine andere. Das üher sie errichtete Quadrat ist aber 19 Quadratcentimeter kleiner, als das Quadrat über der andern Strecke. Wie lang sind beide Strecken?

49. Über einer Strecke als Hypotenuse steht ein rechtwinkliges Dreieck, dessen Katheten-Summe 97 Centimeter beträgt. Über derselben Hypotenuse ließe sich noch ein zweites rechtwinkliges Dreieck errichten, dessen größere Kathete 7 Centimeter kürzer wäre, als die größere Kathete des

ursprünglichen Dreiecks, wäbrend die kürzere Kathete 23 Centimeter länger wäre, als die kürzere Kathete des ursprünglichen Dreiecks. Wie groß sind dessen Katheten?

50. Wenn die Besatzung einer Festung um 3000 Mann stärker wäre, so würde der vorhandene Proviant 2 Wochen weniger ausreichen. Wenn die Besatzung aber um 2000 Mann schwächer wäre, so würde der Proviant 2 Wochen länger ausreichen. Wie stark war die Besatzung wirklich und auf wieviel Wochen konnte der Proviant ausreichen?

---

51. Wenn man von drei gesuchten Zahlen immer nur zwei addiert, so ergeben sich 28, 30 und 36.

52. Drei Personen A, B, C, nehmen eine solche Verteilung ihres Geldes vor, daß zunächst A von B und von C sich soviel Mark geben läßt, wie er selbst besitzt. Darauf läßt B sich soviel Mark von A und C geben, wie er nunmehr besitzt. Endlich läßt C sich soviel Mark von A und von B geben, wie er selbst nach der zweimaligen Teilung noch besitzt. Schließlich haben alle drei gleichviel Mark, nämlich 27 Mark. Wieviel hatte ursprünglich jeder?

53. Ein Wasser-Bassin kann durch drei Röhren gefüllt werden, durch die erste und zweite allein in $6\frac{6}{7}$ Minuten, durch die zweite und dritte allein in $8\frac{8}{17}$ Minuten, durch die erste und dritte allein in $7\frac{1}{5}$ Minuten. In wieviel Minuten durch jede einzelne?

54. Wenn man von vier gesuchten Zablen immer je drei addiert, so ergeben sich die Summen 22, 25, 29, 32.

---

§ 19. Arithmetische Reihen.

$$\text{I)}\ z = a + (n-1)d,$$
$$\text{II)}\ s = \frac{n}{2}(a+z),$$
$$\text{III)}\ s = na + \frac{1}{2}n(n-1)d.$$

Eine geordnete Folge von Zahlen, in der jede Zahl, vermindert um die vorhergehende, eine und dieselbe Differenz ergiebt, heißt *arithmetische Reihe*, z. B.: $4, 7, 10, 13, 16, \ldots$ oder $5, 1, -3, -7, -11, \ldots$ oder $0, \frac{4}{5}, 1\frac{3}{5}, 2\frac{2}{5}, \ldots$ Wenn d die ***konstante Differenz*** einer solchen Reihe bezeichnet, a das erste Glied (*Anfangsglied*), so ist das zweite Glied gleich $a + d$, das dritte gleich $a + 2d$, u. s. w., also das n-te Glied z (*Endglied*) gleich $a + (n-1)d$. Dies spricht Formel I aus. Um Formel II zu beweisen, schreibe man die Summe aller n Glieder in richtiger Ordnung, darunter die Summe aller n Glieder in genau umgekehrter Ordnung und addiere dann immer jedes Glied der unteren Reihe zu den darüber stehenden der oberen Reihe. So erhält man aus:

$$s = a + (a + d) + (a + 2d) + \ldots + (z - d) + z$$

$$\text{und } s = z + (z - d) + (z - 2d) + \ldots + (a + d) + a$$

durch Addition:

$$2s = (a + z) + (a + z) + (a + z) + \ldots + (a + z)$$

Da die Summe $a + z$ rechts n mal erscheint, so ergiebt sich:

$$2 \cdot s = n(a + z)$$

oder:

$$s = \frac{n}{2}(a + z)$$

wodurch Formel II bewiesen ist. Formel III ergiebt sich aus I und n durch Elimination von z.

Zwischen den fünf Zahlen a, d, n, z, s bestehen zwei von einander unabhängige Gleichungen. Daher müssen drei von ihnen bekannt sein, damit sich die andern beiden bestimmen lassen. Wenn z. B. nach der Summe der dreiziffrigen ungeraden Zahlen gefragt ist, so hat man $a = 101$, $z = 999$, $d = 2$ zu setzen und s als gesucht zu betrachten. Dann findet man zunächst n aus I, indem $n = \dfrac{z - a}{d} + 1$ ist, nämlich $n = 450$. Die Einsetzung von $n = 450$ in Formel II liefert $s = \dfrac{450 \cdot 1100}{2} = 247500$. Jede von den drei Fonneln I, II, III verknüpft vier von den fünf Buchstaben a, n, d, z, s mit einander. In jeder Formel fehlt also einer dieser Buchstaben, nämlich s in I, d in II, z in III. Durch Elimination erhält man leicht die beiden Formeln, in denen n bezw. a fehlt. Diese lauten:

$$s = \frac{(z + a)(z - a + d)}{2d},$$

$$s = n \cdot z - \frac{1}{2}n(n - 1)d.$$

In den beiden Fällen, wo a, s, d und wo s, d, z gegeben sind, ist die Bestimmung der beiden noch fehlenden Zahlen nur durch Auflösung einer Gleichung zweiten Grades möglich. In allen übrigen Fällen ist die Lösung einer Gleichung ersten Grades ausreichend, um die unbekannten Zahlen zu bestimmen.

Wenn bei einer arithmetischen Reihe das erste Glied a, das letzte Glied z und die Anzahl n der Glieder gegeben ist, so nennt man die Auffindung der übrigen $n-2$ Glieder "*Interpolation*". Aus I ergiebt sich, daß die zu interpolierenden Glieder $a+\frac{z-a}{n-1}$, $a+2\cdot\frac{z-a}{n-1}$, $a+3\cdot\frac{z-a}{n-1}$, u. s. w. sind. Wenn z. B. zwischen 7 und 22 neun Glieder interpoliert werden sollen, so ist $n=11$, $a=7$, $z=22$ zu setzen, so daß sich ergiebt:

$$7+\frac{15}{10}=8\tfrac{1}{2},\text{ ferner } 10, 11\tfrac{1}{2} \text{ u. s. w. bis } 20\tfrac{1}{2}.$$

Wenn b irgend ein Glied einer arithmetischen Reihe ist, deren konstante Differenz d ist, so ist das vorhergehende Glied $b-d$, das nachfolgende $b+d$. Da nun $\frac{(b-d)+(b+d)}{2}=b$ ist, und da man die halbe Summe zweier Zahlen ihr *arithmetisches Mittel* nennt, so kann man den Satz aussprechen:

Jedes Glied einer arithmetischen Reihe ist arithmetisches Mittel der beiden ihm benachbarten Glieder.

Übungen zu § 19.

Berechne die beiden nicht gegebenen der fünf Zablen a, d, n, z, s, wenn gegeben sind:

1. $a=7$, $d=3$, $n=10$;
2. $a=9$, $s=450$, $n=10$;
3. $s=1000$, $n=20$, $d=4$;
4. $a=3\frac{1}{2}$, $n=27$, $d=\frac{1}{4}$;
5. $a=-4$, $n=101$, $z=696$;
6. $d=-5$, $a=100$, $z=10$;
7. $s=-220\frac{1}{2}$, $a=-8$, $z=-13$;
8. $s=999$, $a=7$, $z=30$.

9. Wie groß ist die Summe aller ganzen Zahlen von 1 bis z?

10. Bei einem Dominospiel, dessen Steine von Null-Null bis Sechs-Sechs gehen, ist jede Zahl achtmal vorhanden. Wie groß ist daher die Summe aller Augen?

11. Wie groß ist die Summe aller zweiziffrigen Zahlen, die, durch drei geteilt, den Rest eins lassen?

12. In einem Bergwerks-Schachte ist an der Erdoberfläche eine jährliche Durchschnitts-Temperatur von 8°. Bei einem Herabgehen um je 12 Meter Tiefe steigt die Temperatur um 1°. Wie groß ist sie bei 400 Meter Tiefe?

13. Zwischen 4 und 5 neun Glieder zu interpolieren.

14. Zwischen 12 und 15 sind 7 Glieder interpoliert. Wie groß ist die Summe aller neun Glieder, 12 und 15 mitgerechnet?

15. Die Summe des vierten und fünften Gliedes einer arithmetischen Reihe beträgt 29, die des sechsten und siebenten Gliedes 41. Wie groß ist das achte Glied?

16. Von der obersten his zur untersten Dachhälfte sind 11 parallele Ziegelstein-Reihen. Jede folgende Reihe hat immer zwei Steine mehr, als die unmittelbar darüher befindliche Reihe. Im ganzen hat die Dachhälfte 253 Ziegelsteine. Wieviel hat die oberste und wieviel die unterste Kante?

17. Ein Diener bekam im ersten Jahre 250 Mark Lohn und in jedem Jahre eine Zulage von 20 Mark. Da er nun 20 Jahre im Dienst blieb, hat er im ganzen 8800 Mark Lohn erhalten. Beweise es.

---

§ 20. Proportionen.

Aus $a : b = c : d$ folgt:

I) $a \cdot d = b \cdot c$ oder $d = b \cdot c : a$, $c = a \cdot d : b$ etc.
II) $a : c = b : d$ oder $b : a = d : c$, $b : d = a : c$ etc.
III) $(ma) : (mb) = c : d$ oder $(ma) : b = (mc) : d$ etc.
IV) $(a \pm b) : (c \pm d) = a : c$ oder $(a \pm c) : (b \pm d) = a : b$ etc.
V) $(a + b) : (a - b) = (c + d) : (c - d)$;
VI) $(pa + qb) : (va + wb) = (pc + qd) : (vc + wd)$.

Den Quotienten zweier Zahlen nennt man auch ihr *Verhältnis* und die Gleichsetzung zweier Verhältnisse eine *Proportion.* Die allgemeine Form jeder Proportion ist also:

$$a : b = c : d,$$

gelesen: "a verhält sich zu b wie c zu d". Es heißen dann a und b *Vorderglieder*, c und d *Hinterglieder*, a und c, sowie b und d *homologe* Glieder, a und d *äußere* Glieder, b und c *innere* Glieder. Das vierte Glied heißt "*vierte Proportionale*" der drei andern. So ist in $5 : 3 = 20 : 12$ die Zahl 12 die vierte Proportionale zu 5, 3 und 20.

Wenn man $a : b = c : d$ beiderseits mit $b \cdot d$ multipliziert, so erhält man:

$$a \cdot d = b \cdot c,$$

d. h. in Worten: *Bei jeder Proportion ist das Produkt der äußeren Glieder gleich dem Produkte der inneren Glieder.* Umgekehrt kann man aus jeder Gleichheit zweier Produkte auf achtfache Weise eine Proportion erschließen, indem man nämlich die Faktoren des einen Produkts zu inneren, die des anderen zu äußeren Gliedern macht. Wenn z. B. die Gleichheit $14 \cdot 5 = 7 \cdot 10$ vorliegt, so folgen daraus die acht Proportionen:

$$\begin{array}{ll} 14 : 7 = 10 : 5; & 14 : 10 = 7 : 5; \\ 5 : 7 = 10 : 14; & 5 : 10 = 7 : 14; \\ 7 : 14 = 5 : 10; & 7 : 5 = 14 : 10; \\ 10 : 14 = 5 : 7; & 10 : 5 = 14 : 7. \end{array}$$

Die Gleichsetzung des Produkts der inneren Glieder mit dem Produkt der äußeren Glieder läßt auch aus drei bekannten Gliedern einer Proportion das vierte unbekannte Glied finden. Es folgt z. B. aus:

$$9 : 21 = 24 : x, \text{ daß } x = 21 \cdot 24 : 9 = 56$$

ist.

Da aus $a \cdot d = b \cdot c$ auch $(ma) \cdot d = (mb) \cdot c$ oder $(ma) \cdot d = b \cdot (mc)$ u. s. w. folgt, so ergiebt sich, daß bei einer Proportion zwei Vorderglieder oder zwei Hinterglieder oder zwei homologe Glieder mit derselben Zahl m multipliziert oder dividiert werden dürfen.

Bei einer Proportion dürfen die beiden Vorderglieder oder die beiden Hinterglieder auch *gleichbenannte* Zahlen sein, ja es kann auch die Benennung der Vorderglieder eine andere sein, als die der Hinterglieder, z. B.:

$$20 \text{ kg} : 36 \text{ kg} = 35 \text{ M.} : 63 \text{ M.}$$

Aus $a : b = c : d$ folgt auch, daß das Verhältnis $a : c$ mit dem Verhältnis $b : d$ übereinstimmen muß. Wenn man nun den Wert dieses Verhältnisses α nennt, so hat man $a : c = \alpha$ und $b : d = \alpha$, woraus $a = \alpha \cdot c$ und $b = \alpha \cdot d$ folgt. Wenn man dann die erste dieser beiden Gleichungen mit p, die zweite mit q multipliziert, so erhält man durch Addition:

$$pa + qb = \alpha(pc + qd).$$

Wenn man ebenso mit v statt mit p und mit w statt mit q multipliziert, erhält man:

$$va + wb = \alpha(vc + wd).$$

Durch Division der beiden abgeleiteten Gleichungen erhält man die Formel VI der Überschrift. Indem man den Buchstaben p, q, v, w besondere Werte, wie $+1$, -1, 0 erteilt, erhält man die in IV und V genannten Formeln als Spezialfälle. Ist z. B. $p = 1, q = 1, v = 1, w = 0$, erhält man $(a+b) : a = (c+d) : c$, woraus durch Vertauschung der inneren Glieder folgt: $(a+b) : (c+d) = a : c$.

Wenn die mittleren Glieder einer Proportion gleich sind, so nennt man dieselbe *stetig*, z. B. $4 : 8 = 8 : 16$. Das letzte Glied, hier 16, heißt dann die *dritte Proportionale* der beiden andern Glieder, und das mittlere Glied, hier 8, die *mittlere Proportionale* oder das *geometrische Mittel* der beiden andern. So ist 6 das geometrische Mittel zu 4 und 9, weil $4 : 6 = 6 : 9$ ist. Im Gegensatz zum geometrischen Mittel steht das arithmetische Mittel. Das letztere hat seinen Ursprung in der *arithmetischen Proportion*. So nannte man früher die Gleichsetzung zweier *Differenzen*, z. B. $4 - 6 = 6 - 8$. Wenn bei einer arithmetischen Proportion die mittleren Glieder gleich sind, so ist jedes die halbe Summe der beiden äußeren. Denn aus $a - b = b - c$ folgt $a + c = 2 \cdot b$ oder $b = \frac{1}{2}(a + c)$. Daher nennt man die halbe Summe zweier Zahlen ihr *arithmetisches* Mittel. Das *geometrische* Mittel zweier Zahlen a und c ist dagegen die Zahl, die man mit sich selbst multiplizieren muß, um das Produkt $a \cdot c$ zu erhalten. Ein drittes Mittel zu a und c ist das *harmonische* Mittel, das gleich $2ac : (a+c)$ ist. Nennt man dasselbe h, so ergiebt sich:

$$\frac{1}{h} = \frac{1}{2}\left(\frac{1}{a} + \frac{1}{c}\right),$$

d. h. in Worten: *Das arithmetische Mittel der reziproken Werte von a und c ist der reziproke Wert des harmonischen Mittels zu a und c.*

Wenn man das arithmetische Mittel m, das geometrische g, das harmonische h nennt, so kann man $m \cdot h = g \cdot g$ setzen. Denn $m \cdot h = \frac{2ac}{a+c} \cdot \frac{a+c}{2} = a \cdot c$, andrerseits $g \cdot g = a \cdot c$. *Das geometrische Mittel irgend zweier Zahlen ist also auch geometrisches Mittel zwischen ihrem harmonischen und ihrem arithmetischen Mittel.*

Wenn $a : a' = b : b' = c : c' = d : d'$ u. s. w. ist, so faßt man diese Gleichsetzung mehrerer Verhältnisse in eine einzige Gleichung in folgender Weise zusammen:

$$a : b : c : d : \ldots = a' : b' : c' : d' : \ldots,$$

und nennt das so abgekürzte Gleichungssystem eine *laufende* Proportion. Viele Eigenschaften der gewöhnlichen Proportionen lassen sich auf laufende übertragen. So kann aus $a : b : c = a' : b' : c'$ geschlossen werden, daß auch

$$(ma) : (nb) : (pc) = (ma') : (nb') : (pc')$$

ist, oder daß:

$$(a + b + c) : (a' + b' + c') = a : a' = b : b' = c : c'$$

ist, eine Beziehung, die man in der *Gesellschaftsrechnung* und *Teilungsrechnung* anwendet.

Proportionen *zusammensetzen* heißt, eine neue Proportion bilden, deren Glieder die Produkte der entsprechenden Glieder der ursprünglichen Proportionen sind. Die aus $a : b = c : d$ und $a' : b' = c' : d'$ zusammengesetzte Proportion lautet also: $(aa') : (bb') = (cc') : (dd')$. Beim Zusammensetzen der Proportionen pflegt man gemeinsame Faktoren zweier Verhältnis-Glieder von vornherein zu heben, z. B.:

1) $\begin{cases} 3 : 5 = 4 : x \\ 10 : 21 = 9 : y \end{cases}$

ergiebt: $2 : 21 = 36 : (xy)$

2) $\begin{cases} a : b = 3 : 4 \\ b : c = 5 : 6 \\ c : d = 7 : 8 \end{cases}$

ergiebt: $a : d = (3 \cdot 5 \cdot 7) : (4 \cdot 6 \cdot 8) = (5 \cdot 7) : (4 \cdot 2 \cdot 8) = 35 : 64.$

Direkt proportional nennt man zwei Dinge, wenn eine Vervielfachung des einen eine Vervielfachung des andern mit einem und demselben Faktor herbeiführt. So sind direkt proportional: Weg und Zeit bei gleicher Geschwindigkeit, Gewicht und Preis einer Ware. *Indirekt proportional* heißen dagegen zwei Dinge, wenn eine Vervielfachung des einen eine Teilung des andern in der Weise herbeiführt, daß der Divisor gleich dem Multiplikator wird. So sind indirekt proportional: Geschwindigkeit und Zeit bei gleichem Wege, Konsumentenzahl und Verbrauchszeit bei gleichem Vorrat, Spannung eines elektrischen Stroms und Stromstärke bei gleichem Effekt.

Übungen zu § 20.

Welche Produkt-Gleichheit folgt aus:

1. $4 : 18 = 32 : 144$;

2. $7\frac{1}{2} = 9 : 6$?

Welche 7 Proportionen sagen dasselbe aus wie:

3. $16 : 7 = 4 : 1\frac{3}{4}$?;

4. $5 : 22 = 25 : 110$;

5. $(-9) : (-21) = 21 : 49$;

6. $8\frac{1}{3} : 2\frac{1}{2} = 70 : 21$.

Aus den folgenden Produkten–Gleichheiten sollen je acht Proportionen gebildet werden

7. $20 \cdot 25 = 125 \cdot 4$;

8. $(3\frac{1}{2}) \cdot (2\frac{1}{7}) = 30 \cdot \dfrac{1}{4}$.

Berechne das unbekannte Glied x aus den Proportionen

9. $4 : 42 = 6 : x$;

10. $70 : x = 63 : 9$;

11. $4 : 5 = x : 75$;

12. $x : 39 = \dfrac{7}{3} : 117$;

13. $\dfrac{7}{2} : 12\frac{3}{5} = 1\frac{2}{3} : x$;

14. $5\frac{2}{3} : x = 4\frac{1}{4} : 3$;

15. $5a : b = 15c : x$;

16. $\dfrac{4a}{3b} : x = \dfrac{8ac}{9bd} : \dfrac{3c}{2d}$;

17. $(a^2 - b^2) : (a + b) = x : l;$

18. $(-5a) : (-a^2 - 2ab - b^2) = x : (a + b).$

Berechne das x enthaltende Glied und dann x selbst

19. $(x - 5) : 7 = 9 : 21;$

20. $(4x - 3) : 9\frac{1}{2} = \dfrac{5}{19} : 2\frac{1}{2};$

21. $\dfrac{8}{7x - 1} = \dfrac{72}{99};$

22. $5\frac{1}{3} : 3\frac{1}{5} = 15 : (5x - 11);$

23. $\dfrac{a - b}{5} : \dfrac{1}{5} = \left(\dfrac{a^2}{b} - \dfrac{b^2}{a}\right) : \dfrac{a^2 + ab + b^2}{abx}.$

Die folgenden Verhältnisse sollen durch möglichst kleine ganze Zahlen ausgedrückt werden

24. $728 : 273;$

25. $5\frac{1}{4} : 1\frac{8}{13};$

26. $\dfrac{7}{8} : \dfrac{8}{7};$

27. $1 : \dfrac{13}{5};$

28. $4\frac{3}{4} : (-2\frac{3}{8});$

29. $(-5\frac{1}{5}) : (-15\frac{1}{6}).$

Die Glieder der folgenden Proportionen sollen möglichst kleine ganze Zahlen werden, ohne daß das Glied a geändert wird

30. $96 : 112 = a : 14;$

31. $a : 84 = 5 : 175;$

32. $3\frac{1}{7} : a = 5\frac{1}{2} : 7;$

33. $2\frac{2}{3} : 72 = 1\frac{1}{9} : a.$

Wie heißt die vierte Proportionale zu

34. 4, 5, 8;

35. 13, 14, 15;

36. $5\frac{1}{3}, 8, 9$?

Bilde zwei stetige Proportionen aus:

37. $b^2 = c \cdot d$;

38. $x^2 = 4 \cdot 81$;

39. $(a + b)(a - b) = c^2$.

40. 18 ist das geometrische Mittel zu 6 und einer zweiten Zahl. Wie heißt dann das arithmetische und wie das harmonische Mittel?

Aus $a : b = c : d$ *folgt* $(a+b) : (a-b) = (c+d) : (c-d)$. *Wende diese Ableitung bei den folgenden Proportionen an:*

41. $7 : 3 = 28 : 12$;

42. $270 : 63 = 390 : 91$.

Suche die vierte Proportionale zu:

43. 8 m, 18 m, 12 M;

44. 100 M, p M, c M;

45. 5 hl, 7 hl, $5a$ Pf.;

46. 9 Ampère, 21 Ampère, 63 Volt.

Die folgenden Proportionen zusammensetzen und dabei möglichst heben:

47. $\begin{cases} 4 : 5 = x : 21 \\ 10 : 16 = 7 : \dfrac{56}{5} \end{cases}$;

48. $\begin{cases} a : b = 5 : 9 \\ b : c = 3 : 25 \end{cases}$;

49. $\begin{cases} a : b = 2 : 3 \\ b : c = 3 : 4; \\ c : d = 4 : 5 \end{cases}$

50. $\begin{cases} p:q = 7:9 \\ q:r = 13:14\,. \\ r:s = 18:65 \end{cases}$

Bestimme die mit $a:b:c$ beginnende und dann möglichst kleine ganze Zahlen enthaltende laufende Proportion aus:

51. $\begin{cases} a:b = 4:7 \\ b:c = 7:9 \end{cases};$

52. $\begin{cases} a:b = 5:6 \\ b:c = 7:9 \end{cases};$

53. $\begin{cases} a:c = 3:8 \\ a:b = 5:6 \end{cases};$

54. $\begin{cases} a:b = 5:8 \\ b:c = 8:3\frac{1}{3}\,; \\ c:d = 10:11 \end{cases}$

55. $\begin{cases} a:c = 9:10 \\ a:d = 18:11\,. \\ b:d = 7:22 \end{cases}$

---

§ 21. Eigenschaften der natürlichen Zahlen.

Unter "Zahl" soll hier immer eine Zahl im Sinne des § 4 verstanden werden. Jede Zahl, die nur 1 und sich selbst zu Teilern hat, heisst *Primzahl*, z. B. 11, 13, 17, 19, 83. Jede Zahl, die noch außerdem Teiler hat, heißt *zusammengesetzt*, z. B. 12, 15,16, 91. Wenn man fortgesetzt durch solche Teiler dividiert, so werden die Quotienten immer kleiner, und es muß schließlich eine Primzahl erscheinen. Deshalb ist jede zusammengesetzte Zahl als Produkt von Primzahlen darstellbar. Wenn man diese Primzahlen nach ihrer Größe ordnet und gleiche *Primfaktoren* durch Exponenten zusammenfaßt, so heißt die zusammengesetzte Zahl "*in ihre Primfaktoren zerlegt*," z. B.:

$$24 = 2^3 \cdot 3^1; 75 = 3^1 \cdot 5^2; 384 = 2^7 \cdot 3^1;$$
$$1800 = 2^3 \cdot 3^2 \cdot 5^2; 1898 = 2^1 \cdot 13^1 \cdot 73^1.$$

Wenn man in der natürlichen Zahlenreihe vorwärts geht, so stößt man, wenn auch allmählich seltener, immer wieder auf Primzahlen, sodaß *keine Primzahl denkbar ist, zu welcher nicht eine noch größere gefunden werden kann.* Denn, wenn a die größte aller Primzablen wäre, so müßte das Produkt $2 \cdot 3 \cdot 5 \cdot 7 \cdots a$ aller existierenden Primzahlen durch jede existierende Primzahl teilbar sein. Deßhalb müßte die auf dieses Produkt folgende Zahl den Rest 1 lassen, sobald man sie durch irgend eine existierende Primzahl dividiert, also selbst eine Primzahl sein, was der Annahme, daß a die größte Primzahl ist, widerspricht.

Die Zerlegung einer Zahl in ihre Primfaktoren fübrt auch zu sämtlichen *Teilern* der Zahl, wie aus folgenden Beispielen ersichtlich ist:

1) $60 = 2^2 \cdot 3 \cdot 5$, daher sind Teiler:

$$1, 2, 2^2; 3, 3 \cdot 2, 3 \cdot 2^2;$$
$$5, 5 \cdot 2, 5 \cdot 2^2; 3 \cdot 5, 3 \cdot 5 \cdot 2, 3 \cdot 5 \cdot 2^2;$$

2) $288 = 2^5 \cdot 3^2$, daher sind Teiler:

$$1, 2, 2^2, 2^3, 2^4, 2^5;$$
$$3, 3 \cdot 2, 3 \cdot 2^2, 3 \cdot 2^3, 3 \cdot 2^4, 3 \cdot 2^5;$$
$$3^2, 3^2 \cdot 2, 3^2 \cdot 2^2, 3^2 \cdot 2^3, 3^2 \cdot 2^4, 3^2 \cdot 2^5.$$

Auch die Summe aller Teiler findet man aus der Zerlegung einer Zahl, wie aus folgendem ersichtlich ist:

1) $60 = 2^2 \cdot 3 \cdot 5$, daher *Teilersumme* von 60 gleich:

$$(1 + 2 + 2^2)(1 + 3)(1 + 5) = 7 \cdot 4 \cdot 6 = \mathbf{168};$$

2) $288 = 2^5 \cdot 3^2$, daher Teilersumme von 288 gleich:

$$(1 + 2 + 2^2 + 2^3 + 2^4 + 2^5)(1 + 3 + 3^2) = 63 \cdot 13 = \mathbf{819}.$$

Hierbei ist immer 1 und die Zahl selbst als Teiler mitgerechnet.

Wenn die Teilersumme einer Zahl doppelt so groß ist wie sie selbst, so heißt die Zahl *vollkommen.* Alle geraden vollkommenen Zahlen ergeben sieh aus

$$2^{a-1} \cdot (2^a - 1),$$

wo $2^a - 1$ Primzahl ist. Für $a = 2$ ergiebt sich 6, für $a = 3$ ergiebt sich 28. Für $a = 4$ ist $2^a - 1$ keine Primzahl. Für $a = 5$ erhält man $16 \cdot 31 = 496$, u. s. w.

Wenn die Zahl a bei der Division durch t den Quotienten q und den Rest r ergiebt (vgl. § 14), so ist:

$$a = t \cdot q + r.$$

Man nennt dann a in der Form $t \cdot q + r$ dargestellt. *Gerade* Zahlen, d. h. solche, die durch 2 teilbar sind, haben die Form $2 \cdot n$, ungerade Zahlen, d. h. solche, die nicht durch 2 teilbar sind, haben die Form $2 \cdot n + 1$.

Daß gleiche Zahlen bei der Division durch denselben Teiler t auch gleiche Reste lassen, läßt sich auf folgende Weise einsehen. Die beiden gleichen Zahlen mögen bei der Teilung durch t die Quotienten q und q' sowie die Reste r und r' ergeben. Dann ist also:

$$t \cdot q + r = t \cdot q' + r'$$

oder $r - r' = t \cdot (q' - q)$, woraus folgt, daß $r - r'$ durch t teilbar ist. Nun sind aber r und r' beide kleiner als t, also auch ihre Differenz. Die einzige Zahl, die kleiner als t und durch t teilbar ist, ist aber Null. Also ist $r - r' = 0$, d. h. $r = r'$.

Wenn Zahlen außer 1 keinen Teiler gemeinsam haben, so heißen sie *teilerfremd*, z. B. 15 und 16. Wenn Zahlen nicht teilerfremd sind, so entsteht die Aufgabe, ihren *größten gemeinsamen Teiler* zu finden. Dies geschieht dadurch, daß man die Zahlen in ihre Primfaktoren zerlegt, und dann ein Produkt bildet, das jeden Primfaktor so oft enthält, wie er da steht, wo er am *seltensten* vorkommt. Z. B.:

$$\left\{\begin{array}{l} 800 = 2^5 \cdot 5^2 \\ 560 = 2^4 \cdot 5 \cdot 7 \\ 440 = 2^3 \cdot 5 \cdot 11 \end{array}\right\}$$

Der größte gemeinsame Teiler muß die 2 dreimal, die 5 einmal, die 7 und die 11 gar nicht enthalten, er ist also gleich:

$$2^3 \cdot 5 = \mathbf{40}.$$

Um das *kleinste gemeinsame Vielfache* zu finden, d. h. um die kleinste Zahl zu finden, von welcher alle gegebenen Zahlen Teiler sind, muß man ein Produkt bilden, das jeden Teiler so oft enthält, wie er da steht, wo er am *häufigsten* vorkommt. Z. B.:

$$\left\{\begin{array}{l} 800 = 2^5 \cdot 5^2 \\ 560 = 2^4 \cdot 5 \cdot 7 \\ 440 = 2^3 \cdot 5 \cdot 11 \end{array}\right\}$$

Das kleinste gemeinsame Vielfache muß die 2 fünfmal, die 5 zweimal, die 7 einmal, die 11 einmal enthalten, ist also gleich:

$$2^5 \cdot 5^2 \cdot 7 \cdot 11 = \mathbf{61\,600}.$$

Die Aufgabe, das kleinste gemeinsame Vielfache zu finden, muß namentlich bei der Addition und Subtraktion von Brüchen mit verschiedenen Nennern gelöst werden.

Wenn bei einer Division a der Dividendus, t der Divisor, r der Rest ist, also $r < t$ ist, und wenn q der dabei auftretende ganzzahlige Quotient ist, so besteht die schon oben benutzte Beziehung

$$a = q \cdot t + r$$

zwischen den eingeführten vier Zahlen. Wenn man diese Gleichung durch m dividiert, erhält man:

$$\frac{a}{m} = q \cdot \frac{t}{m} + \frac{r}{m}.$$

Hieraus erkennt man erstens, daß $\frac{a}{m}$ ganzzahlig ist, sobald es $\frac{t}{m}$ und $\frac{r}{m}$ sind, zweitens $\frac{r}{m}$ ganzzahlig ist, sobald es $\frac{a}{m}$ und $\frac{t}{m}$ ist. Also in Worten:

1) Wenn Divisor und Rest einen gemeinsamen Teiler haben, so hat ihn auch der Dividendus.

2) Wenn Divisor und Dividendus einen gemeinsamen Teiler haben, so hat ihn auch der Rest.

Mit Hilfe dieser Sätze erkennt man die Richtigkeit des im Rechen-Unterricht gelehrten Verfahrens, um den größten gemeinsamen Teiler zweier Zahlen zu finden, ohne dieselben in Primfaktoren zu zerlegen. Z. B.:

```
1161 | 16856 = 14
       1161
        5246
        4644
         602 | 1161 = 1
                602
                559 | 602 = 1
                      559
                       43 | 559 = 13
                            43
                            129
                            129
                              0
```

Daher ist 43 als letzter Divisor der größte gemeinsame Teiler von 1161 und 16856.

Übungen zu § 21.

Zerlege in Primfaktoren

1. 648;
2. 5000;
3. 7700;
4. 3072;
5. 1899;
6. 7168.

Welche Teiler hat

7. 60;
8. 240;
9. 154;
10. 1750;
11. 3072;
12. 999?

Wieviel Teiler hat

13. 10000;
14. $5 \cdot 7^3 \cdot 13^2$;
15. $2^{10} \cdot 3^4$;
16. $2^3 \cdot 3^4 \cdot 5^5 \cdot 19^2$?

Berechne die Teilersumme von

17. 72;

18. 496;

19. 5000;

20. 1331;

21. 28000.

Schreibe in der Form $4n + r$, wo $r < 4$ ist, die Zahlen

22. 23;

23. 73;

24. 701;

25. 462;

26. 999.

Bestimme den größten gemeinsamen Teiler der folgenden Zahlengruppen durch Faktoren-Zerlegung

27. 243, 108;

28. 44, 121, 1100;

29. 384, 1024, 640;

30. 147, 245, 4900, 19600;

31. 500, 375, 1250, 1000.

Verfahre ebenso bei den folgenden Gruppen von Ausdrücken:

32. $p^2 - q^2$, $p^2 - 2pq + q^2$;

33. $a^5 + b^5$, $a^3 + b^3$;

34. $a^3 - b^3$, $a^4 - b^4$, $a^5 - b^5$;

35. $a^2 - 2ab + b^2 - c^2$, $a^2 - ab + ac$.

Bestimme durch Faktoren-Zerlegung das kleinste gemeinsame Vielfache zu:

36. 14, 21, 210;

37. 125, 400, 300;

38. 7, 8, 9, 10 ,12;

39. $a^2 - 1,\ a^2 + 2a + 1,\ a^2 - 2a + 1,\ a^2 + 1.$

Berechne durch das Divisions-Verfahren die größte Zahl, durch welche sich die folgenden Brüche heben lassen:

40. $\dfrac{2352}{6125}$;

41. $\dfrac{1296}{2835}$;

42. $\dfrac{a^3 + 8b^3}{a^5 + 32b^5}$.

---

§ 22. Zahl-Darstellung.

Fast alle Sprachen stellen die Zahlen in *Worten* nach dem folgenden Schema dar:

$$a_0 + a_1 \cdot b + a_2 \cdot b^2 + a_3 \cdot b^3 + \cdots,$$

wo $a_0, a_1, a_2, a_3, \ldots$ die Zahlwörter für die Zahlen sind, die kleiner als b sind. Dabei werden die Potenzen von b in der Reihenfolge von den größeren Exponenten zu den kleineren hin genannt. In den meisten Sprachen ist b, die *Basis* des Zahlwort-Systems, gleich zehn, weil der Mensch zehn Finger hat. Daneben treten auch zwanzig und fünf als Basis auf, selten noch andere Zahlen. Die Potenzen der Basis heißen Stufenzahlen. Im Deutschen heißen die Stufenzahlen der Reihe nach: zehn, hundert, tausend, zehntausend, hunderttausend, millionen, zehnmillionen u. s. w. Für b^6 sagt man millionen, für b^{12} billionen, für b^{18} trillionen u. s. w.

Ausser der Addition und Multiplikation tritt, obwohl seltener, auch die Subtraktion bei der Bildung der Zahlwörter auf, z. B. duodeviginti gleich "zwei von zwanzig", also achtzehn.

Die Kulturvölker alter und neuer Zeiten haben außer ihrem Zahl*wort*-System auch ein Zahl*zeichen*-System ausgebildet.

Das römische Zahlzeichen-System ist rein *additiv*, besteht aus natürlichen Zahlzeichen, bei denen je fünf, je zehn, je fünfzig, je hundert u. s. w. durch kurze Zeichen zusammengefafst sind. Z. B.:

$$\mathrm{MDCCCLXXXXVIII} = 1898.$$

Die subtraktive Schreibweise IV für IIII, XC für LXXXX ist nicht altrömisch.

Das ursprüngliche chinesische Zahlzeichen-System ist *multiplikativ.* Es ist dem Zahl*wort*-System nachgebildet. Für die Stufenzahlen sind besondere Zeichen da. Wenn etwa M das Zeichen für tausend, C für hundert, X für zehn wäre, so würde nach dem multiplikativen System 1898 so geschrieben werden:

$$\mathrm{M}\ 8\ \mathrm{C}\ 9\ \mathrm{X}\ 8,$$

d. h.: Ein Tausender acht Hunderter neun Zehner und acht. Das jetzt bei allen Kulturvölkern übliche Zahlzeichen-System beruht auf dem Prinzip des Stellenwerts. In diesem System bedeutet z. B. 57038:

$$8 + 3 \cdot b + 0 \cdot b^2 + 7 \cdot b^3 + 5 \cdot b^4, \text{ wo } b \text{ zehn ist.}$$

Das Stellenwert-System geht aus dem multiplikativen System dadurch hervor, daß man die Zeichen für die Stufenzahlen fortläßt, und das Ausfallen einer Stufenzahl durch ein besonderes *Vakat-Zeichen*, das Zeichen 0, andeutet. Die Stellenwertzifferschrift mit der Basis b ermöglicht es, mit Hilfe eines Zeichens für Null und $b-1$ sonstiger Zahlzeichen für die natürlichen Zablen von 1 bis $b-1$, jede noch so große Zahl zu schreiben, während in der additiven und in der multiplikativen Zifferschrift es nötig ist, für immer größere Zahlen auch immer mehr Zeichen für die höheren Stufenzahlen einzuführen.

Das Stellenwert-System mit der Basis Zehn ist von indischen Brahma-Priestern etwa im vierten Jahrhundert nach Chr. Geb. erfunden, durch die Araber zu den christlichen Völkern gelangt und am Ausgang des Mittelalters allenthalben üblich geworden. Im Mittelalter rechnete das Volk in Europa noch überall in römischer Zifferschrift. Durch die indisch-arabische Zifferschrift ist alles Rechnen viel bequemer und übersichtlicher geworden.

Die Basis der üblichen Stellenwert-Schrift ist, in Übereinstimmung mit dem Zahlwort-System, zehn. Man kann jedoch auch jede andere Basis wählen. Wenn man beispielsweise die Basis sechs wählt und die Zahlen von eins bis fünf durch die Zeichen 1, 2, 3, 4, 5 bezeichnet, so bedeutet:

1) 14 die Zahl sechs und vier, also zehn;

2) 43 die Zahl viermal sechs und drei, also siebenundzwanzig;

3) 4025 die Zahl vier mal sechs hoch 3 plus zweimal sechs plus fünf, also die Zahl achthundertundeinundachtzig.

Auf der Stellenwert-Schrift mit der Basis zehn beruhen die im Rechnen gelehrten *Restregeln* und *Teilbarkeitsregeln.* Um dieselben abzuleiten, bezeichnen wir die Einer einer Zahl N mit n_0, die Zehner mit n_1 die Hunderter mit n_2, die Tausender mit n_3 u. s. w., so daß:

$$N = n_0 + 10^1 \cdot n_1 + 10^2 \cdot n_2 + 10^3 \cdot n_3 + \ldots$$

Da nun 10 durch 2, also 10^2 durch 2^2, 10^3 durch 2^3 u. s. w. teilbar ist, so ergiebt sich nach dem in § 21 abgeleiteten Satze von den gleichen Resten die folgende

Restregel für $2, 2^2 = 4, 2^3 = 8, \ldots$: *Eine Zahl läßt, durch 2 dividiert, denselben Rest wie ihre letzte Ziffer, durch 4 dividiert, denselben Rest, wie die aus den beiden letzten Ziffern bestehende Zahl, und überhaupt, durch 2^n dividiert, denselben Rest wie die aus den n lezten Ziffern bestehende Zahl.*

Da 10 auch durch 5, also 10^n durch 5^n teilbar ist, so lautet analog die Restregel für die Potenzen von fünf, nämlich:

Restregel für $5, 5^2 = 25, 5^8 = 125, \ldots$: *Eine Zahl läßt, durch 5 dividiert, denselben Rest wie ihre letzte Ziffer, durch 25 dividiert, denselben Rest, wie die aus den beiden letzten Ziffern bestehende Zahl, und überhaupt, durch 5^n dividiert, denselben Rest, wie die aus den n letzten Ziffern bestehende Zahl.*

Wenn man $N = n^0 + 10^1 \cdot n_1 + 10^2 \cdot n_2 + \ldots$ in der Form:

$$\begin{aligned} N &= (n_0 + n_1 + n_2 + n_3 + \ldots) \\ &+9 \cdot (n_1 + 11 \cdot n_2 + 111 \cdot n_3 + \ldots) \end{aligned}$$

schreibt, so erkennt man die Richtigkeit der folgenden

Restregel für 3 und 9: *Eine Zahl läßt, durch 3, bezw. 9 dividiert, denselben Rest wie die Summe ihrer Ziffern (Quersumme).*

Wenn man ferner N in der Form

$$\begin{aligned} N &= (a_0 - a_1 + a_2 - a_3 + \ldots) \\ &+(11 \cdot a_1 + 99 \cdot a_2 + 1001 \cdot a_3 + \ldots) \end{aligned}$$

schreibt und beachtet, daß $10^2 - 1$, $10^3 + 1$, $10^4 - 1$, $10^5 + 1$ u. s. w. nach den Formeln des § 15 durch 11 teilbar sind, so erhält man eine Restregel für 11.

Aus den Restregeln ergeben sich die im Rechnen gelehrten Teilbarkeitsregeln dadurch, daß der Rest gleich null gesetzt wird.

Die Restregel für 9 liefert den Rest, der bei der Teilung durch 9 bleibt, schneller, als wenn man die Division ausfübrt. Um z. B. den Neun-Rest der Zahl 3'478251 zu finden, rechnet man so: $3 + 4 = 7$, $7 + 7 = 14$, $1 + 4 = 5$, $5 + 8 = 13$, $1 + 3 = 4$, $4 + 2 = 6$, $6 + 5 = 11$, $1 + 1 = 2$, $2 + 1 = 3$.

Da jede Zahl, die r als Neunrest besitzt, von der Form $9a + r$ ist, und da $(9a + r) \cdot (9a' + r') = 9(9aa' + ar' + a'r) + rr'$ ist, so erhält man den Satz:

Das Produkt zweier Zahlen hat denselben Neunrest wie das Produkt ihrer Neunreste.

Die Anwendung dieses Satzes heißt Neunerprobe. Z. B.:

Faktor: 3482	Neunrest: 8
Faktor: 734	Neunrest: 5
13928	Produkt: 40
10446	Neunrest: **4**
24374	
2555788	Neunrest: 4

Übungen zu § 22.

1. Welche Basis liegt dem Zahlwort quatre-vingts für achtzig zu Grunde?

2. Die Azteken hatten ein besonderes, nicht aus zwei und zehn abgeleitetes Zahlwort für zwanzig, bildeten daraus die Zahlwörter für die Zahlen unter 400, und hatten dann für 400 wieder ein neues Zahlwort. Welche Basis hatte also das Zahlwort-System der Azteken?

3. Mehrere Negervölker sagen "fünfundeins" für sechs, fünfundzwei für sieben u. s. w. Welche Zahlwort-Basis liegt hier zu Grunde?

4. Lies die folgende 16-stelligeZahl: $2345''678901'234567$.

Schreibe in römischen Zahlzeichen:

5. 37;

6. 83;

7. 341;

8. 875;

9. 1815.

Schreibe in multiplikativer Zifferschrift mit Benutzung der Zeichen 1, 2, 3, 4, 5, 6, 7, 8, 9 und der Zeichen X, C, M für 10^1, 10^2, 10^3*:*

10. 27;

11. 84;

12. 576;

13. 203;

14. 2003.

Schreibe in üblicher Stellenwert-Schrift:

15. LXXVUH;

16. CCCXXVIII;

17. 4M5C7X.

Wie heißen in dekadischer Stellenwert-Schrift die folgenden hexadisch (Basis 6) geschriebenen Zahlen:

18. 341;

19. 3204;

20. 111004.

Schreibe mit Benutzung der Zeichen 0, 1, 2, 3, 4, 5 hexadisch die Zahlen, die in üblicher Zifferschrift folgendermaßen geschrieben werden:

21. 748;

22. 4019;

23. 1297;

24. 7782.

Schreibe mit Benutzung der Zeichen 0 und 1 dyadisch die folgenden Zahlen:

25. 15;

26. 64;

27. 403;

28. 1025.

Bestimme, ohne zu dividieren, die Reste, welche die folgenden Zahlen bei der Division durch 8 lassen:

29. 7324;

30. 4873;

31. 23807,

32. $3'467915$.

Ebenso für die folgenden Zahlen bei der Division durch 25:

33. 727;

34. 4879;

35. 34513;

36. 778472.

Bestimme, ohne zu dividieren, den Neunrest bei:

37. 4783;

38. 193478;

39. $343'476528$.

Bestimme, ohne zu dividieren, den Elferrest bei:

40. 7819;

41. 2753405;

42. 19241.

Welchen Neunrest muß das Resultat der folgenden Multiplikationen lassen:

43. 74 mal 503;

44. 843 mal 792;

45. 5 mal 5 mal 5 mal 5;

46. $34l^3$;

47. 2^{20}.

§ 23. Dezimalbrüche.

Die auf der Basis Zehn beruhende Stellenwert-Zifferschrift stellt jede natürliche Zahl als Summe von Vielfachen der Stufenzahlen 1, 10, 10^2, 10^3, ... dar. Setzt man diese Reihe der Stufenzablen nach rückwärts fort, so gelangt man zu $\frac{1}{10}, \frac{1}{10^2}, \frac{1}{10^3}, \ldots$ Es liegt daher nahe, auch noch Vielfache dieser gebrochenen Stufenzahlen zu den natürlichen Zahlen hinzuzufügen. Dadurch entstehen die *Dezimalbrüche.* Ein Dezimalbruch entsteht also dadurch, daß man das Prinzip des Stellenwerts auch nach rückwärts über l hinaus anwendet. Wenn die Einer a_0, die Zehner a_1 die Hunderter a_2 u. s. w., die Zehntel b_1, die Hundertel b_2 u. s. w. heißen, so läßt sich die allgemeine Form eines Dezimalbruchs folgendermaßen schreiben:

$$\ldots + a_3 \cdot 10^3 + a_2 \cdot 10^2 + a_1 \cdot 10^1 + a_0 + b_1 : 10^1 \\ + b_2 : 10^2 + \ldots,$$

wo jeder Koeffizient eine der neun Zahlen von 1 bis 9 ist. Man schreibt einen Dezimalbruch, indem man die Koeffizienten:

$$\ldots a_3,\ a_2,\ a_1,\ a_0,\ b_1,\ b_2,\ b_3, \ldots$$

unmittelbar nebeneinander setzt und die den Koeffizienten angehörigen Stufenzahlen dadurch kenntlich macht, daß man hinter a_0 ein Komma setzt. Z. B.:

$$\begin{aligned} 41,74 &= 4 \cdot 10^1 + 1 + 7 : 10^1 + 4 : 10^2; \\ 0,345 &= 3 : 10^1 + 4 : 10^2 + 5 : 10^3; \\ 0,0079 &= 7 : 10^3 + 9 : 10^4; \\ 1,203 &= 1 + 2 : 10^1 + 0 : 10^2 + 3 : 10^3. \end{aligned}$$

Wenn ein Dezimalbruch kleiner als 1 ist, so setzt man 0 vor das Komma. Wenn eine Stufenzahl ausfällt, also der ihr angehörige Koeffizient null ist, so muß derselbe auch in der abgekürzten Schreibweise durch eine Null vertreten werden. Eine ganze Zahl kann als Dezimalbruch aufgefaßt werden, der 0 Zehntel, 0 Hundertel u. s. w. enthält.

Die durch einen Dezimalbruch dargestellte Summe kann immer als Bruch aufgefaßt werden, dessen Nenner mit dem Nenner des letzten Summanden übereinstimmt, und dessen Zähler eine ganze Zahl ist, die den Zähler des letzten Summanden zu Einern hat. Jeder Dezimalbruch ist also gleich dem Bruche, dessen Zähler der ohne Komma geschriebene Dezimalbruch ist, und dessen Nenner 10^n ist, wenn n *"Dezimalstellen"* auf das Komma folgen, z. B.:

$$41,74 = \frac{4174}{100}; \qquad 0,345 = \frac{345}{1000};$$
$$0,0079 = \frac{79}{10000}; \qquad 1,203 = \frac{1203}{1000}.$$

Da die Dezimalbrüche das Prinzip des Stellenwerts befolgen, so hat das Rechnen mit ihnen dieselben Vorzüge, wie das Rechnen mit ganzen Zahlen in unsrer Stellenwert-Zifferschrift. Aus der Erklärung der Dezimalbrüche gehen die folgenden Regeln für das Rechnen mit ihnen hervor:

1) Ein Dezimalbruch bleibt, seinem Werte nach, ungeändert, wenn man rechts beliebig viele Nullen anhängt oder fortläßt; denn dies bedeutet weiter nichts als ein *Erweitern* bezw. *Heben* des Bruches mit einer Potenz von zehn;

2) Einen Dezimalbruch multipliziert bezw. dividiert man mit 10^n, indem man das Komma um n Stellen nach rechts bezw. links rückt. Nicht vorhandene Stellen werden dabei durch Nullen ausgefüllt, z. B.:

$$7,38 \cdot 10 = 73,8; \quad 5,9 : 10 = 0,59;$$
$$0,0159 \cdot 10^3 = 15,9; \quad 12,405 : 10^4 = 0,0012405.$$

3) Dezimalbrüche *addiert* bezw. *subtrahiert* man, indem man immer die Stellen gleicher Stufenzahl addiert oder subtrahiert und aus den Summen bezw. Differenzen wieder einen Dezimalbruch bildet. Z. B.:

53,42	6,534(0)
0,157 (add.)	0,0596 (subtr.)
53,577	6,4744

4) Zwei Dezimalbrüche *multipliziert* man, indem man die durch Fortlassung der Kommata entstehenden Zahlen multipliziert und im Produkte so viele Zahlen von rechts nach links abschneidet, als beide Dezimalbrüche zusammen Stellen haben. Z. B.:

23,47	0,0034
4,16	13,7
14082	238
2347	102
9388	34
97,6352	0,04658

Ein gewöhnlicher Bruch ist nur dann *genau* gleich einem Dezimalbruch, wenn der Nenner des Bruches keine anderen Primfaktoren als 2 und 5 enthält, weil nur solche Brüche durch Erweitern in einen Bruch verwandelt werden können, dessen Nenner eine Potenz von zehn ist. Z. B.:

$$\frac{19}{40} = \frac{19}{2^2 \cdot 10} = \frac{19 \cdot 5^2}{10^2 \cdot 10} = \frac{475}{10^3} = 0,475;$$

$$\frac{7}{64} = \frac{7}{2^6} = \frac{7 \cdot 5^6}{10^6} = \frac{109\,375}{1\,000\,000} = 0,109\,375.$$

Wenn der Nenner eines Bruches andere Primfaktoren, als 2 und 5, enthält, der Bruch also nicht genau gleich einem Dezimalbruch ist, so begnügt man sich damit, für einen solchen Bruch Dezimalbrüche anzugeben, die dem Bruch möglichst nahe kommen. Das Verfahren, um solche Dezimalbrüche zu finden, beruht auf einer steten Erweiterung eines Bruches mit zehn, wie folgendes Beispiel zeigt:

$11 : 14 = 0,7857\ldots$	
110	$0,7 < \frac{11}{14} < 0,8$
98	
120	$0,78 < \frac{11}{14} < 0,79$
112	
80	$0,785 < \frac{11}{14} < 0,786$
70	
100	$0,7857 < \frac{11}{14} < 0,7858.$

Wie man erkennt, kann man durch dieses Verfahren jeden Bruch in zwei Grenzen einschließen, welche Dezimalbrüche sind, die sich nur um $\frac{1}{10}$ oder $\frac{1}{100}$ oder $\frac{1}{1000}$ u. s. w. unterscheiden.

Auf die Verwandelung eines gewöhnlichen Bruches in einen ihm genau oder nahezu gleichen Dezimalbruch ist auch die Division zweier Dezimalbrüche zurückführbar, nämlich:

5) Zwei Dezimalbrüche *dividiert* man, indem man beide durch Anhängen von Nullen auf gleichviel Stellen bringt, dann die Kommata fortläßt, die entstandenen ganzen Zahlen zum Zähler und Nenner eines Bruches macht, und endlich diesen Bruch nach dem zuletzt erwähnten Verfahren in einen Dezimalbruch verwandelt.

Je nachdem die Stellenzahl eines Dezimalbruchs eine beschränkte oder unbeschränkte ist, nennt man ihn *geschlossen* oder *ungeschlossen.* Ungeschlossene

Dezimalbrüche liefern alle diejenigen Brüche, deren Nenner andere Primfaktoren als 2 und 5 enthalten. Wenn man die Berechnung der Stellen eines solchen ungeschlossenen Dezimalbruchs hinlänglich weit fortsetzt, so muß *eine gewisse Reihe von Ziffern in derselben Aufeinanderfolge unaufhörlich wiederkehren,* weil bei dem fortgesetzten Dividieren durch N endlich einmal ein Rest erscheinen muß, der schon einmal da war, da ja nur $N-1$ verschiedene Reste, nämlich $1, 2, 3, \ldots N-1$ vorkommen können. Z. B.:

$$\frac{9}{11} = 0,\overline{81}\,\overline{81}\ldots;$$
$$\frac{40}{13} = 3,\overline{076923}\,\overline{076923}\ldots$$

Eine solche immer wiederkehrende Reihe von Ziffern heißt *Periode* und ein Dezimalbruch, in dessen Stellen eine Periode erscheint, heißt *periodisch.* Bei $\frac{9}{11}$ ist 81 die Periode, bei $\frac{40}{13}$ ist es 076923. Man schreibt die Stellen, die eine Periode bilden, meist nur einmal und *deutet durch einen darüber gesetzten Strich den Umfang der Periode* an. Ein Dezimalbruch heißt *rein-periodisch,* wenn die Periode sogleich mit der ersten Dezimalstelle anfängt, dagegen *unrein-periodisch,* wenn der Periode Dezimalstellen vorangehen, die nicht zur Periode gehören. Diese Stellen selbst heißen dann *vorperiodisch.* Es hat z. B.:

$$\frac{17}{12} = 1,41\overline{6} \text{ zwei vorperiodische Stelle } 41;$$
$$\frac{9}{14} = 0,6\overline{428571} \text{ eine vorperiodische Stelle } 6.$$

Wie rein- und unrein-periodische Dezimalbrüche in gewöhnliche Brüche zu verwandeln sind, zeigen die folgenden Beispiele:

1) $x = 0,\overline{756}$, also:

$$\begin{array}{r} 1000x = 756,\overline{756} \text{ (subt.)} \\ \hline 999x = 756, \text{ also:} \end{array}$$
$$x = \frac{756}{999} = \frac{28}{37}.$$

2) $x = 0,03\overline{04878}$, also

$$100x = 3,\overline{04878} \text{ und}$$
$$\begin{array}{r} 10000000x = 304878,\overline{04878} \text{ (subt.)} \\ \hline 9999900x = 304875 \text{ also} \end{array}$$
$$x = \frac{304875}{9999900} = \frac{5}{164},$$

nachdem durch $60975(= 3^2 \cdot 5^2 \cdot 271)$ gehoben ist.

Übungen zu § 23.

Schreibe als Dezimalbruch:

1. $7 \cdot 10^2 + 5 \cdot 10^1 + 4 + 3 : 10^3$;
2. $9 + 8 : 10^1 + 7 : 10^2 + 5 : 10^3$;
3. $6 : 10^1 + 7 : 10^2 + 9 : 10^2$;
4. $9 : 10^4 + 5 : 10^5 + 6 : 10^6$;
5. $243 + 1 : 10^1 + 2 : 10^3$;
6. $5 + 1 : 10^6$;
7. $728 : 10^2$;
8. $1493 : 10^4$;
9. $15 : 10^6$.

Schreibe als gewöhnlichen Bruch:

10. $3,14$;
11. $0,918$;
12. $432,01$;
13. $0,007$;
14. $0,1003$.

Berechne:

15. $7,146 + 5,854$;
16. $0,0135 + 4,52$;
17. $9,78 - 0,12 + 5,17$;
18. $11,012 - 10,0487$;
19. $5,12 \cdot 2,13$;

20. $0,127 \cdot 4,13$;

21. $0,04 \cdot 0,78$;

22. $(4,13)^2 + (1,02)^2$;

23. $(74,32 - 0,78) \cdot 0,06$;

24. $(19 - 17,12) \cdot 0,5$;

25. $17 - 15,3 + 3,2 \cdot 4,01$.

Erweitere so, daß der Nenner eine dekadische Stafenzahl, der Bruch also ein Dezimalbruch wird:

26. $\frac{3}{5}$;

27. $\frac{11}{25}$;

28. $\frac{19}{40}$;

29. $\frac{211}{160}$;

30. $\frac{1}{640}$.

Verwandele in einen Dezimalbruch auf drei Stellen nach dem Komma:

31. $\frac{7}{9}$;

32. $\frac{6}{7}$;

33. $\frac{13}{11}$;

34. $\frac{17}{26}$;

35. $\frac{7}{55}$.

Führe die folgenden Divisionen auf drei Dezimalstellen aus:

36. $\frac{8,14}{13}$;

37. $\frac{7,9}{15}$;

38. $\frac{423,517}{7}$;

39. $\frac{0,0017}{76}$;

40. $\frac{7,813}{0,56}$;

41. $\frac{107,83}{10,45}$;

42. $\frac{47,89}{0,003}$;

43. $\frac{0,00058}{0,87}$.

Berechne auf drei Dezimalstellen:

44. $4,56 - 7,81 : 5$;

45. $(9,837 + 0,163) : 4,1$;

46. $7,83 \cdot 0,14 : 5,01$;

47. $9,8 : 0,07 \quad 1,2 \cdot 3,56$.

Verwandele so in einen Dezimalbruch, daß Periode und etwaige vorperiodische Stellen erkennbar werden:

48. $\frac{2}{3}$;

49. $\frac{11}{6}$;

50. $\frac{3}{7}$;

51. $\frac{5}{28}$;

52. $\frac{9}{22}$;

53. $\frac{1}{35}$;

54 $\frac{9}{13}$;

55. $\frac{11}{37}$;

56. $\frac{2}{21}$;

57. $\frac{7}{41}$.

Verwandele die folgenden geschlossenen Dezimalbrüche in gemeine Brüche, die möglichst gehoben sind:

58. $0,25$;

59. $1,28$;

60. $4,125$;

61. $37,5$;

62. $0,0192$;

63. $4,096$;

64. $0,00016$.

Verwandele die folgenden periodischen Dezimalbrüche in möglichst gehobene gemeine Brüche:

65. $0,\overline{42}$;

66. $0,\overline{56}$;

67. $0,\overline{14634}$;

68. $2,\overline{259}$;

69. $1,6\overline{8}$;

70. $2,8\overline{648}$;

71. $0{,}0\overline{285714}$;

72. $0{,}347\overline{2}$.

Berechne x:

73. $7{,}5 : \dfrac{15}{7} = 7x : 3$;

74. $0{,}\overline{142857} \cdot \dfrac{x}{7} = 16$;

75. $\dfrac{7{,}2}{x} + 11{,}4 = 25 \cdot 0{,}76$;

76. $\dfrac{1}{4}x - 0{,}125 \cdot x = 1$.

V. Abschnitt.

Quadratwurzeln und quadratische Gleichungen.

§ 24. Quadrierung und Quadratwurzel-Ausziehung.

$$
\begin{aligned}
\text{I)}\ & (a \cdot b)^2 = a^2 \cdot b^2; \\
\text{II)}\ & (a : b^{)}2 = a^2 : b^2; \\
\text{III)}\ & (a + b)^2 = a^2 + 2ab + b^2; \\
\text{IV)}\ & (a - b)^2 = a^2 - 2ab + b^2; \\
\text{V)}\ & (a + b + c)^2 = a^2 + 2ab + b^2 + 2(a + b)c + c^2; \\
\text{VI)}\ & (\sqrt{d})^2 = d; \\
\text{VII)}\ & \sqrt{a \cdot b} = \sqrt{a} \cdot \sqrt{b}; \\
\text{VIII)}\ & \sqrt{a : b} = \sqrt{a} : \sqrt{b};
\end{aligned}
$$

Eine Zahl *quadrieren* heißt, sie mit sich selbst multiplizieren. Das Ergebnis heißt Quadrat. Z. B.: Das Quadrat von:

$$17 \text{ ist } 289, \text{ von } \frac{3}{4} \text{ ist } \frac{9}{16}, \text{ von } 1\tfrac{2}{3} \text{ ist } 2\tfrac{7}{9}, \text{ von } -\frac{1}{2} \text{ ist } +\frac{1}{4}.$$

Die Formeln I und II folgen ohne weiteres aus den Gesetzen der Multiplikation, die Formeln III und IV sind schon in § 15 erörtert. Die Formel V folgt aus III auf folgende Weise:

$$
\begin{aligned}
(a + b + c)^2 = [(a + b) + c]^2 &= (a + b)^2 + 2(a + b)c + c^2 \\
&= a^2 + 2ab + b^2 + 2(a + b)c + c^2.
\end{aligned}
$$

Außerdem folgt aus den Gesetzen der Multiplikation die allgemeine Regel: *Eine algebraische Summe quadriert man, indem man eine Summe aus den Quadraten aller Glieder und aus allen möglichen doppelten Produkten je zweier Glieder bildet, und zwar so, daß jedes Quadrat positiv wird, jedes doppelte Produkt aber positiv oder negativ wird, je nachdem die Glieder, aus denen es entsteht, gleiche oder ungleiche Vorzeichen hatten.* Z. B.:

1) $(p+q-r+s)^2 = p^2+q^2+r^2+s^2+2pq-2pr+2ps-2qr+2qs-2rs$;
2) $(2a-3b+5c)^2 = 4a^2+9b^2+25c^2-12ab+20ac-30bc$.

Wenn man in $a^2 = d$ nicht, wie beim Quadrieren, a als gegeben, d als gesucht, sondern umgekehrt d als gegeben, a als gesucht betrachtet, so erhält man die zur Quadriernng *umgekehrte* Operation, die man *Quadratwnrzel-Ausziehung* oder kurz *Wurzel-Ausziehung* oder *Radizierung* nennt. Man versteht also unter Quadratwurzel ans d, geschrieben:

$$\sqrt{d}$$

eine Zahl, die mit sich selbst multipliziert, d ergiebt. Dies spricht Formel VI aus.

Da das Produkt $+25$ nicht nur aus $+5$ mal $+5$, sondern auch aus -5 mal -5 entsteht, so giebt es zwei Zahlen, deren Quadrate beide die Zahl $+25$ ergeben. Deshalb ist die Quadratwurzel aus $+25$ sowohl $+5$, als auch -5. Ebenso folgt aus:

$$x \cdot x = 100 \text{ sowohl } x = +10 \text{ als auch } x = -10;$$
$$x \cdot x = \frac{25}{16} \text{ sowohl } x = +\frac{5}{4}, \text{ als auch } x = -\frac{5}{4};$$
$$x \cdot x = c^2 - 2cd + d^2 \text{ sowohl } x = c - d \text{ als auch } x = d - c.$$

Man darf daher aus $x^2 = a^2$ nicht ohne weiteres $x = a$ schließen, sondern muß schließen, daß x entweder gleich $+a$ oder gleich $-a$ ist.

Um die beiden Werte, welche bei einer Quadratwurzel-Ausziehung entstehen, recht deutlich hervortreten zu lassen, setzt man vor das Wurzelzeichen das Doppelzeichen $\pm$ (gelesen: *"plus oder minus"*), sodaß das Wurzelzeichen an sich immer nur den positiven Wert bedeutet. Z. B.:

$$\text{Aus } x^2 = 256 \text{ folgt } x = \pm\sqrt{256} = \pm 16;$$
$$5 \pm \sqrt{9} = 5 \pm 3, \text{ also entweder } +8 \text{ oder } +2;$$
$$\text{aber: } 5 + \sqrt{9} = 5 + 3, \text{ also nur } +8$$
$$\text{und } 5 - \sqrt{9} = 5 - 3, \text{ also nur } +2.$$

Da die Quadratwurzel-Ausziehung immer *zwei* Werte liefert, so nennt man diese Rechnungsart *doppeldeutig*. Im Gegensatz hierzu bezeichnet man die im Abschnitt II und III behandelten Rechnungsarten erster und zweiter Stufe als *eindeutig*. Es giebt nämlich immer nur eine einzige Zahl, welche gleich $a + b$, gleich $a - b$, gleich $a \cdot b$ oder gleich $a : b$ ist. Ausgenommen ist dabei nur die Zeichen-Verknüpfung $0 : 0$, die jeder beliebigen Zahl gleichgesetzt werden kann und deshalb in § 11 vieldeutig genannt ist. Aus dieser Eindeutigkeit entsprangen die Sätze, welche aussprachen, daß Gleiches mit Gleichem, durch eine der Rechnungsarten erster und zweiter Stufe verknüpft, immer wieder Gleiches liefert. Da die Quadratwurzel-Ausziehung aber doppeldeutig ist, so muß der jenen Sätzen analoge Satz hier folgendermaßen lauten:

Die Quadratwurzel-Ausziehung zweier gleicher Zahlen liefert entweder zwei gleiche Zahlen oder zwei Zahlen, die sich nur durch das Vorzeichen unterscheiden.

Wenn man bei der Quadratwurzel-Ausziehung zweier gleicher Zahlen auf gleiche Ergebnisse schließt, kann man zu *Trugschlüssen* gelangen, wie der folgende sogenannte Beweis, daß $9 = 5$ ist, zeigt:

Es ist $9+5 = 2\cdot 7$. Hieraus folgt durch Multiplikation mit $9-5$ die Gleichung $9^2 - 5^2 = 2 \cdot 7 \cdot 9 - 2 \cdot 7 \cdot 5$, woraus folgt:

$$9^2 - 2 \cdot 9 \cdot 7 = 5^2 - 2 \cdot 5 \cdot 7.$$

Wenn man nun 7^2 beiderseits addiert, erhält man:

$$9^2 - 2 \cdot 9 \cdot 7 + 7^2 = 5^2 - 2 \cdot 5 \cdot 7 + 7^2.$$

Nun steht links das Quadrat von $9 - 7$, rechts von $5 - 7$, woraus man schließt:

$$9 - 7 = 5 - 7.$$

Wenn man nun noch 7 beiderseits addiert, erhält man $9 = 5$.

Wenn man das Quadratwurzelzeichen immer als eindeutig auffaßt, sind auch die Formeln VII und VIII als richtig zu erkennen. Nämlich:

$$\sqrt{a \cdot b} = \sqrt{a} \cdot \sqrt{b}, \text{ weil } (\sqrt{a} \cdot \sqrt{b})^2 = (\sqrt{a})^2 \cdot (\sqrt{b})^2 = a \cdot b \text{ ist;}$$

$$\sqrt{a : b} = \sqrt{a} : \sqrt{b}, \text{ weil } (\sqrt{a} : \sqrt{b})^2 = (\sqrt{a})^2 : (\sqrt{b})^2 = a : b \text{ ist.}$$

Ferner beachte man, daß $\sqrt{a \pm b}$ nicht $\sqrt{a} \pm \sqrt{b}$ ist, weil $(\sqrt{a} \pm \sqrt{b})^2$ zu $a \pm 2\sqrt{ab} + b$, aber nicht zu $a \pm b$ führt.

Die Quadrate der natürlichen Zahlen heißen *Quadratzahlen*, es sind dies also: $1, 4, 9, 16, 25, 36, 49, 64, 81, \ldots$. Da $(a : b)^2 = a^2 : b^2$ ist, so ist jedes Quadrat entweder eine Quadratzahl oder der Quotient zweier Quadratzahlen. Deshalb hat $\sqrt{d}$ vorläufig nur Sinn, wenn d eine Quadratzahl oder der Quotient zweier Quadratzahlen oder endlich ein Quotient ist, der sich durch Heben in den Quotienten zweier Quadratzahlen verwandeln läßt. In allen andern Fällen ist $\sqrt{d}$ eine sinnlose Wurzelform, der keine der bisher definierten Zahlen, also keine rationale Zahl (§ 13) gleichgesetzt werden kann, der aber in § 25 und § 26 Sinn erteilt werden wird.

Da 10^2 die erste dreiziffrige, 10^4 die erste fünfziffrige Zahl u. s. w. darstellt, so ergiebt sich der Satz:

Das Quadrat einer natürlichen Zahl hat entweder doppelt soviel Ziffern wie diese oder eine Ziffer weniger als doppelt soviel. Umgekehrt ist also die Quadratwurzel ans einer

1 ziffrigen oder 2 ziffrigen Zahl: 1 ziffrig,
3 ziffrigen oder 4 ziffrigen Zahl: 2 ziffrig,
5 ziffrigen oder 6 ziffrigen Zahl: 3 ziffrig.
u. s. w.

Zum Quadrieren einer zweiziffrigen Zahl kann Formel III, einer dreiziffrigen Zahl Formel V benutzt werden. Die Formel V läßt sich auf beliebig viele Summanden ausdehnen, und kann in dieser ausgedehnten Form dazu dienen, vielziffrige Zahlen zu quadrieren. Es ist nämlich z. B.:

$$\begin{aligned}(a+b+c+d+e)^2 = a^2 &+ 2ab + b^2\\ &+ 2(a+b)c + c^2\\ &+ 2(a+b+c)d + d^2\\ &+ 2(a+b+c+d)e + e^2.\end{aligned}$$

Das hierauf beruhende Quadrieren einer mehrziffrigen Zahl zeigt folgendes Beispiel:

Ausführlich:		Abgekürzt:
$478^2 = (a+b+c)^2$, wo	$a = 400$	478^2
$a^2 = 160000$	$b = 70$	16
$2ab = 56000$	$c = 8$ ist.	56
$b^2 = 4900$		49
$2(a+b)c = 7250$		752
$c^2 = 64$		64
228484		= 228484

Durch Umkehrung des soeben dargestellten Verfahrens entsteht das Verfahren der Quadratwurzel-Ausziehung aus Zahlen, die in dekadischer Zifferschrift gegeben sind, wie das folgende Beispiel zeigt:

Ausführlich:

$$
\begin{array}{rrll}
 & \sqrt{228484} & = a + b + c, \text{ wo} & a = 400 \\
 & \underline{160000} & = a^2 & b = 70 \\
 & \underline{68484} & & c = 8 \text{ ist.} \\
2a = 800 \mid & \underline{56000} & = 2ab & \\
 & 12484 & & \\
 & \underline{4900} & = b^2 & \\
 & \underline{7584} & & \\
2(a+b) = 940 \mid & \underline{7520} & = 2(a+b)c & \\
 & 64 & & \\
 & \underline{64} & = c^2 &
\end{array}
$$

Abgekürzt:

$$
\begin{array}{rrrr}
 & \sqrt{22'84'84} & = & 478 \\
 & 16 & & \\
\hline
 & 6\ \ 8'4 & & \\
\hline
8 \mid & 5\ \ \ 6 & & \\
 & 49 & & \\
\hline
 & 6\ \ \ 09 & & \\
\hline
 & 75\ \ \ 8'4 & & \\
94 \mid & 75\ \ \ 2 & & \\
 & 64 & & \\
\hline
 & 75\ \ \ 84 & &
\end{array}
$$

Noch kürzer, da $2ab + b^2 = (2a + b)b$ ist:

$$
\begin{array}{rrrr}
 & \sqrt{22'84'84} & = & 478 \\
 & 16 & & \\
\hline
 & 6\ \ 8'4 & & \\
87 \mid & 6\ \ \ 09 & & \\
\hline
 & 75\ \ \ 8'4 & & \\
948 \mid & 75\ \ \ 84 & &
\end{array}
$$

Nach derselben Methode findet man auch zu jeder *beliebigen* natürlichen Zahl die Quadratwurzel aus der *nächst kleineren Quadratzahl.* Z. B.:

$$
\begin{array}{rlr}
 & (a+b+c)^2 < 100000 < [a+b+(c+d)]^2, & \text{wo} \\
 & \underline{9} & a = 300 \\
 & \underline{10'0} & b = 10 \\
61 \mid & 61 & c = 6 \\
 & \underline{390'0} & \text{ist.} \\
626 \mid & \underline{3756} & \\
 & \text{Rest: } 144 &
\end{array}
$$

Also ist:

$$316^2 < 100000 < 317^2,$$

demnach auch:

$$31,6^2 < 1000 < 31,7^2;$$
$$3,16^2 < 10 < 3,17^2;$$
$$0,316^2 < 0,1 < 0,317^2 \text{ u. s. w.}$$

Hieraus folgt der Satz:

Jede ganze oder gebrochene Zahl, die kein Quadrat ist, läßt sich in zwei Grenzen einschließen, welche Quadrate von zwei gebrochenen Zahlen sind, die sich nur um $\frac{1}{10}$, *um* $\frac{1}{100}$, *um* $\frac{1}{1000}$ *oder überhaupt um einen beliebig kleinen Bruch unterscheiden.* Soll dieser Bruch etwa $\frac{1}{500}$ und 20 die gegebene Zahl sein, so ist, wenn x^2 die kleinere der beiden Grenzen bedeutet, in folgender Weise anzusetzen:

$$x^2 < 20 < \left(x + \frac{1}{500}\right)^2,$$

woraus durch Multiplikation mit 500^2 folgt:

$$(500x)^2 2 < 20 \cdot 500^2 < (500x + 1)^2.$$

Man hat also die Quadratwurzel aus der nächst kleineren Quadratzahl unter $20 \cdot 500^2 = 5000000$ aufzusuchen und durch 500 zu dividieren. So ergiebt sich

$$x = \frac{2236}{500}, \text{ also:}$$

$$\left(\frac{2236}{500}\right)^2 < 20 < \left(\frac{2237}{500}\right)^2.$$

So ist also 20 in zwei Grenzen eingeschlossen, die Quadrate von Zablen sind, die sich nur um $\frac{1}{500}$ unterscheiden.

Das Quadrieren und Radizieren von entwickelten Buchstaben-Ausdrücken zeigen folgende Beispiele:

1) $(3a - 2b + c)^2 = 9a^2 - 12ab + 4b^2 + 6ac - 4bc + c^2,$

also umgekehrt:

$$\sqrt{9a^2 - 12ab + 4b^2 + 6ac - 4bc + c^2} = 3a - 2b + c,$$

$$\begin{array}{rl}
 & \underline{9a^2\qquad\quad} \\
 & \underline{\quad - 12ab + 4b^2} \\
6a & |\underline{- 12ab + 4b^2\qquad\qquad\qquad\quad} \\
 & \qquad\qquad\qquad\underline{6ac - 4bc + c^2} \\
6a - 4b & |\underline{6ac - 4bc + c^2}
\end{array}$$

$$\begin{aligned}
2)\quad \left(2x^3 + x^2 - 3x - \frac{1}{2}\right)^2 &= 4x^6 + 4x^5 + x^4 \\
&\quad - 12x^4 - 6x^8 + 9x^2 \\
&\quad - 2x^3 - x^2 + 3x + \frac{1}{4} \\
&= 4x^6 + 4x^5 - 11x^4 - 8x^3 + 8x^2 + 3x + \frac{1}{4},
\end{aligned}$$

also umgekehrt:

$$\sqrt{4x^6 + 4x^5 - 11x^4 - 8x^3 + 8x^2 + 3x + \frac{1}{4}} = 2x^3 + x^2 - 3x - \frac{1}{2}$$

$$\begin{array}{rl}
 & \underline{4x^6\qquad} \\
 & \underline{\quad 4x^5 - 11x^4} \\
4x^3 & |\underline{4x^5 + \quad x^4} \\
 & \qquad\underline{-12x^4 - 8x^3 + 8x^2} \\
4x^3 + 2x^2 & |\underline{-12x^4 - 8x^3 + 8x^2} \\
 & \qquad\qquad\underline{-2x^3 - \quad x^2 + 3x + \frac{1}{4}} \\
4x^3 + 2x^2 - 6x & |\underline{-2x^3 - \quad x^2 + 3x + \frac{1}{4}}
\end{array}$$

Ein Dezimalbruch kann nur dann ein Quadrat sein, wenn er eine gerade Anzahl von Dezimalstellen hat, weil der Nenner das Quadrat einer Potenz von zehn sein muß. Ein solcher Dezimalbruch wird radiziert, indem man ihn, abgesehen vom Komma, radiziert, und im Ergebnis von rechts nach links halb soviel Stellen abschneidet, als der gegebene Dezimalbruch Stellen hatte. Z. B.:

$$\sqrt{2,89} = 1,7; \quad \sqrt{0,4096} = 0,64; \quad \sqrt{0,000009} = 0,003.$$

Übungen zu § 24.

Die folgenden Quadrierungen sollen ausgeführt werden:

1. $(1\frac{1}{3})^2$;
2. $(-5)^2$;
3. $(abc)^2$;
4. $\left(\frac{-ab}{3}\right)^2$;
5. $\left(\frac{3a}{5b}\right)$;
6. $(3a : 5b \ : c)^2$;
7. $(4a^2)^2$;
8. $(c+d)^2$;
9. $(e-pq)^2$;
10. $(2a-b)^2$;
11. $(3a+5bc)^2$;
12. $\left(\frac{1}{2}a - \frac{1}{3}b\right)^2$;
13. $(a+b-c)^2$;
14. $\left(2a + \frac{1}{2}b + c\right)^2$;
15. $\left(3a - \frac{1}{3}b + \frac{1}{4}c\right)^2$;

16. $(ab + ac - bc)^2$;

17. $(a + b - c - d)^2$;

18. $\left(2a + b + c - \frac{1}{2}d\right)^2$.

Vereinfache:

19. $\sqrt{a} \cdot \sqrt{a}$;

20. $(\sqrt{4a + 3b})^2$;

21. $(\sqrt{25600})^2$;

22. $\sqrt{p + s} \cdot \sqrt{p + s}$;

23. $\sqrt{ab - ac} \cdot \sqrt{a(b - c)}$.

Welche zwei Zahlen haben zum Quadrat:

24. 36;

25. 121;

26. $\frac{9}{16}$;

27. $2\frac{7}{9}$;

28. 1,44;

29. $16 + 9$;

30. $\frac{1}{12^2} - \frac{1}{13^2}$;

31. $0,05^2 - 0,04^2$?

Gieb zwei Ausdrücke an, die den folgenden Ausdruck zum Quadrat haben:

32. $e^2 - 2ef + f^2$;

33. $\frac{16}{a^2 + 2ab + b^2}$;

34. $\sqrt{\frac{a^2b^2c^2}{d^2e^2}}$.

Verwandele in eine Wurzel:

35. $\frac{a}{b}\sqrt{\frac{b^2c^2}{a^2(f+g)}}$;

36. $\frac{4a}{3b}\sqrt{\frac{9b^2c}{16a^2}}$.

Berechne nach den Formeln für $(a+b)^2$ *und für* $(a+b+c)^2$*:*

37. $(300+2)^2$;

38. $(300+30+3)^2$;

39. 47^2;

40. 738^2;

41. 982^2;

42. $(5a+b)^2$;

43. $(a+b-3c)^2$;

44. $\left(a-\frac{1}{3}b+\frac{1}{4}c\right)^2$;

45. $(a^2+a+1)^2$.

Berechne:

46. $\sqrt{729}$;

47. $\sqrt{6724}$;

48. $\sqrt{66564}$;

49. $\sqrt{147456}$;

50. $\sqrt{136161}$;

51. $\sqrt{340402500}$;

52. $\sqrt{866595844}$;

53. $\sqrt{4096\cdot 1849}$;

54. $\sqrt{0,001681}$;

55. $\sqrt{104,8576}$;

56. $\sqrt{\frac{40}{8,1}}$;

57. $\sqrt{\frac{12,1}{1000}}$;

58. $\sqrt{\frac{2+\frac{2}{49}}{2-\frac{62}{81}}}$.

Wie heißt die mittlere Proportionale (§ 20) zu:

59. 6 und 54;

60. 490 und 810;

61. 2,048 und 3,2;

62. $\frac{18}{49}$ und $\frac{25}{72}$;

63. $\frac{1728}{343}$ und $\frac{12}{847}$?

Schließe in zwei Grenzen ein, die aufeinanderfolgende Quadratzahlen sind:

64. 59;

65. 728;

66. 1000;

67. 44000.

Schließe in zwei Grenzen ein, welche Quadrate von Zahlen sind, die sieh um $\frac{1}{100}$ *unterscheiden:*

68. 3;

69. 7;

70. 19;

71. 325.

Schließe in zwei Grenzen ein, welche Quadrate von Zahlen sind, die sich um $\dfrac{1}{700}$ unterscheiden:

72. 2;

73. 0,6;

74. $7\frac{1}{7}$.

Verwandele in algebraische Summen:

75. $\sqrt{81a^2 + 18ab + b^2}$;

76. $\sqrt{49a^2 - 14a + 1}$;

77. $\sqrt{4 + 24b + 36b^2}$;

78. $\sqrt{\dfrac{1}{4}a^2 + \dfrac{9}{10}ab + \dfrac{81}{100}b^2}$;

79. $\sqrt{25a^2 + 200ab + 400b^2 + 30ac + 120bc + 9c^2}$;

80. $\sqrt{16a^2 - 8ab - 24ac + b^2 + 6bc + 9c^2}$;

81. $\sqrt{a^4 + 2a^3 + 7a^2 + 6a + 9}$;

82. $\sqrt{a^4 + 25a^2 + 4 + 10a^4 - 4a^3 - 20a}$;

83. $\sqrt{\dfrac{x^8}{256} - \dfrac{3}{64}x^7 + \dfrac{9}{64}x^6 - \dfrac{7}{16}x^5 + \dfrac{11}{4}x^4 - \dfrac{3}{4}x^3 + \dfrac{49}{4}x^2 - 7x + 1}$

Berechne durch Zerlegung in Faktoren:

84. $\sqrt{9216}$;

85. $\sqrt{98 \cdot 242}$;

86. $\sqrt{6 \cdot 10 \cdot 15 \cdot 21 \cdot 3 \cdot 7}$.

§ 25. Irrationale Zahlen.

Definition: $(\sqrt{a})^2 = a$, *wo a positiv, aber kein Quadrat ist.*

Nach dem in § 8 eingefübrten *Prinzip der Permanenz* muß man $\sqrt{a}$ auch dann Sinn erteilen, wenn a kein Quadrat ist. Damit man in diesem Falle mit $\sqrt{a}$ nach denselben Gesetzen zu rechnen habe, wie mit $\sqrt{a}$, wenn a ein Quadrat ist, muß man $\sqrt{a}$ der der in der Überschrift genannten Definitionsformel der Radizierung unterwerfen. Wenn man bei der neu gewonnenen Zahlform $\sqrt{a}$ die Erörterungen wiederholt, die in § 9 zu den negativen Zahlen und in § 14 zu den gebrochenen Zahlen geführt haben, gelangt man zur Definition von $-\sqrt{a}$ und $\frac{1}{\sqrt{a}}$, nämlich $-\sqrt{a}+\sqrt{a} = 0$ und $\frac{1}{\sqrt{a}} \cdot \sqrt{a} = 1$. Da die in § 24 aufgestellten Gesetze lediglich auf die Definitionsformel $(\sqrt{a})^2 = a$ beruhen, so gelten diese Gesetze auch für die neuen Zahlformen, z. B.:

$$\sqrt{3} \cdot \sqrt{5} = \sqrt{15}, \quad \sqrt{99} = \sqrt{9 \cdot 11} = \sqrt{9} \cdot \sqrt{11} = 3\sqrt{11}$$

Nach der Definition ist $\sqrt{7}$ die positive Wurzel der Gleichung $x^2 = 7$. Wenn man in diese Gleichung $x = 2$ setzt, so ergiebt sich $2^2 < 7$, und wenn man $x = 3$ setzt, so ergiebt sich $3^2 > 7$. Deshalb überträgt man die Begriffe "größer" und "kleiner" auch auf die neue Zahlform, und sagt, daß $\sqrt{7} > 2$ und $\sqrt{7} < 3$ ist, also zwischen 2 und 3 liegt. Mit der Ungleichung

$$2 < \sqrt{7} < 3$$

meint man also eigentlich nur, daß $2^2 < 7 < 3^2$ ist.

In § 24 wurde gezeigt, wie jede rationale Zahl, die kein Quadrat ist, in zwei Grenzen eingeschlossen werden kann, welche Quadrate von Zahlen sind, die sich um einen *beliebig kleinen* Bruch unterscheiden. Folglich lassen sich für die Quadratwurzel aus einer Zahl, die kein Quadrat ist, die Grenzen beliebig nahe bringen. Soll z. B. bei $\sqrt{3}$ der Unterschied der Grenzen $\frac{1}{1000}$ betragen, so hat man nach § 24 die Zahl x zu suchen, welche die Bedingung $x^2 < 3 < \left(x + \frac{1}{1000}\right)^2$ erfüllt. Man findet $x = 1,732$ und erhält:

$$1,732 < \sqrt{3} < 1,733.$$

Hieraus ergiebt sich der Satz:

Die Quadratwurzel aus einer Zahl, die kein Quadrat ist, läßt sich zwar nicht gleich einer rationalen Zahl setzen, wohl aber in zwei Grenzen einschließen, die gebrochene Zahlen sind und deren Unterschied ***beliebig klein*** *gemacht werden kann.*

Zahlformen, welche die soeben genannte Eigenschaft besitzen, heißen **irrationale** Zahlen. Den Charakter der irrationalen Zahlen haben nicht nur die hier gewonnenen Quadratwurzelformen, sondern auch noch manche andere Zahlformen (vgl. hier § 31 und 32). Auch die Zahl, welche bei jedem Kreise angiebt, wievielmal so lang seine Peripherie ist als sein Durchmesser, ist irrational, ohne gleich der Quadratwurzel aus einer rationalen Zahl zu sein.

Eine irrationale Zahl kann sowohl nach der Art ihrer Entstehung, z. B. $\sqrt{3}$, als auch *numerisch* angegeben werden, d. h. *gleich* einer ihr nahen rationalen Grenze gesetzt werden, z. B. $\sqrt{3} = 1,732$.

Wenn irrationale Zahlen negativ sind, so lassen sie sich in negative rationale Grenzen einschließen. So folgt aus $x^2 = 3$ sowohl:

$$1,732 < x < 1,733,$$

als auch:

$$-1,732 > x > -1,733.$$

Wenn man die Rechnungsarten erster und zweiter Stufe, sowie die Quadratwurzel-Ausziehung auf irrationale Zahlen anwendet, so gelangt man immer wieder zu irrationalen oder zu rationalen Zahlen, also zu keiner neuen Zahlform, |emphfalls die Radikanden der Quadratwurzeln nie negativ werden. Z. B. $\sqrt{8} \cdot 5 = 10 \cdot \sqrt{2} = 14,14$, $\sqrt{5} + \sqrt{2} = 3,650$, $\sqrt{8 - \sqrt{32}} = 1,530$.

Bezüglich des Rechnens mit Quadratwurzel-Formen ist insbesondere folgendes zu beachten:

1) Bei $\sqrt{a}$, wo a eine positive ganze Zahl ist, läßt sich jeder mehr als einmal vorkommende Primfaktor vor das Wurzelzeichen setzen, z. B. $\sqrt{27} = \sqrt{9 \cdot 3} = 3\sqrt{3}$; $\sqrt{1152} = \sqrt{2^7 \cdot 3^2} = \sqrt{2 \cdot 2^6 \cdot 3^2} = 2^3 \cdot 3 \cdot \sqrt{2} = 24\sqrt{2}$.

2) Umgekehrt läßt sich der Koeffizient einer Wurzel unter das Wurzelzeichen bringen, z. B.: $5\sqrt{3} = \sqrt{75}$.

3) Einen Quotienten, dessen Divisor eine irrationale Quadratwurzel ist, pflegt man durch Erweitern so umzugestalten, daß der Divisor rational wird. Z. B.:

$$\frac{7}{\sqrt{3}} = \frac{7\sqrt{3}}{(\sqrt{3})^2} = \frac{7}{3}\sqrt{3}; \quad \frac{9}{\sqrt{21}} = \frac{9\sqrt{21}}{21} = \frac{3}{7}\sqrt{21}.$$

4) Die Wurzel aus einem Bruche pflegt man so umzugestalten, daß das Produkt eines Bruches mit der Quadratwurzel aus einer möglichst kleinen po-

sitiven ganzen Zahl entsteht. Z. B.:

$$\sqrt{\frac{6}{7}} = \sqrt{\frac{6 \cdot 7}{7^2}} = \frac{1}{7}\sqrt{42}; \quad \sqrt{\frac{27}{98}} = \frac{3\sqrt{3}}{7\sqrt{2}} = \frac{3}{7}\sqrt{\frac{3 \cdot 2}{2^2}} = \frac{3}{14}\sqrt{6};$$

$$\frac{4}{15}\sqrt{\frac{63}{176}} = \frac{4}{15} \cdot \frac{3 \cdot \sqrt{7}}{4 \cdot \sqrt{11}} = \frac{1}{5}\sqrt{\frac{7}{11}} = \frac{1}{5}\sqrt{\frac{7 \cdot 11}{11^2}} = \frac{1}{55}\sqrt{77}.$$

5) *Aus dem Nenner eines Bruches pflegt man Quadratwurzeln auch dann fortzuschaffen, wenn dieselben Teile einer Summe oder einer Differenz sind.* Es gelingt dies vermittelst der beiden Formeln:

$$(a + \sqrt{b})(a - \sqrt{b}) = a^2 - b^2$$

und $(\sqrt{a} + \sqrt{b})(\sqrt{a} - \sqrt{b}) = a - b.$ Z. B.:

$$\frac{7}{4 - \sqrt{2}} = \frac{7(4 + \sqrt{2})}{4^2 - 2} = \frac{7(4 + \sqrt{2})}{14} = \frac{4 + \sqrt{2}}{2} = 2 + \frac{1}{2}\sqrt{2}$$

$$\frac{\sqrt{5} + \sqrt{3}}{\sqrt{5} - \sqrt{3}} = \frac{(\sqrt{5} + \sqrt{3})^2}{(\sqrt{5})^2 - (\sqrt{2})^2} = \frac{5 + 2\sqrt{15} + 3}{5 - 3}$$

$$= \frac{8 + 2\sqrt{15}}{2} = 4 + \sqrt{15};$$

$$\frac{\sqrt{7} + \sqrt{5} - 2\sqrt{3}}{4\sqrt{21} + \sqrt{15}} = \frac{(\sqrt{7} + \sqrt{5} - 2\sqrt{3})(4\sqrt{21} - \sqrt{15})}{(4\sqrt{21})^2 - (\sqrt{15})^2}$$

$$= \frac{28\sqrt{3} - \sqrt{105} + 4\sqrt{105} - 5\sqrt{3} - 24\sqrt{7} + 6\sqrt{5}}{16 \cdot 21 - 15}$$

$$= \frac{23\sqrt{3} + 3\sqrt{105} - 24\sqrt{7} + 6\sqrt{5}}{321}.$$

Übungen zu § 25.

Vereinfache:

1. $(\sqrt{7})^2;$

2. $(\sqrt{7})^4;$

3. $\left(\sqrt{\frac{3}{7}} \cdot \sqrt{14}\right)^2;$

4. $(\sqrt{33} \cdot \sqrt{3} : \sqrt{11})^2$.

Verwandele in eine einzige Quadratwurzel:

5. $\sqrt{5} \cdot \sqrt{3}$;

6. $\sqrt{\frac{1}{13}} \cdot \sqrt{39}$;

7. $\sqrt{12} : \sqrt{21} : \sqrt{7} \cdot \sqrt{2}$.

Zwischen welchen aufeinanderfolgenden ganzen Zablen liegt der Wert von:

8. $\sqrt{11}$;

9. $\sqrt{72}$;

10. $\sqrt{1000}$;

11. $\sqrt{5,2}$;

12. $\sqrt{0,9}$?

Schließe in rationale Grenzen ein, die sich um $\frac{1}{1000}$ *unterscheiden:*

13. $\sqrt{5}$;

14. $\sqrt{10}$;

15. $\sqrt{2,5}$;

16. $\sqrt{14,4}$;

17. $\sqrt{330,5}$;

18. $\sqrt{0,144}$;

19. $\sqrt{9+49}$;

20. $\sqrt{\frac{1}{3}}$;

21. $\sqrt{25 \cdot 27}$;

22. $\sqrt{4\frac{1}{9}}$.

Berechne auf zwei Dezimalstellen:

23. $\sqrt{7}+\sqrt{8}$;

24. $-\sqrt{2}$;

25. $9-\sqrt{5}$.

Berechne auf zwei Dezimalstellen die mittlere Proportionale zu:

26. 1 und 8;

27. 3 und 5;

28. 15 und 16;

29. $\frac{1}{4}\sqrt{2}$ und $\sqrt{\frac{8}{9}}$.

Berechne auf zwei Dezimalstellen:

30. $\sqrt{\sqrt{3}}$;

31. $\frac{1}{2}\sqrt{10+2\sqrt{5}}$;

32. $\sqrt{2+\sqrt{2-\sqrt{2}}}$.

Verwandele in das Produkt aus einer rationalen Zahl und der Quadratwurzel aus einer ganzen Zahl, die keine quadratischen Faktoren mehr enthält:

33. $\sqrt{45}$;

34. $\sqrt{175}$;

35. $\sqrt{160}$;

36. $\sqrt{1000}$;

37. $\frac{5}{16}\sqrt{128}$;

38. $0,14\cdot\sqrt{9\frac{1}{7}\cdot 8}$;

39. $\frac{3}{4}:\sqrt{27}$.

Verwandele in eine Wurzel:

40. $\frac{5}{8}\sqrt{\frac{32}{5}}$;

41. $3\frac{3}{10} \cdot \sqrt{\frac{4000}{121 \cdot 27}}$;

42. $0,18 \cdot \sqrt{\frac{15}{7} \cdot \frac{35}{3}}$.

Vereinfache:

43. $\sqrt{5} + \sqrt{75}$;

44. $3\sqrt{7} - \sqrt{28} - \sqrt{63} + \sqrt{112}$;

45. $\sqrt{24} + \sqrt{54} - \frac{1}{2}\sqrt{600} + 7 \cdot \sqrt{726}$;

46. $\sqrt{9b} + \sqrt{144b} - 3 \cdot \sqrt{16b}$.

Verwandele in das Produkt ans einer rationalen Zahl und der Quadratwurzel aus einer ganzen Zahl, die keine quadratischen Faktoren mehr enthält, oder in eine algebraische Summe solcher Produkte:

47. $\sqrt{\frac{7}{5}}$;

48. $\sqrt{\frac{19}{24}}$;

49. $\sqrt{\frac{120}{7}}$;

50. $\sqrt{2,5}$;

51. $\sqrt{\frac{17}{12}}$;

52. $\frac{10}{7} \cdot \sqrt{\frac{7}{9}}$;

53. $\sqrt{1 - \frac{1}{64}} \cdot \sqrt{28}$;

54. $\sqrt{\frac{3}{4}} : \frac{3}{4} + \frac{1}{2}\sqrt{\frac{1}{3}} - \frac{1}{4}\sqrt{3};$

55. $\sqrt{\frac{5}{6}} \cdot \sqrt{\frac{6}{7}} \cdot \sqrt{\frac{7}{5}} : \sqrt{10} + \sqrt{2} \cdot \sqrt{5} \cdot \sqrt{4\frac{1}{4}} \cdot 2 : \sqrt{17}.$

Führe die angedeuteten Multiplikationen aus und vereinfache dann:

56. $\sqrt{3}(\sqrt{27} - \sqrt{3} + \sqrt{75});$

57. $\left(\frac{3}{4}\sqrt{2} - \frac{1}{2}\sqrt{8}\right)(-\sqrt{18});$

58. $(\sqrt{5} - \sqrt{3})(\sqrt{5} + 2\sqrt{3});$

59. $(\sqrt{3} + \sqrt{6})(\sqrt{3} - \sqrt{2});$

60. $(\sqrt{15} - 3)(\sqrt{15} + 3);$

61. $\left(\frac{1}{2}\sqrt{15} - \frac{1}{3}\sqrt{10}\right)(3\sqrt{3} - 2\sqrt{2});$

62. $(\sqrt{5} + \sqrt{3} - \sqrt{2})(\sqrt{15} - \sqrt{10});$

63. $(7 + 4\sqrt{2})(\sqrt{6} - \sqrt{3} + 4);$

64. $(6 + 2\sqrt{6} + \sqrt{60})(2\sqrt{2} + 2\sqrt{3} - 2\sqrt{5});$

65. $(3\sqrt{5} - 3\sqrt{2} + 3)\left(\sqrt{\frac{15}{2}} - \frac{3}{\sqrt{2}} - \sqrt{3}\right);$

66. $(1 + \sqrt{3})^2 : 2;$

67. $(\sqrt{3} + 2\sqrt{5})^2;$

68. $(\sqrt{10} - \sqrt{6})^2;$

69. $(\sqrt{6} + 2 - \sqrt{2})^2;$

70. $(\sqrt{3} - 1)^3;$

71. $(4\sqrt{5} - \sqrt{15})^3;$

Schaffe die Wurzelzeichen ans dem Nenner:

72. $\dfrac{4}{\sqrt{5}+\sqrt{3}}$;

73. $\dfrac{1}{\sqrt{7}-\sqrt{2}}$;

74. $\dfrac{7}{\sqrt{11}-2}$;

75. $\dfrac{6\sqrt{2}}{\sqrt{22}-\sqrt{10}}$;

76. $\dfrac{7\sqrt{3}}{2-\sqrt{3}}$;

77. $\dfrac{5}{5-2\sqrt{5}}$;

78. $\dfrac{\sqrt{7}+\sqrt{3}}{\sqrt{7}-\sqrt{3}}$;

79. $\dfrac{\sqrt{14}+\sqrt{2}}{8\sqrt{2}-3\sqrt{14}}$;

80. $\dfrac{5\sqrt{6}(\sqrt{5}+1)}{(2\sqrt{5}-\sqrt{7})\sqrt{3}}$;

81. $\dfrac{\sqrt{14}-2+4\sqrt{2}}{4-7\sqrt{2}}$;

82. $\dfrac{1}{\frac{8}{3}\sqrt{3}-4}$;

83. $\dfrac{46\sqrt{2}}{\sqrt{6}+2-2\sqrt{2}}$;

84. $\dfrac{72\sqrt{3}-18\sqrt{15}+24-6\sqrt{2}-6\sqrt{5}}{12\sqrt{2}-6-3\sqrt{10}}$;

85. $\dfrac{\sqrt{e}+\sqrt{f}}{\sqrt{e}-\sqrt{f}}$;

86. $\dfrac{1}{\sqrt{a+1}-\sqrt{a}}$;

87. $\dfrac{a-\sqrt{b}}{a+\sqrt{b}}$;

88. $\dfrac{a+\sqrt{b}+\sqrt{c}}{a-\sqrt{b}+\sqrt{c}}$;

---

§ 26. Imaginäre Zahlen.

I) *Definition*: $(\sqrt{a})^2 = a$, wo a negativ ist;

II) $(+\sqrt{-b})\cdot(+\sqrt{+c}) = +\sqrt{-bc}$ \
III) $(+\sqrt{-b})\cdot(+\sqrt{-c}) = -\sqrt{+bc}$ } , wo b und c positiv sind;

IV) $-\sqrt{-c} = (+\sqrt{-1})\cdot(+\sqrt{c}) = i\sqrt{c}$;

V) $+\sqrt{-c} = (-\sqrt{-1})\cdot(+\sqrt{c}) = -i\sqrt{c}$.

Bisher ist $\sqrt{a}$ nur in dem Falle in die Sprache der Arithmetik aufgenommen, wo a eine positive Zahl ist. Von nun an soll die Wurzelform $\sqrt{a}$ auch dann Sinn erhalten, wenn a *negativ* ist. Indem man solche Wurzelformen auch als Zahlen anffaßt, erweitert man von neuem den Zahlbegriff (Vgl. § 8, § 9, § 14, § 25). Z. B. $\sqrt{-36}$ ist die Zahl, deren Quadrat -36 ist. Dies ist weder $+6$ noch -6, da beide durch Quadrierung auf $+36$ führen. Die hiermit neu gewonnenen Zahlen heißen *imaginär* im Gegensatz zu allen bisher definierten Zahlen, einschließlich der in § 25 eingeführten irrationalen Zahlen, welche *reell* heißen. Um kenntlicher zu machen, daß der Radikand negativ ist, bezeichnen wir ihn mit $-b$, wo nun b an sich positiv zu denken ist. Da $\sqrt{-b}$ eine Zahl ist, für deren Quadrat man $-b$ setzen soll, so ist $\sqrt{-b}$ eine Wurzel der Gleichung:

$$x^2 = -b.$$

Da diese Gleichung ungeändert bleibt, wenn $-x$ an die Stelle von x gesetzt wird, so hat man die zweite Wurzel der Gleichung $x^2 = -b$ mit $-\sqrt{-b}$ zu bezeichnen, sobald man die erste mit $+\sqrt{-b}$ bezeichnet hat.

Um die Formeln II und III zu beweisen, beachte man, daß man, der Definition gemäß, $-b$ für das Quadrat von $+\sqrt{-b}$ und auch für das Quadrat von $-\sqrt{-b}$ zu setzen hat. Um die Richtigkeit von II zu erkennen, betrachte man $+\sqrt{-b}$ als eine Folgerung aus der Gleichung $x^2 = -b$ und $+\sqrt{+c}$ als eine Folgerung aus der Gleichung $y^2 = +c$. Durch Multiplikation beider Gleichungen erhält man $(xy)^2 = -(b\cdot c)$, woraus folgt, daß $x\cdot y$ entweder $+\sqrt{-bc}$ oder $-\sqrt{-bc}$ sein muß. Da $+\sqrt{-b}$ und $+\sqrt{+c}$ eindeutig waren, so kann man auch ihrem Produkte nur einen einzigen Wert geben, wenn man auch bei imaginären Zahlen an der *Eindeutigkeit* der Multiplikation festhalten will. *Welchen* von den beiden gefundenen Werten man zu wählen hat, entscheidet man dadurch, daß man $c = 1$ setzt. Dadurch kommt:

$$(+\sqrt{-b}) \cdot (+\sqrt{1}) = +\sqrt{-b} \text{ oder } -\sqrt{-b}.$$

Wenn man demnach auch für imaginäre Zahlen den Satz aufrecht erhalten will, daß eine Zahl durch Multiplikation mit 1 unverändert bleibt, so ergiebt sich $+\sqrt{-b}$. Damit ist Formel II bewiesen.

Um die Richtigkeit von Formel III einzusehen, verfährt man ähnlich, indem man $x^2 = -b, y^2 = -c$ setzt und aus $x^2y^2 = +bc$ findet, daß $x \cdot y$ entweder gleich $+\sqrt{bc}$ oder gleich $-\sqrt{bc}$ ist. Die Entscheidung darüber, welches Vorzeichen zu nehmen ist, wird dadurch getroffen, daß $c = b$ gesetzt wird. Man erhält dann links $(\sqrt{-b})^2$. Nach der Definition der imaginären Zahlen ist aber $(\sqrt{-b})^2$ nur gleich $-b$. Dieses Resultat erreicht man rechts aber nur, wenn man $-\sqrt{b \cdot c}$ wählt.

Wenn man Formel II umkehrt und dann $b = 1$ setzt, erhält man:

$$\sqrt{-c} = \sqrt{-1} \cdot \sqrt{c},$$

$$\text{woraus auch folgt: } -\sqrt{c} = (-\sqrt{-1}) \cdot \sqrt{c};$$

oder in Worten: *Jede imaginäre Zahl ist gleich dem Produkte einer reellen und zwar positiven Zahl mit der Zahl* $+\sqrt{-1}$ *oder mit der Zahl* $-\sqrt{-1}$.

Deshalb nennt man $+\sqrt{-1}$ und $-\sqrt{-1}$ die imaginären Einheiten und gebraucht für dieselben die besonderen Zeichen:

$$+i \text{ und } -i$$

Z. B.:

$$\sqrt{-9} = \sqrt{-1} \cdot \sqrt{9} = i \cdot \sqrt{9} = 3i;$$

$$\sqrt{-\frac{5}{16}} = \sqrt{-1} \cdot \sqrt{\frac{5}{16}} = i \cdot \sqrt{\frac{5}{16}} = \frac{1}{4} i \cdot \sqrt{5};$$

$$-\sqrt{-\frac{1}{2}} = -i\sqrt{\frac{1}{2}} = -i \cdot \sqrt{\frac{2}{4}} = -\frac{1}{2} i\sqrt{2}.$$

Man rechnet mit imaginären Zahlen, indem man sie als positive oder negative Produkte von i und einer reellen Zahl betrachtet und immer beachtet, daß man $(+i)^2 = -1$ und $(-i)^2 = -1$ zu setzen hat. Z. B.:

$$3 \cdot \sqrt{-3} \cdot 7 \cdot \sqrt{12} = 21\, i \sqrt{3}\sqrt{12} = 21\, i \sqrt{36} = 126\, i;$$
$$\sqrt{-3} \cdot \sqrt{-12} = 3 \cdot i \cdot 12 \cdot i = 36\, i^2 = -36;$$
$$(\sqrt{-1})^3 = i^3 = i^2 \cdot i = -i;$$
$$i^4 = +1, \quad i^5 = +i, \quad i^6 = -1;$$
$$i^{4n} = +1, \quad i^{4n+1} = +i, \quad i^{4n+2} = -1, \quad i^{4n+3} = -i.$$

Wenn a und b reell sind, so ist die Gleichung $i\, a = b$ nur dann möglich, wenn a und b beide null sind. Denn $i\, a = b$ führt durch Quadrierung zu $i^2\, a^2 = b^2$, d. h. $-a^2 = b^2$. Dies ist aber eine Gleichung, deren linke Seite null oder negativ sein muß, da a reell ist und das Quadrat einer reellen Zahl nicht negativ sein kann. Andrerseits ist die rechte Seite b^2 null oder positiv. Also enthält die Gleichung $i\, a = b$ nur dann keinen Widerspruch, wenn a und b null sind. Also gilt der Satz:

Das Gebiet aller reellen Zahlen und das Gebiet aller imaginären Zahlen haben die Zahl Null, aber auch nur die Zahl Null, gemeinsam.

Die Verknüpfung von Zahlen, die reell oder imaginär sind, durch Multiplikation oder Division führt immer wieder zu Zahlen, die reell oder imaginär sind, z. B.:

$$a(i\, b) = i\,(ab); \quad (ia)(ib) = i^2\,(ab) = -ab;$$
$$a : (i\, b) = (i\, a) : (i^2 b) = i\, a : (-b) = -i \cdot (a : b);$$
$$i\, a : (-i\, b) = -(a : b).$$

Ebenso fübrt die additive oder subtraktive Verknüpfung zweier Zahlen, die beide imaginär sind, zu einer imaginären Zahl, z. B.:

$$i\, a + i\, b = i\,(a + b); \quad i\, a - i\, b = i\,(a - b).$$

Wenn man aber zwei von Null verschiedene Zahlen, von denen die eine reell, die andere imaginär ist, durch Addition oder Subtraktion mit einander verknüpft, so gelangt man zu einer Zahlform, die weder reell noch imaginär ist. Denn $a + i\, b$, wo a und b nicht Null sind, kann nicht gleich einer reellen Zahl r sein; denn dann müßte $i\, b = r - a$, also b null sein. Es kann aber $a + i\, b$ auch nicht gleich einer imaginären Zahl $i\, s$ sein, wo s reell ist, denn dann müßte $a = i\,(s - b)$, also a null sein. Die so entstehende neue Zahlform $a + ib$ nennt man *imaginär-komplex* oder kurz *komplex.* Oft nennt man auch die komplexen Zahlen imaginär und nennt dann die Produkte von i mit reellen Zahlen *rein-imaginär.*

Die Zahlform $a + i\,b$, wo a und b beliebige positive oder negative, rationale oder irrationale Zahlen oder auch Null sind, ist *arithmetisch die allgemeinste Zahlform, die sich denken läßt,* da die Verknüpfung zweier solcher Zahlen durch irgend eine Rechnungsart immer wieder zu einer solchen Zahl führt; sodaß auch die im VI. Abschnitte behandelten Rechnungsarten dritter Stufe auf keine neuen Zahlformen führen.

Aus $a + i\,b = a' + i\,b'$ folgt $a - a' = i\,(b' - b)$. Da aber das reelle und das rein-imaginäre Zahlengebiet nur die Zahl Null gemeinsam haben, so folgt aus $a - a' = i\,(b' - b)$, daß $a = a'$ und $b = b'$ ist. Wir erhalten also den Satz:

Wenn zwei komplexe Zahlen gleich sind, so folgt daraus, daß sowohl die reellen Bestandteile wie auch die rein-imaginären Bestandteile für sich einander gleich sind.

Daß die Anwendung der bisher definierten Rechnungsarten auf zwei komplexe Zahlen $a + i\,b$ und $a' + i\,b'$, wo a, b, a', b', beliebige reelle Zahlen sind, immer wieder zu einer komplexen Zahl führt, geht aus folgendem hervor:

1) *Addition:* $(a + i\,b) + (c + i\,d) = (a + c) + i\,(b + d)$;

2) *Subtraktion:* $(a + i\,b) - (c + i\,d) = (a - c) + i\,(b - d)$;

3) *Multiplikation:* $(a + i\,b)(c + i\,d) = (ac - bd) + i\,(ad + be)$;

4) *Division:* $(a + i\,b) : (c + i\,d) = (a + i\,b)(c - i\,d) : [(c + i\,d)(c - i\,d)] = [(ac+bd)+i\,(bc-ad)] : (c^2+d^2) = [(ac+bd) : (c^2+d2)]+i\cdot[(bc-ad) : (c^2+d^2)]$;

5) *Quadrierung:* $(a + i\,b)^2 = (a^2 - b^2) + i \cdot (2ab)$;

6) *Radizierung:* $\sqrt{a \pm i\,b} = \sqrt{\frac{a}{2} + \frac{1}{2}\sqrt{a^2 + b^2}} \pm i \cdot \sqrt{-\frac{a}{2} + \frac{1}{2}\sqrt{a^2 + b^2}}$, welche Gleichung bewiesen wird, indem man nachweist, daß das Quadrat der rechten Seite zu $a + i\,b$ führt, nämlich:

$$\left(\sqrt{\frac{a}{2} + \frac{1}{2}\sqrt{a^2 + b^2}}\right)^2 + i^2 \cdot \left(\sqrt{-\frac{a}{2} + \frac{1}{2}\sqrt{a^2 + b^2}}\right)^2$$

$$\pm 2i\sqrt{(\frac{1}{2}\sqrt{a^2 + b^2})^2 - \frac{a^2}{4}} = \frac{a}{2} + \frac{1}{2}\sqrt{a^2 + b^2}$$

$$+\frac{a}{2} - \frac{1}{2}\sqrt{a^2 + b^2} \pm 2\,i \cdot \frac{b^2}{4} = a \pm 2i \cdot \frac{b}{2} = a \pm i\,b.$$

Übungen zu § 26.

Was bedeutet:

1. $\sqrt{-25}$;
2. $\sqrt{-7}$;
3. $\sqrt{-\frac{3}{4}}$;
4. $-\sqrt{-\frac{1}{2}}$?

Welche Ungleichung muß x erfüllen, damit imaginär wird:

5. $\sqrt{3-x}$;
6. $\sqrt{7-2x}$;
7. $\sqrt{x\sqrt{5}-1}$;
8. $\sqrt{1+\frac{3}{4}x}$?

Gieb die beiden Zahlen an, deren Quadrate gleich einer der folgenden Zahlen sind:

9. -9;
10. $-\frac{4}{9}$;
11. $-0,25$;
12. $-5\frac{1}{16}$.

Welche reellen Zahlen sind gleich:

13. $(\sqrt{-5})^2$;
14. $\left(\sqrt{-\frac{3}{4}}\right)^2$;
15. $\sqrt{-6}\cdot\sqrt{-6}$;

16. $\left(\sqrt{2-\sqrt{5}}\right)^2$?

Verwandele in eine reelle oder rein-imaginäre Zahl:

17. $\sqrt{-6} \cdot \sqrt{-24}$;

18. $4 \cdot \sqrt{-5} \cdot \frac{1}{8}\sqrt{-20}$;

19. $\sqrt{-11} \cdot \sqrt{-44}$;

20. $\sqrt{-1} \cdot \sqrt{-3} \cdot \sqrt{-5}$;

21. $3 \cdot \sqrt{-9} \cdot \sqrt{-5} \cdot \sqrt{5}$;

22. $\sqrt{-21} : \sqrt{-7}$;

23. $\sqrt{-21} : \sqrt{7}$;

24. $1 : \sqrt{-25}$;

25. $\frac{i\sqrt{5}}{\sqrt{-5}}$;

26. $\frac{125}{i\sqrt{5}}$;

27. $\frac{(-\sqrt{5})(-i\sqrt{3})}{-\sqrt{15}}$;

28. $(4\sqrt{-3})^2$;

29. $i\sqrt{-3}$;

30. $\left(\sqrt{1-\sqrt{2}}\right)^2$;

31. $1 - i^2$;

32. $i^8 + i^{12}$;

33. $i^5 \cdot i^6 \cdot i^7$;

34. $-i^{13}$;

35. $(-1) : (-i)^{17}$;

36. $5i + i\sqrt{-16}$.

Die folgenden Ausdrücke sollen in der Form $a \pm i\,b$, wo a und b reell sind, dargestellt und dabei möglichst vereinfacht werden:

37. $(3 - 2\,i) - (1 - i) - (7 + 2\,i)$;

38. $\sqrt{-32} - i\sqrt{2}$;

39. $(5 - i)(3 + 2\,i)$;

40. $(\sqrt{5} + i\sqrt{2})(\sqrt{5} - i\sqrt{2})$;

41. $(\sqrt{-8} - \sqrt{-2} + 6)i$;

42. $\left(4\tfrac{1}{4} - \dfrac{1}{3}i\right)\sqrt{-3}$;

43. $\left(\dfrac{7}{2} + 2\,i\right)\left(\dfrac{2}{7} + \dfrac{3}{7}i\right)$;

44. $(1 + i)^2 + (1 - i)^2$;

45. $(-1 + i\sqrt{3})^2 - (-1 - i\sqrt{3})^2$;

46. $(p + i\,q)(s + i\,t)$;

47. $(a + i\,b)^3$;

48. $(a + i\,e)(a - i\,e) : (a^2 + e^2)$;

49. $\dfrac{2}{3\,i}$;

50. $\dfrac{3\,i}{i^3}$;

51. $\dfrac{\sqrt{5}}{i\sqrt{20}}$;

52. $\dfrac{2}{1 - i}$;

53. $\dfrac{169}{12 + 5\,i}$;

54. $\dfrac{1 + i}{1 - 2\,i}$;

55. $\dfrac{3i}{4+i}$;

56. $\dfrac{\frac{1}{2}-\frac{1}{2}i\sqrt{3}}{\frac{1}{2}+\frac{1}{2}i\sqrt{3}}$;

57. $\dfrac{3-i\sqrt{15}}{\sqrt{3}+i\sqrt{5}}$;

58. $\dfrac{(1+i)^3}{1-i^3}$;

59. $\dfrac{4}{1-3i}+\dfrac{7i}{1+3i}-\dfrac{1-2i}{2}$;

60. $\dfrac{a+ib}{a-ib}$;

61. $\dfrac{\sqrt{a}-i\sqrt{e}}{\sqrt{a}+i\sqrt{e}}$;

62. $\dfrac{(a-ib)^2}{a^2-b^2-i(2ab)}$.

Berechne nach der Radizierungsformel:

63. $\sqrt{-3+4i}$;

64. $\sqrt{16-30i}$;

65. $\sqrt{168+26i}$;

66. $\sqrt{-1+2i\sqrt{2}}$;

67. $\sqrt{8i}$;

68. $\sqrt{\sqrt{-1}}$;

69. $\sqrt{\dfrac{5}{16}-\dfrac{3}{4}i}$;

70. $\sqrt{1+2i\sqrt{6}}$;

71. $\sqrt{2\,i}+\sqrt{-2\,i}$;

72. $\sqrt{10 - \frac{21}{2} i}$;

73. $\sqrt{32 - 24\,i} - \sqrt{32 + 24\,i}$;

74. $\sqrt{\frac{46 + 9\,i}{2 - 3\,i}}$;

75. $\frac{7 - 2\,i}{7 + 2\,i} - 1 - \frac{28}{45\,i} + \sqrt{\frac{15}{4} + 2\,i}$.

---

§ 27. Quadratische Gleichungen mit einer Unbekannten.

I) Wenn $Ax^2 = B$ ist, so ist $x = \pm\sqrt{\frac{B}{A}}$;

II) Wenn $x^2 + ax + b = 0$ ist,

so ist $x = -\frac{a}{2} \pm \sqrt{\left(\frac{a}{2}\right)^2 - b}$.

Alle Gleichungen, welche sich auf die Form $Ax^2 = B$ bringen lassen, wo A und B bekannte Zahlen oder Zahl-Ausdrücke sind, heißen *rein-quadratisch*. Transponiert man A und radiziert dann, so erhält man nach § 24 die beiden Werte

$$x = +\sqrt{\frac{B}{A}} \text{ und } x = -\sqrt{\frac{B}{A}},$$

welche beide die gegebene Gleichung erfüllen. Z. B.:

$$\frac{7}{4x + 1} = \frac{4x - 1}{5} \text{ ergiebt:}$$

$35 = 16x^2 - 1$ oder $16x^2 = 36$, also $x = \pm\sqrt{\frac{36}{16}} = \pm\frac{3}{2}$.

Gemischt-quadratisch, allgemein-quadratisch oder auch schlechthin *quadratisch* heißt jede Gleichung, welche sich durch Anwendung der Umformungs-Regeln schließlich auf die *geordnete* Form:

$$x^2 + ax + b = 0$$

bringen läßt, wo a und b, die beiden *Koeffizienten* der quadratischen Gleichung, bekannte Zahlen oder Zahl-Ausdrücke sind. Die Lösung dieser Gleichung, d. h.

die Darstellung der Zahl x in ihrer Abhängigkeit von a und b, gelingt dadurch, daß man durch Hinzufügung von $\left(\frac{a}{2}\right)^2$ zu x^2+ax das Quadrat der Summe $x+\frac{a}{2}$ erhält, woraus dann durch Radizierung $x+\frac{a}{2}$ und daraus x folgt. Demgemäß kommt nacheinander:

$$\begin{aligned} x^2+ax &= -b, \\ x^2+ax+\left(\frac{a}{2}\right)^2 &= \left(\frac{a}{2}\right)^2-b, \\ \left(x+\frac{a}{2}\right)^2 &= \left(\frac{a}{2}\right)^2-b, \\ x+\frac{a}{2} &= \pm\sqrt{\left(\frac{a}{2}\right)^2-b}, \\ x &= -\frac{a}{2}\pm\sqrt{\left(\frac{a}{2}\right)^2-b}. \end{aligned}$$

Es sei z. B. die folgende Gleichung zu lösen:

$$\frac{2x+13}{x+3}+\frac{x-6}{x-3}=1.$$

Dann erhält man durch Fortschaffung der Brüche:

$$2x^2+7x-39+x^2-3x-18=x^2-9.$$

Hieraus erhält man:

$$2x^2+4x-48=0,$$

woraus sich

$$x^2+2x-24=0$$

als geordnete Form ergiebt. Aus derselben erkennt man, daß $a=+2$, $b=-24$ ist. Also ist:

$$x=-1\pm\sqrt{1+24}=-1\pm 5.$$

Die Gleichung wird also sowohl durch $x=+4$ als auch durch $x=-6$ erfüllt.

Aus dem doppelten Vorzeichen $\pm$ vor der Wurzel ergiebt sich, daß es immer zwei Werte giebt, welche, für x in eine quadratische Gleichung eingesetzt, dieselbe erfüllen. Diese beiden Werte nennt man die "*Wurzeln*" der quadratischen Gleichung.

Wenn man die beiden Wurzeln einer quadratischen Gleichung dadurch unterscheidet, daß man die eine x_1, die andere x_2 nennt, so hat man:

$$x_1 = -\frac{a}{2} + \sqrt{\left(\frac{a}{2}\right)^2 - b}$$
$$\text{und } x_2 = -\frac{a}{2} - \sqrt{\left(\frac{a}{2}\right)^2 - b}$$

Durch *Addition* erhält man hieraus:

$$x_1 + x_2 = -a,$$

und durch Multiplikation:

$$\begin{aligned} x_1 \cdot x_2 &= \left(-\frac{a}{2}\right)^2 - \left(\sqrt{\left(\frac{a}{2}\right)^2 - b}\right)^2 \\ &= \left(\frac{a}{2}\right)^2 - \left[\left(\frac{a}{2}\right)^2 - b\right] \\ &= \left(\frac{a}{2}\right)^2 - \left(\frac{a}{2}\right)^2 + b \\ &= +b. \end{aligned}$$

Aus diesen beiden Resultaten ergeben sich die beiden Sätze:

1) *Die Summe der beiden Wurzeln einer quadratischen Gleichung ist gleich dem negativ gesetzten Koeffizienten von x in der geordneten Form.*

2) *Das Produkt der beiden Wurzeln einer quadratischen Gleichung ist gleich dem von x freien Gliede der geordneten Form.*

So ist bei dem obigen Beispiele:

$$x_1 + x_2 = +4 - 6 = -2$$
$$\text{und } x_1 \cdot x_2 = (+4)(-6) = -24.$$

Wenn man umgekehrt in $xa + ax + b$ den Koeffizienten a durch $-(x_1 + x_2)$, b durch $x_1 \cdot x_2$, ersetzt, so erhält man:

$$x^2 + ax + b = x^2 - (x_1 + x_2)x + x_1x_2$$

oder gleich:

$$(x - x_1)(x - x_2).$$

Wir erhalten also:

$$x^2 + ax + b = (x - x_1)(x - x_2).$$

Diese Formel lehrt, wie man einen Ausdruck zweiten Grades, d. h. von der Form $x^2 + ax + b$, in zwei Faktoren zerspalten kann, die beide ersten Grades, d. h. von der Form $x + c$ sind. Man hat nämlich nur den Ausdruck zweiten Grades gleich null zu setzen, und die entstandene quadratische Gleichung zu lösen. Wenn dann x_1 und x_2 die gefundenen Wurzeln derselben sind, so ist:

$$x^2 + ax + b = (x - x_1)(x - x_2).$$

Wenn z. B. der Ausdruck zweiten Grades $x^2 + 15x + 36$ in dieser Weise zerlegt werden soll, so hat man die Gleichung:

$$x^2 + 15x + 36 = 0$$

zu lösen. Man erhält:

$$x = -\frac{15}{2} \pm \sqrt{\frac{225}{4} - 36} = -\frac{15}{2} \pm \frac{9}{2} = \begin{cases} -3 \\ -12 \end{cases}.$$

Also ist $x_1 = -3$, $x_2 = -12$. Daher:

$$x^2 + 15x + 36 = (x + 3)(x + 12).$$

Wenn x^2 einen andern Koeffizienten als 1 hat, so hat man denselben vorher abzusondern. Z. B.:

$$2x^2 - x - 15 = 2\left(x^2 - \frac{1}{2}x - \frac{15}{2}\right).$$

Nun zerlegt man $x^2 - \frac{1}{2}x - \frac{15}{2}$, findet $(x - 3)\left(x + \frac{5}{2}\right)$ dafür, und erhält daraus:

$$2x^2 - x - 15 = 2(x - 3)\left(x + \frac{5}{2}\right) = (x - 3)(2x + 5).$$

Wenn die Koeffizienten einer quadratischen Gleichung rational sind, so können ihre Wurzeln trotzdem irrational sein. Z. B.: $x^2 - 8x + 13 = 0$ liefert die Wurzeln $x_1 = 4 + \sqrt{3} = 5,732$ und $x_2 = 4 - \sqrt{3} = 2,268$.

Wenn aber von den Koeffizienten einer quadratischen Gleichung einer oder beide irrational sind, so muß auch mindestens eine der beiden Wurzeln irrational sein. Denn, wären beide Wurzeln rational, so wäre ihre Summe und ihr Produkt rational, also nach den obigen Sätzen auch beide Koeffizienten der Gleichung. Z. B.:

$$x^2 - 2x\sqrt{5} + 1 = 0 \text{ ergiebt } x_1 = \sqrt{5} + 2 = 4,236$$
$$\text{und } x_2 = \sqrt{5} - 2 = 0,236.$$

Wenn die Koeffizienten einer quadratischen Gleichung reell sind, so können trotzdem ihre Wurzeln *komplexe Zahlen* sein. Dann aber müssen sie *konjugiert-komplex* sein, d. h. sich nur durch das Vorzeichen der imaginären Einheit i unterscheiden. Z. B.:

$$x^2 - 6x + 11 = 0$$

liefert die Wurzeln

$$x_1 = 3 + i\sqrt{2},\ x_2 = 3 - i\sqrt{2}.$$

Wenn aber von den Koeffizienten einer quadratischen Gleichung einer oder beide imaginär sind, so muß auch mindestens eine der beiden Wurzeln imaginär sein, weil man sonst durch Anwendung der Sätze über den Zusammenhang der Koeffizienten und Wurzeln in Widerspruch mit der Annahme käme. Die Bedingungs-Ungleichung, die zwischen den reellen Koeffizienten a und b bestehen muß, damit die beiden Wurzeln reell werden, ergiebt sich aus der Gestalt der Formel:

$$x = -\frac{a}{2} \pm \sqrt{\left(\frac{a}{2}\right)^2 - b}.$$

Man erkennt so:

1) Wenn $\left(\frac{a}{2}\right)^2 > b$ ist, so sind die Wurzeln beide reell;

2) Wenn $\left(\frac{a}{2}\right)^2 = b$ ist, so sind sie auch reell und beide gleich;

3) Wenn $\left(\frac{a}{2}\right)^2 < b$ ist, so sind sie konjugiert-komplex.

Wenn insbesondere die Koeffizienten und die Wurzeln reell sind, erkennt man mit Hilfe der Beziehungen $x_1 + x_2 = -a$ und $x_2 \cdot x2 = +b$ die Richtigkeit der folgenden Sätze:

1) Wenn das von x freie Glied in der eingerichteten Form negativ ist, so ist die eine Wurzel positiv, die andere negativ.

2) Wenn das von x freie Glied in der eingerichteten Form positiv ist, so haben die beiden Wurzeln dasselbe Vorzeichen, und zwar haben sie beide das entgegengesetzte Vorzeichen des Koeffizienten von x.

Bezüglich der Lösung von Gleichungen, die sich auf quadratische Gleichungen zurückführen lassen, sind namentlich folgende Fälle von Wichtigkeit:

1) Die Gleichung habe die Form $x^4 + cx^2 + d = 0$. Dann betrachtet man x^2 als *Unbekannte*, findet für x^2 zwei Werte und aus jedem derselben durch

Radizierung zwei Werte von x. Z. B.:

$$x^4 - 9x^2 + 20 = 0 \text{ liefert } x^2 = +4 \text{ und } x^2 = +5,$$
$$\text{also } x_1 = +2, x_2 = -2, x_3 = +\sqrt{5} = +2{,}236,$$
$$x_4 = -\sqrt{5} = -2{,}236.$$

2) *Symmetrische* Gleichungen vierten Grades, d. h. solche von der Form $x^4 + ax^3 + bx^2 \pm ax + 1 = 0$, löst man dadurch, daß man $x \pm \frac{1}{x} = y$ setzt. Dann entsteht für y eine quadratische Gleichung, aus der man für y zwei Werte enthält. Um dann aus ihnen durch die Substitutionsgleichnng $x \pm \frac{1}{x} = y$ die Werte von x zu finden, hat man noch zwei quadratische Gleichungen zu lösen. Z. B.:

$$10x^4 - 77x^3 + 150x^2 - 77x + 10 = 0,$$

oder:

$$10(x^4 + 1) - 77(x^3 + x) + 150x^2 = 0,$$

oder:

$$10\left(x^2 + \frac{1}{x^2}\right) - 77\left(x + \frac{1}{x}\right) + 150 = 0.$$

Setzt man nun $x + \frac{1}{x} = y$, so erhält man:

$$10(y^2 - 2) - 77y + 150 = 0$$

oder:

$$y^2 - \frac{77}{10}y + 13 = 0,$$

woraus folgt:

$$y = \frac{77}{20} \pm \sqrt{\frac{5929 - 5200}{20^2}} = \frac{77}{20} \pm \frac{27}{20}.$$

Daher kommt:

$$y_1 = \frac{26}{5}; \quad y_2 = \frac{5}{2}.$$

Also ist noch zu lösen:

$$x + \frac{1}{x} = \frac{26}{5} \text{ und } x + \frac{1}{x} = \frac{5}{2}.$$

So erhält man schließlich die vier Wurzeln:

$$x_1 = 5, \quad x_2 = \frac{1}{5}, \quad x_3 = 2, \quad x_4 = \frac{1}{2}.$$

Eine symmetrische Gleichung läßt sich immer auf die Form $c\left(x^2+\frac{1}{x^2}\right)+d\left(x\pm\frac{1}{x}\right)+e=0$ bringen. Da diese Form aber durch Vertauschung von x mit $\pm\frac{1}{x}$ in sich selbst übergeht, so muß, wenn $x=\frac{f}{g}$ Wurzel einer symmetrischen Gleichung ist, auch der positive oder negative reziproke Wert $x=\pm\frac{g}{f}$ eine solche Wurzel sein. Deshalb nennt man die symmetrischen Gleichungen auch *reziproke.*

3) Quadratwurzeln, deren Radikand die Unbekannte x enthält, müssen zunächst durch Transponieren "*isoliert*" werden. Denn erst muß quadriert werden. Z. B.:

a) $20+\sqrt{x}=x$ ergiebt zunächst $\sqrt{x}=x-20$, woraus $x=x^2-40x+400$ folgt. Aus $x^2-41x+400=0$ folgt $x_1=25$, $x_2=16$ folgt. Die Substitution dieser Werte in die ursprüngliche Gleichung zeigt, daß nur $x_1=25$ dieselbe erfüllt. Der Wert $x_2=16$ erfüllt dagegen die Gleichung $20-\sqrt{x}=x$, welche ebenfalls zu $x^2-41x+400=0$ geführt hätte.

b) $\sqrt{3x+8}-\sqrt{\frac{x}{3}}=\sqrt{7+\frac{x}{3}}$ ergiebt durch Quadrieren:

$$3x+8+\frac{x}{3}-2\sqrt{(3x+8)\frac{x}{3}}=7+\frac{x}{3}$$

oder:

$$3x+1=2\sqrt{x^2+\frac{8x}{3}},$$

woraus folgt:

$$9x^2+6x+1=4x^2+\frac{32}{3}x$$

oder:

$$5x^2-\frac{14}{3}x+1=0$$

oder:

$$x^2-\frac{14}{15}x+\frac{1}{5}=0,$$

woraus sich ergiebt:

$$x=\frac{7}{15}\pm\sqrt{\frac{49-45}{15^2}}=\frac{7}{15}\pm\frac{2}{15}.$$

Beide Werte $x_1 = \frac{3}{5}$ und $x_2 = \frac{1}{3}$ erfüllen die ursprünglich gegebene Gleichung.

4) Wenn beide Seiten einer Gleichung einen *gemeinsamen*, x enthaltenden Faktor enthalten, so zerfällt die Gleichung in zwei Gleichungen. Die eine entsteht, indem man jenen Faktor gleich null setzt. Nimmt man zweitens an, daß dieser Faktor nicht null ist, so darf man beide Seiten der Gleichung durch ihn dividieren und erhält dadurch eine zweite Gleichung, aus welcher man weitere Wurzeln der gegebenen Gleichung erhalten kann. Z. B.:

$$(x^2 - 9)x = (x - 3)(x + 24)$$

ergiebt die beiden Gleichungen:

$$x - 3 = 0 \text{ und } (x + 3)x = x + 24,$$

aus denen man erstens $x_1 = 3$, zweitens $x_2 = +4$ und $x_3 = -6$ erhält.

Bei symmetrischen Gleichungen fünften Grades, d. h. solchen von der Form:

$$ax^5 + bx^4 + cx^3 \pm cx^2 \pm bx \pm a = 0$$

erscheint immer $x + 1$ oder $x - 1$ als gemeinsamer Faktor, und es entsteht durch Unterdrückung dieses Faktors immer eine symmetrische Gleichung vierten Grades. Z. B.:

$$10x^5 - 67x^4 + 73x^3 + 73x^2 - 67x + 10 = 0$$

ergiebt:

$$10(x^5 + 1) - 67x(x^3 + 1) + 73x^2(x + 1) = 0.$$

Der gemeinsame Faktor $x + 1$ ergiebt $x_1 = -1$. Ist $x + 1$ nicht null, so erhält man durch Division:

$$10(x^4 - x^3 + x^2 - x + 1) - 67x(x^2 - x + 1) + 73x^2 = 0,$$

woraus folgt:

$$10x^4 - 77x^3 + 150x^2 - 77x + 10 = 0.$$

Aus dieser Gleichung, die mit der oben gelösten symmetrischen Gleichung vierten Grades identisch ist, ergeben sich dann die weiteren Wurzeln $x_2 = 5$, $x_3 = \frac{1}{5}$, $x_4 = 2$, $x_5 = \frac{1}{2}$.

Übungen zu § 27.

A. Rein-quadratisch.

1. $\frac{x}{12} = \frac{3}{x}$;
2. $\left(x + \frac{3}{4}\right)\left(x - \frac{3}{4}\right) = 1$;
3. $\frac{x^2}{5} - 7\frac{1}{5} = 0$;
4. $x(x+4) = 2\left(2x + \frac{32}{9}\right)$;
5. $(x+5)(x-4) = x + 29$;
6. $(4x+3)^2 + (4x-3)^2 = 146$;
7. $x(x+e) = f^2 + e(e + 2f + x)$.

B. Wurzeln ganzzahlig.

8. $x^2 - 9x = -20$;
9. $x^2 - 7x + 12 = 0$;
10. $x(x-12) + 27 = 0$;
11. $x^2 - x = 12$;
12. $x^2 - 19x = 20$;
13. $x^2 + 4x = 45$;
14. $x^2 + 26x + 133 = 0$;
15. $x^2 - 132x + 1331 = 0$;
16. $(x+4)(x+13) = 90$;
17. $(x+3)^2 + (x-4)^2 = 65$;
18. $(x+8)(x-3) + (x+1)(x+3) = (x+5)x$;
19. $\frac{5x-13}{x+3} - \frac{2(x-4)}{x-3} = \frac{x+3}{x^2-9}$.

C. Wurzeln rational.

20. $3x^2 - 7x = 2;$

21. $(5x-3)(3x-1) + \frac{1}{4} = 0;$

22. $15x^2 + 4 = 17x;$

23. $x^2 - \frac{1}{2}x = \frac{1}{12}(x+12);$

24. $\frac{-4}{3x-5} + \frac{5}{6x-1} = 6;$

25. $\frac{5}{2x} + \frac{8}{2x+1} = 9;$

26. $\frac{x}{2}\left(\frac{x}{2}+1\right)\left(\frac{x}{2}+3\right) = \frac{1}{8}\left(x+\frac{2}{3}\right)\left(x+\frac{14}{3}\right)(x+1).$

D. Wurzeln Irrational.

27. $x^2 + 8x = 1;$

28. $x(x-6) + 7 = 0;$

29. $\frac{3x-5}{8} - \frac{x-2}{12} = \frac{x^2}{24};$

30. $x^2 - x\sqrt{2} - 3 = 0.$

E. Wurzeln komplex.

31. $\frac{x-8}{x-3} = x;$

32. $x^2 - \frac{1}{5}x + 1 = 0;$

33. $x^2 + x + 1 = 0;$

34. $(2x-3)^2 + 7 + 4x = 0.$

F. Zerspalte in zwei Faktoren ersten Grades:

35. $x^2 + 10x + 21$;

36. $x^2 - 10x + 21$;

37. $x^2 - x - 12$;

38. $x^2 + 13x - 140$;

39. $x^2 + 2x - 323$;

40. $x^2 - \frac{5}{6}x + \frac{1}{6}$;

41. $5x^2 + x - 4$;

42. $12x^2 - x - 35$;

43. $14x^2 + 65x + 9$;

44. $x^2 \tfrac{17}{4}x + 1$;

45. $2x^2 - \frac{1}{2}x - \frac{3}{4}$;

46. $x\left(x - \frac{7}{20}\right) - \frac{3}{20}$;

47. $x^2 - ax - bx + ab$;

48. $x^2 - 2cx + c^2 - 4d^2$.

G. Lösung durch Erkennen von x enthaltenden Faktoren.

49. $(x - 7)(x - 10) = 0$;

50. $(x + 5)(x - 1) = 2x + 10$;

51. $\left(5 - \frac{1}{x}\right)(5x + 8) = 5x - 1$;

52. $(2x - a)(3x + b) = 0$;

53. $(3x - 1)(4x + 5) = 9x^2 - 1$;

54. $x^2 + 5x = 3(x + 1) - 3$.

55. $(x-1)(x^2+4x+5)=10x-10;$

56. $(x^2-16)(x+7)=x+4.$

H. x^2 als Unbekannte.

57. $x^4-29x^2+100=0;$

58. $x^4=125(x^2-20);$

59. $(x-3)^4+(x+3)^4=272;$

60. $(3x^2-7)(5x^2-13)=9x^2-1;$

61. $(x+1)^5-(x-1)^6=992;$

62. $x^4-e^2x^2+f^4=0.$

J. Ein x enthaltender Ausdruck als Unbekannte.

63. $\frac{16}{x^2}-\frac{12}{x}+2=0;$

64. $\frac{x+7}{x-1}+\frac{x-1}{x+7}=\frac{5}{2};$

65. $(4x-3)^2+2\left(x-\frac{3}{4}\right)=5;$

66. $(x^2+3x+1)^2-12x(x+3)=1.$

K. Symmetrische Gleichungen vierten Grades.

67. $15x^4-128x^3+290x^2-128x+15=0;$

68. $3x^4-8x^3-6x^2+8x+3=0;$

69. $4x^4-25x^3+42x^2-25x+4=0;$

70. $x^4+x^3+x^2+x+1=0.$

L. Symmetrische Gleichungen von höherem als dem vierten Grade.

71. $15x^5 - 113x^4 + 162x^3 + 162x^2 - 113x + 15 = 0;$

72. $x^5 - 5\frac{1}{2}x^4 + 11\frac{1}{2}x^3 - 11\frac{1}{2}x^2 + 5\frac{1}{2}x - 1 = 0;$

73. $x^5 = 1;$

74. $x^6 - 1 = 0;$

75. $x^8 = 1;$

76. $x^{10} = 1.$

M. Gleichungen mit Wurzeln, deren Radikand x enthält.

77. $\sqrt{x^2 + x + 3} = x + 1;$

78. $\sqrt{x^2 + 7} - 1 = x;$

79. $(7 + \sqrt{x})(3 - \sqrt{x}) = x + 5;$

80. $x - \sqrt{x^2 - \frac{7}{3}x - 1} = 2;$

81. $\sqrt{x + 9} = x - 3;$

82. $x + \sqrt{x + 5} = 15;$

83. $\sqrt{3x + \sqrt{x - 4}} = 4;$

84. $\sqrt{5x - 6} + \sqrt{7x + 4} = 8;$

85. $\sqrt{3x - 8} + \sqrt{10x + 9} = \sqrt{20x + 1}.$

N. Gleichungen in Worten:

86. Welche Zahl ist um $\frac{7}{12}$ kleiner als ihr reziproker Wert?

87. Die Zahl 72 in zwei Faktoren zu zerlegen, deren Summe 17 ist.

88. Die reziproken Werte zweier aufeinanderfolgender natürlicher Zahlen unterscheiden sich um $\frac{1}{12}$. Wie heißen die Zahlen?

89. Welche Zahl ist um $\frac{3}{16}$ kleiner als ihre Quadratwurzel?

90. Die Summe der Quadrate von vier aufeinanderfolgenden Zahlen beträgt 126. Welches ist die größte dieser Zahlen?

---

91. Wie groß ist die Hypotenuse eines rechtwinkligen Dreiecks, wenn die eine Kathete um 1 Centimeter, die andere um 18 Centimeter kürzer ist, als die Hypotenuse?

92. Wie groß ist der Radius eines Kreises, wenn eine Sehne desselben um 11 Centimeter länger ist, als der Radius, während ihr Centralabstand 8 Centimeter kürzer ist, als der Radius?

93. Zwei Würfel unterscheiden sich um 218 Kubikcentimeter, ihre Kantenlängen nur um 2 Centimeter. Wie groß ist das Verhältnis ihrer Oberflächen?

---

94. Eine Gesellschaft, die aus Erwachsenen und Kindern bestand, machte einen Ausflug. Jeder Erwachsene sollte zu den Kosten 2 Mark mehr beisteuern, als jedes Kind. Die Zahl der Kinder war um 2 größer, als die der Erwachsenen. Schließlich zahlten die Erwachsenen zusammen 30 Mark, die Kinder nur 12 Mark. Wieviel Erwachsene und wieviel Kinder beteiligten sich an dem Ausflug? Wieviel Mark betrug der Beitrag für einen Erwachsenen und wieviel für ein Kind?

95. Zu einem Wohlthätigkeits-Konzert waren im ganzen 110 Karten ausgegeben. Der numerierte Platz kostete 1 Mark 50 Pfennig mehr als der unnumerierte. Dadurch kam es, daß die numerierten Sitze 90 Mark, die unnumerierten 120 Mark einbrachten. Wieviel kostete ein numerierter Sitz?

96. Die Schriftsetzer einer Stadt hatten eine Strike-Kasse, die eine Summe von 7200 Mark enthielt. Da jeder Strikende pro Woche 18 Mark Unterstützung haben sollte, so hätte die Kasse für die vorhandene Zahl von Schriftsetzern eine gewisse Anzahl von Wochen ausgereicht. Wären aber nur 10 Schriftsetzer mehr vorhanden gewesen, so hätte die Kasse 2 Wochen weniger die Unterstützung zahlen können. Wieviel Schriftsetzer gehörten der Kasse an?

97. Bei einem Diner hörte man nach einem Toaste 253 mal zwei Gläser zusammenklingen, da jeder mit jedem anstieß. Wieviel Personen nahmen an dem Diner teil?

---

98. Ein Badfahrer verfolgt einen Fußgänger, der ihm jetzt 1 Kilometer voraus ist. Da der Radfahrer zu einem Meter $\frac{15}{28}$ Sekunde weniger braucht, als der Fußgänger, so holt er ihn in 5 Minuten ein. Wieviel Meter hatte der Radfahrer zurückzulegen, um den Fußgänger einzuholen?

99. Aus zwei Dörfern, die 6250 Meter Entfernung von einander hatten, gingen zwei Bauern sich entgegen. Beide waren um 6 Uhr morgens aufgebrochen, der eine aber brauchte zu einem Kilometer 1 Minute länger, als der andere. Sie trafen sich um 6 Uhr 39 Minuten gerade an der Feldergrenze der beiden Dörfer. Wie weit ist die Feldergrenze von jedem der beiden Dörfer entfernt?

100. Bei einem Wegweiser trennen sich zwei Wanderer, von denen der eine in der Minute $11\frac{2}{3}$ Meter mehr zurücklegt, als der andere. Der eine geht nordwärts, der andere westwärts. Nach 6 Minuten sind sie in der Luftlinie 730 Meter entfernt. Wieviel Meter legt jeder in der Stunde zurück?

---

101. An einem zweiarmigen Hebel war Gleichgewicht, als an einem Arm ein Gegenstand, am ändern Arm $7\frac{1}{9}$ Kilogramm aufgehängt waren. Hängte man den Gegenstand an diesen andern Arm, so mußte man 9 Kilogramm am ersten Arm anhängen, um Gleichgewicht zu erzielen. Wieviel wog der Gegenstand?

102. Ein Stein wurde mit einer Anfangsgeschwindigkeit von 20 Meter senkrecht in die Höhe geworfen. Nach wieviel Sekunden befand er sich 20,4 Meter hoch? [Ein senkrecht in die Höhe geworfener Körper hat nach t

Sekunden die Höhe von $\left(ct - \frac{1}{2}gt^2\right)$ Meter erreicht, wenn c Meter pro Sekunde seine Anfangsgeschwindigkeit beträgt und $g = 9,8$ ist.]

103. Vor einem Hohlspiegel von 1 Meter Brennweite befand sich ein Objekt und weiterhin dessen Bild, und zwar $1\frac{1}{2}$ Meter von einander entfernt. Wieviel Meter war das Objekt vom Spiegel entfernt? [Ist f die Brennweite eines Spiegels, a und α die Entfernungen des Spiegels von einem Objekte und dessen Bilde, so ist $\frac{1}{f} = \frac{1}{a} + \frac{1}{\alpha}$.]

104. Ein galvanischer Strom hatte 100 Volt Spannung. Als man 5 Ohm Widerstand mehr einschaltete, sank die Stromstärke um 1 Ampere. Wieviel Ohm Widerstand waren anfänglich eingeschaltet?

O. Buchstaben-Gleichungen.

105. $x^2 + (a+b)x + ab = 0;$

106. $ex^2 + 2fx + g = 0;$

107. $x^2 + a^2 - 4b^2 = 2ax;$

108. $x^2 - 4ax - 4bx + 3a^2 - 12b^2 = 0;$

109. $x + \sqrt{x} = m;$

110. $x^4 + p^4 + q^4 = 2[p^2q^2 + x^2p^2 + x^2q^2];$

111. $x^4 + ax^3 + bx^2 + ax + 1 = 0;$

112. $a - x + \sqrt{a^2 - 1} = \sqrt{x^2 - 1}.$

§ 28. Quadratische Gleichungen mit mehreren Unbekannten.

Eine Gleichung, die sich auf die Form

$$Ax^2 + Bxy + Cy^2 + Dx + Ey + F = 0$$

bringen läßt, wo A, B, C, D, E, F bekannte Zahlen sind, heißt eine quadratische Gleichung mit zwei Unbekannten. Wenn man bei einer solchen Gleichung nur die eine der beiden Zahlen x und y als unbekannt ansieht, so kann man diese durch die andere Zahl ausdrücken, und zwar durch Lösung einer quadratischen Gleichung. Daher giebt es zu jedem Werte von x emphzwei zugehörige Werte von y derartig, daß dieser Wert von x und irgend einer der beiden Werte von y die vorliegende quadratische Gleichung erfüllen. Wenn nun noch eine zweite solche quadratische Gleichung zwischen x und y gegeben ist, so entsteht die Aufgabe, diejenigen Wertepaare von x und y aufzufinden, welche beide Gleichungen befriedigen. Die Lösung dieser Aufgabe geschieht, wie bei den Gleichungen ersten Grades mit zwei Unbekannten (§ 18) dadurch, daß man durch Elimination einer der beiden Unbekannten eine einzige Gleichung gewinnt, welche nunmehr nur noch die andere Unbekannte enthält. Wenn aber die beiden gegebenen Gleichungen ganz allgemein sind, so gelangt man durch eine solche Elimination zu einer Gleichung, die nicht vom zweiten, sondern vom vierten Grade ist, also die folgende Form hat:

$$ax^4 + bx^3 + cx^2 + dx + e = 0.$$

Da die Lösung der Gleichungen vierten Grades mit einer Unbekannten nicht der elementaren Arithmetik angehört, so können hier nur solche Systeme von quadratischen Gleichungen mit zwei Unbekannten behandelt werden, bei denen die Auffindung der Werte der Unbekannten durch die Lösung von einer und von mehreren Gleichungen *zweiten* Grades gelingt. Die wichtigsten Fälle, in denen dies gelingt, sind im Folgenden erörtert. Zu diesen Fällen rechnen wir auch den, wo die eine Gleichung nur vom ersten Grade ist. Andrerseits werden auch solche Fälle besprochen, in denen die eine oder die andere Gleichung oder beide Gleichungen von höherem als dem zweiten Grade sind, wenn nur die Auffindung der Werte der Unbekannten lediglich von solchen Gleichungen mit einer Unbekannten abhängt, deren Grad den zweiten Grad nicht übersteigt.

A. Die eine Gleichung ist ersten Grades.

Man drückt vermittelst der Gleichung ersten Grades die eine Unbekannte durch die andere aus und setzt den erhaltenen Ausdruck in der anderen Gleichung überall ein, wo die ausgedrückte Unbekannte vorkommt. Wenn dann diese andere Gleichung von nicht höherem, als dem zweiten Grade ist, so ist auch die durch die Elimination gewonnene, nur eine Unbekannte enthaltende Gleichung von nicht höherem als dem zweiten Grade. Z. B.:

$$\left\{\begin{array}{c} 3x - 5y = 1 \\ x^2 - 3xy + 2y^2 + y = 1 \end{array}\right\}.$$

Man erhält $x = \dfrac{1+5y}{3}$, und dann durch Einsetzen:

$$\frac{(1+5y)^2}{9} - 3 \cdot \frac{1+5y}{3} \cdot 2y^2 + y = 1;$$

oder:

$$1 + 10y + 25y^2 - 9(1+5y)y + 18y^2 + 9y = 9;$$

oder:

$$25y^2 - 45y^2 + 18y^2 + 10y - 9y + 9y = 9 - 1;$$

oder:

$$-2y^2 + 10 = 8 \text{ oder } y^2 - 5y + 4 = 0.$$

Durch Lösung der Gleichung $y^2 - 5y + 4 = 0$ (§ 27) erhält man: $y_1 = 4$, $y_2 = 1$, woraus durch Einsetzen dieser Werte in die Substitationsgleichung $x = \dfrac{1+5y}{3}$ die zugehörigen Werte von x gefunden werden, nämlich $x_1 = 7$, $x_2 = 2$. Das gegebene Gleichungssystem wird also durch die beiden Wertepaare:

$$\begin{array}{cc|c|c|} x & = & 7 & 2 \\ y & = & 4 & 1 \end{array}$$

erfüllt.

B. Die Elimination der quadratisehen Glieder führt auf eine Gleichung ersten Grades.

Quadratisch heißen in der eingerichteten Form einer Gleichung zweiten Grades die drei Glieder, welche x^2, xy, y^2 enthalten. Wenn es gelingt, diese sämtlich zu eliminieren, so entsteht eine dritte Gleichung, die keine quadratischen Glieder mehr enthält, also ersten Grades ist. Diese kann man dann mit einer der beiden gegebenen Gleichungen verbinden und somit diesen Fall B auf den Fall A zurückführen. Z. B.:

$$\left\{\begin{array}{c} 2(x+1)(y-4) = y+11 \\ (3x-1)(2y-9) = 5 \end{array}\right\}.$$

Beim Einrichten dieser Gleichungen erhält man zunächst:

$$\left\{\begin{array}{c} 2xy - 8x + 2y - 8 = y + 1 \\ 6xy - 27x - 2y + 9 = 5 \end{array}\right\},$$

und dann:

$$\left\{\begin{array}{c} 2xy - 8x + y = 9 \\ 6xy - 27x - 2y = -4 \end{array}\right\}.$$

Um xy zu eliminieren, hat man die erste Gleichung mit 3 zu multiplizieren, und von der erhaltenen Gleichung die zweite zu subtrahieren. So erhält man:

$$3x + 5y = 31 \text{ oder } x = \frac{31 - 5y}{3}.$$

Durch Substitution dieses für x gefundenen Ausdrucks in die erste der beiden eingerichteten Gleichungen erhält man:

$$\frac{62 - 10y}{3} \cdot y - \frac{248 - 40y}{3} + y = 9;$$

oder:

$$62y - 10y^2 - 248 + 40y + 3y = 27;$$

oder:

$$-10y^2 + 105y = 275;$$

oder:

$$y^2 - \frac{21}{2}y = -\frac{55}{2}.$$

Also:

$$y = \frac{21}{4} \pm \sqrt{\frac{441 - 440}{16}} = \frac{21}{4} \pm \frac{1}{4}.$$

Daher ist:

$y_1 = \frac{11}{2}$, $y_2 = 5$, woraus sich vermöge der Substitutionsgleichung $x_1 = \frac{7}{6}$, $x_2 = 2$ ergeben.

C. Die eine Gleichung ist homogen, d. h. sie enthält nur quadratische Glieder.

Wenn eine Gleichung sich auf die Form $ax^2 + bxy + cy^2 = 0$ bringen läßt, also nur quadratische Glieder enthält, so erzielt man dadurch, daß man durch y^2 dividiert nnd für $\frac{x}{y}$ eine neue Unbekannte t einführt, eine quadratische Gleichung, die nur diese eine Unbekannte enthält und deshalb für diese gelöst werden kann. Nennt man eine der beiden Lösungen e, so ist $x = ey$. Setzt man daher ey für x in der andern gegebenen Gleichung, so erhält man eine Gleichung, die nur y enthält und also leicht gelöst werden kann. Ebenso hat man dann noch den andern Wert von t zu behandeln. Im ganzen erhält man *vier* Wertepaare. Z. B.:

$$\left\{\begin{array}{l} x^2 - 4xy + 3y^2 = 0 \\ x^2 + y^2 = 5(y + 6) \end{array}\right\}.$$

Die erste Gleichung enthält nur quadratische Glieder oder ist, wie man sagt, *homogen*. Man erhält aus ihr, wenn man $x : y = t$ setzt,

$$t^2 - 4t + 3 = 0,$$

woraus folgt:

$$t_1 = 3, t_2 = 1, \text{ d. h. } x = 3y \text{ und } x = y.$$

Zunächst setzt man $x = 3y$ in die zweite Gleichung ein. Dadurch erhält man:

$$10y^2 = 5(y + 6);$$

oder:

$$2y^2 - y - 6 = 0;$$

oder:

$$y^2 - \frac{1}{2}y - 3 = 0;$$

woraus folgt:

$$y = \frac{1}{4} \pm \sqrt{\frac{1}{16} + \frac{48}{16}} = \frac{1}{4} \pm \frac{7}{4},$$

woraus sich die zwei Wertepaare ergeben:

$$x_1 = 6, \quad y_1 = 2, \quad x_2 = -\frac{9}{2}, \quad y_2 = -\frac{3}{2}.$$

Wenn man zweitens $x = y$ in die zweite Gleichung einsetzt, so erhält man:

$$2y^2 = 5y + 30$$

oder:

$$y^2 - \frac{5}{2}y = 15,$$

woraus man $y = \frac{5}{4} \pm \frac{1}{4}\sqrt{265}$ erhält. Demnach sind:

$$\left\{\begin{aligned} x_3 &= \frac{5}{4} + \frac{1}{4}\sqrt{265} \\ y_3 &= \frac{5}{4} + \frac{1}{4}\sqrt{265} \end{aligned}\right\} \text{ und } \left\{\begin{aligned} x_4 &= \frac{5}{4} - \frac{1}{4}\sqrt{265} \\ y_4 &= \frac{5}{4} - \frac{1}{4}\sqrt{265} \end{aligned}\right\}$$

zwei weitere Wertepaare, welche das ursprüngliche Gleichungssystem erfüllen.

D. Die Einführung einer neuen Unbekannten verursacht, daß die eine Gleichung nur noch diese, also eine einzige Unbekannte, enthält.

Schon in C war durch Einführung der neuen Unbekannten t für $x : y$ die Lösung des Gleichungssystems bewirkt. Aber auch jeder andere von x und y abhängige Ausdruck kann als Unbekannte betrachtet werden. Wenn dadurch erreicht wird, daß die Gleichung dann lediglich diese eine Unbekannte enthält und von höchstens dem zweiten Grade ist, kann die Unbekannte bestimmt werden, und dadurch ein Zerfallen des Gleichungssystems in zwei Systeme bewirkt werden. Z. B.:

$$\left\{\begin{aligned} x^4 - 2x^3y + x^2y^2 - 3x^2 + 3xy = 4 \\ 3x + y = 15 \end{aligned}\right. .$$

Durch Umformung der ersten Gleichung erhält man:

$$x^2(x-y)^2 - 3x(x-y) = 4.$$

Man setzt deshalb $x(x-y)=t$. Dadurch erhält man:

$$t^2-3t=4,$$

woraus folgt $t_1=4$, $t_2=-1$. Man hat daher nun die beiden folgenden Gleichungssysteme zu behandeln:

$$\left\{\begin{aligned} x(x-y) &= \ \ 4 \\ 3x+y &= 15 \end{aligned}\right\} \text{ und } \left\{\begin{aligned} x(x-y) &= -1 \\ 3x+y &= 15 \end{aligned}\right\}$$

Aus diesen erhält man schließlich:

$$\left\{\begin{array}{c|c|c|c} x= & 4 & -\dfrac{1}{4} & \dfrac{15}{8}\pm\dfrac{1}{8}\sqrt{209} \\ \hline y= & 3 & +\dfrac{63}{4} & \dfrac{75}{8}\mp\dfrac{3}{8}\sqrt{209} \end{array}\right\}.$$

E. Benutzung des Zusammenhangs, der zwischen der Summe, der Differenz, dem Produkt und der Quadratsumme der beiden Unbekannten besteht.

Da $(x+y)^2=(x^2+y^2)+2(xy)$ und $(x-y)^2=(x^2+y^2)-2(xy)$ ist, so erhält man, wenn man $x+y=s$, $x-y=d$, $x\cdot y=p$, $x^2+y^2=q$ setzt, die beiden folgenden Gleichungen:

$$s^2=q+2p$$
$$\text{und } d^2=q-2p.$$

Wenn nun die beiden gegebenen Gleichungen so beschaffen sind, daß sie zu zwei Gleichungen führen, die allein zwischen s, d, p, q bestehen, so erhält man ein System von vier Gleichungen, aus denen sich oft s und d leicht berechnen läßt. Dann erhält man x und y aus s und d durch die Gleichungen $x=\frac{1}{2}(s+d)$ und $y=\frac{1}{2}(s-d)$. Z. B.:

$$\left\{\begin{aligned} 3x^2+3y^2 &= 2(7+2x+2y) \\ 2x-xy+2y &= 5 \end{aligned}\right. .$$

Durch die erwähnte Einsetzung erhält man:

$$\begin{cases} 3q = 14 + 4s \\ p = 2s - 5 \end{cases}.$$

Zu diesen beiden Gleichungen hat man $s^2 = q + 2p$ hinzuzugesellen. Dann erhält man durch Elimination von p und q:

$$s^2 = \frac{14 + 4s}{3} + 2(2s - 5)$$

oder:

$$s^2 - \frac{16}{3}s + \frac{16}{3} = 0,$$

woraus man $s_1 = 4$ und $s_2 = \frac{4}{3}$ erhält. Aus $s_1 = 4$ erhält man dann nacheinander:

$p_1 = 3, q_1 = 10, d_1 = \pm 2$, woraus für x und y die Werte 3 und 1 bezw. 1 und 3 folgen.

Ebenso erhält man aus $s_2 = \frac{4}{3}$ nacheinander:

$p_2 = -\frac{7}{3}, q_2 = \frac{58}{9} d_2 = \pm\frac{10}{3}$, woraus für x und y die Werte $\frac{7}{3}$ und -1, bezw. -1 und $\frac{7}{3}$ folgen.

F. Summe oder Differenz gleich hoher Potenzen der Unbekannten.

Durch die in E eingeführten neuen Unbekannten s, d, p, q lassen sich auch die Summen und Differenzen gleich hoher Potenzen der Unbekannten leicht ausdrücken, wodurch oft eine große Vereinfachung des gegebenen Gleichungs-Systems herbeigeführt wird. Man beachte namentlich:

$$\begin{aligned}
x^2 + y^2 &= q, \\
x^2 - y^2 &= (x+y)(x-y) = s \cdot d, \\
x^3 + y^3 &= (x+y)(x^2 - xy + y^2) = s(q-p), \\
x^4 + y^4 &= (x^2+y^2)^2 - 2(xy)^2 = q^2 - 2p^2, \\
x^4 - y^4 &= (x^2+y^2)(x^2-y^2) = qsd, \\
x^5 + y^5 &= (x+y)(x^4 - x^3y + x^2y^2 - xy^3 + y^4) \\
&= s(q^2 - p^2 - pq), \\
x^5 - y^5 &= (x-y)(x^4 + x^3y + x^2y^2 + xy^3 + y^4) \\
&= d(q^2 - p^2 + pq).
\end{aligned}$$

Z. B.:

$$\begin{cases} \quad\;\; x^4 + y^4 = 97 \\ x^2 + y^2 - xy = \;\;7 \end{cases}$$

Man erhält zunächst:

$$\left\{ \begin{matrix} q^2 - 2p^2 = 97 \\ q = p + 7 \end{matrix} \right\},$$

woraus folgt:

$$p^2 - 14p + 48 = 0,$$

also $p_1 = 8$, $p_2 = 6$, woraus sich $q_1 = 15$, $q_2 = 13$ ergiebt. Hieraus folgt erstens $s^2 = 31$, $d^2 = -1$, zweitens auch $s^2 = 25$, $d^2 = 1$. Hiernach ergeben sich für x und y acht Wertepaare, nämlich:

$$\begin{array}{r|c|c|c|c|c|c|}
x = & \pm\frac{1}{2}\sqrt{31} + \frac{1}{2}i & \pm\frac{1}{2}\sqrt{31} - \frac{1}{2}i & 3 & 2 & -2 & -3 \\
y = & \pm\frac{1}{2}\sqrt{31} - \frac{1}{2}i & \pm\frac{1}{2}\sqrt{31} + \frac{1}{2}i & 2 & 3 & -3 & -2
\end{array}$$

G. Ein und derselbe x und y enthaltende Faktor auf beiden Seiten der einen Gleichung.

Wenn die eine Gleichung sich so umformen läßt, daß auf ihren beiden Seiten ein und derselbe x und y enthaltende Faktor erscheint, so wird die Gleichung dadurch erfüllt, daß dieser Faktor gleich null gesetzt wird, wodurch eine erste Gleichung entsteht, die mit der andern der beiden gegebenen Gleichungen zu verbinden ist. Wenn man zweitens annimmt, daß jener Faktor nicht null ist, so darf man durch ihn auf beiden Seiten dividieren. Dadurch entsteht eine zweite Gleichung, die wiederum mit der ändern der beiden gegebenen Gleichungen zu verbinden ist. Auf solche Weise zerfallt also das gegebene Gleichungssystem in zwei einfachere Systeme. Z. B.:

$$\left\{\begin{array}{c}(x-y)(3x+y-1)=2(x^2-y^2)\\ y^2=2x+1\end{array}\right. .$$

Die erste Gleichung enthält beiderseits den Faktor $x-y$. Also erhalten wir erstens das Gleichungssystem:

$$\left\{\begin{array}{c}x-y=0\\ y^2=2x+1\end{array}\right\}.$$

Nach Division durch $x-y$ erhält man: $3x+y-1=2(x+y)$. Daher erhalten wir zweitens das Gleichungssystem:

$$\left\{\begin{array}{c}3x+y-1=2(x+y)\\ y^2=2x+1\end{array}\right\}.$$

Die Lösung der beiden Gleichungssysteme ergiebt die folgenden Wertepaare:

$$\begin{array}{r|c|c|c|c|}x= & 1+\sqrt{2} & 1-\sqrt{2} & 4 & 0\\ y= & 1+\sqrt{2} & 1-\sqrt{2} & 3 & -1\end{array}.$$

Wenn ein Gleichungssystem mit *mehr als zwei* Unbekannten eine einzige Gleichung zweiten Grades und anßerdem nur Gleichungen ersten Grades enthält, so entsteht, gerade wie oben im Fall A, durch Elimination eine nur eine Unbekannte enthaltende Gleichung zweiten Grades. Wenn aber ein solches System mehrere quadratische Gleichungen enthält, so muß man suchen, einfachere Gleichungen abzuleiten oder durch Einführung neuer Unbekannten ein diese neuen Unbekannten enthaltendes einfacheres Gleichungssystem zu gewinnen, um so schließlich das Hauptziel, die Außtellung einer quadratischen Gleichung mit nur einer Unbekannten, zu erreichen. Z. B.:

$$\left\{\begin{array}{c} 3x + y + z = 18 \\ 3x^2 = 7 + yz \\ 5x^2 = 4 + y^2 + z^2 \end{array}\right\}.$$

Man drücke aus der ersten Gleichung $y + z$, ans der zweiten yz und aus der dritten $y^2 + z^2$ durch x aus, und benutze dann, daß

$$(y + z)^2 = 2 \cdot (yz) + (x^2 + z^2)$$

ist. So erhält man eine nur x enthaltende Gleichung, nämlich:

$$x^2 + 54x - 171 = 0,$$

die zu $x_1 = 3$, $x_2 = -57$ fühlt. Setzt man den einen oder den ändern dieser Werte von x ein, so erhält man die zugehörigen Werte von $y^2 + z^2$ und von $y \cdot z$, aus denen man nach E dann $y - z$ und schließlich y und z einzeln gewinnt. Die so ableitbaren Wert-Tripel sind folgende:

$$\begin{array}{r|c|c|l|} x = & 3 & 3 & -57 \\ y = & 4 & 5 & \dfrac{189}{2} \pm \dfrac{1}{2} i\sqrt{3239} \\ z = & 5 & 4 & \dfrac{189}{2} \mp \dfrac{1}{2} i\sqrt{3239} \end{array}.$$

Übungen zu § 28.

A.

1. $\begin{cases} x + 2y = 8 \\ x^2 + y^2 = 13 \end{cases};$

2. $\begin{cases} \phantom{x-{}}xy = 10 \\ x - y = 3 \end{cases},$

3. $\begin{cases} 3x + 8y = 20 \\ x^2 + 2y^2 + xy = 5x + y + 1 \end{cases};$

4. $\begin{cases} \dfrac{x}{5} + \dfrac{y}{5} = 2 \\ x^2 + xy = 36 \end{cases};$

5. $\begin{cases} \dfrac{2x + y}{x - y} = \dfrac{3x - 1}{y - 1} \\ x + y = 5 \end{cases};$

6. $\begin{cases} \dfrac{x + y}{4} - \dfrac{x + 1}{5} = \dfrac{2}{5} - \dfrac{4 - 3y}{20} \\ y^2 = x^2 + 5 \end{cases}.$

B.

7. $\begin{cases} (x + y)^2 = x + y + 6 \\ x^2 + y^2 = 4x + y - 2xy \end{cases};$

8. $\begin{cases} xy + x = 18 \\ xy + 2y = 25 \end{cases};$

9. $\begin{cases} (x + 1)(y - 3) = 24 \\ (x - 2)(y + 1) = 24 \end{cases}.$

C.

10. $\begin{cases} x^2 = xy + 2y^2 \\ x^2 = 12 + 3x - 2y^2 \end{cases};$

11. $\begin{cases} x(x - 5) = 175 - y^2 \\ x(x + 6y) = 5y^2 \end{cases}.$

D.

12. $\begin{cases} (x-y)^2 + x - y = 6 \\ x^2 = y(2x+1) + 2x - 18 \end{cases};$

13. $\begin{cases} \dfrac{x+2}{y+3} + \dfrac{y+3}{x+2} = 2 \\ 2x^2 - y^2 = 3x + 4y + 9 \end{cases}.$

E.

14. $\begin{cases} x + y = 12 \\ xy = 32 \end{cases};$

15. $\begin{cases} x^2 + y^2 = 61 \\ xy = 30 \end{cases};$

16. $\begin{cases} x^2 + y^2 = 53 \\ x - y = \ \ 5 \end{cases};$

17. $\begin{cases} x^2 + y^2 + x + y + xy = 76 \\ 2x^2 - 5x - 56 = 5y - 2y^2 + 5 \end{cases};$

18. $\begin{cases} x - xy + y = 1 \\ x^2 + x^2y^2 + y^2 = 9 \end{cases}.$

F.

19. $\begin{cases} x^3 + y^3 = 28 \\ x + y = \ \ 4 \end{cases};$

20. $\begin{cases} x^3 - y^3 = 19 \\ x - y = \ \ 1 \end{cases};$

21. $\begin{cases} x^4 + y^4 = 97 \\ x - y = 1 \end{cases};$

22. $\begin{cases} x^5 + y^5 = 275 \\ x + y = 5 \end{cases};$

23. $\begin{cases} x^4 - y^4 = 80 \\ x^2 - y^2 = 8 \end{cases};$

24. $\begin{cases} x^4 + y^4 = 257 \\ x^2 + y^2 = xy + 13 \end{cases}.$

G.

25. $\begin{cases} (x - 4y - 3)(x + y) = 0 \\ x^2 + y^2 = 22 + 4xy \end{cases};$

26. $\begin{cases} (x + y)(3y - 2x - 1) = x^2 - y^2 \\ x^2 - xy - 5 = 0 \end{cases};$

27. $\begin{cases} x^4 = y^4 + 9(x^2 + y^2) \\ xy = 15 \end{cases};$

28. $\begin{cases} (x + y)^2 - 4 = (x + y + 2)(x - 1) \\ 4x + y = 17 \end{cases}.$

Unbekannte unter Quadratwurzelzeichen.

29. $\begin{cases} 3(\sqrt{x} + \sqrt{y}) = x - y \\ xy = 324 \end{cases};$

30. $\begin{cases} x^2 + y\sqrt{xy} = 260 \\ y^2 + x\sqrt{xy} = 65 \end{cases}.$

Buchstaben-Gleichungen.

31. $\begin{cases} x + y = s \\ x^2 + y^2 = q \end{cases};$

32. $\begin{cases} x^2 + y^2 + x + y = e \\ xy + x + y = t \end{cases};$

33. $\begin{cases} xy = a^2 \\ x : y = b^2 \end{cases};$

34. $\begin{cases} x^2 - y^2 = c \\ x - y = d \end{cases};$

35. $\begin{cases} x^2 + y^2 = q \\ \sqrt{x} + \sqrt{y} = h \end{cases}.$

Mehr als zwei Unbekannte.

36. $\begin{cases} 3x - y + z = 7 \\ x + y + 2z = 13 \\ x^2 + 2y^2 - z^2 = 6 \end{cases};$

37. $\begin{cases} x + y = z \\ x + 3z = 10 \\ xy + xz + yz = 11 \end{cases};$

38. $\begin{cases} xy = 2 \\ xz = 5 \\ yz = 10 \end{cases};$

39. $\begin{cases} (x + y)(x + z) = 54 \\ (y + z)(y + x) = 66 \\ (z + x)(z + y) = 99 \end{cases};$

40. $\begin{cases} x(y + z) = 65 \\ y(z + x) = 72 \\ z(x + y) = 77 \end{cases};$

41. $\begin{cases} x : y = y : z \\ x + y + z = 28 \\ x^2 + y^2 + z^2 = 336 \end{cases}$;

42. $2xyz = 105(x + y) = 84(x + z) = 130(y + z)$.

43. $\begin{cases} xy + xz + yz = 19 \\ x^2 + y^2 + z^2 = 26 \\ x + y = z \end{cases}$;

44. $\begin{cases} xy = zu \\ x + y = 18 \\ z + u = 17 \\ x^2 + y^2 + z^2 + u^2 = 325 \end{cases}$;

45. $\begin{cases} x + y = 4 \\ x + z = 6 \\ x + u = 8 \\ yz + yu + zu = 71 \end{cases}$;

46. $\begin{cases} x + y + z + u = 16 \\ xy + zu = 36 \\ xz + yu = 28 \\ xu + yz = 27 \end{cases}$.

Gleichungen in Worten.

47. Von zwei gesuchten Zahlen ist die Summe 52, die Summe ihrer Quadratwurzeln 10.

48. Zwei Polygone haben zusammen 13 Seiten und 29 Diagonalen. Wieviel Seiten hat jedes?

49. Welche zwei komplexen Zahlen haben dieselbe Summe, dasselbe Produkt und dieselbe Quadratsumme?

50. Ein rechtwinkliges Dreieck hat 56 Meter Umfang und 84 Quadratmeter Inhalt. Wie lang sind seine Seiten?

51. Von drei Zahlen, die eine stetige Proportion bilden, beträgt die Summe 19, die Summe der Quadrate 133. Wie heißen die drei Zahlen?

52. Eine Chaussee zwischen zwei Orten A und B ist 33 Kilometer lang. Auf ihr gehen von A und von B aus um 8 Uhr zwei Fußgänger ab, die sich um 11 Uhr begegnen. Der von A kommende Fufsgänger trifft aber 1 Stunde 6 Minuten früher in B ein, als der von B kommende in A eintrifft. Wieviel Minuten braucht jeder von beiden zu einem Kilometer?

53. Ein Pferdeverkäufer verkauft alle seine Pferde zu gleichem Preise und nimmt dabei 4800 Mark ein. Er hätte dieselbe Summe eingenommen, wenn er 1 Pferd mehr und jedes 8 Mark billiger verkauft hätte. Wieviel Pferde verkaufte er, und jedes zu welchem Preise?

54. Der Effekt eines galvanischen Stroms von 200 Volt Spannung wurde um 600 Watt gesteigert, als 15 Ohm Widerstand ausgeschaltet wurden. Wie groß war der anfängliche Widerstand, die anfängliche Stromstärke und der anfängliche Effekt? [l Watt gleich 1 Volt mal 1 Ampère.]

VI. Abschnitt.

Rechnungsarten dritter Stufe.

---

§ 29. Potenzen mit ganzzahligen Exponenten.

Definitionsformel: $a^p = \overset{1)}{a} \cdot \overset{2)}{a} \cdot \overset{3)}{a} \cdot \ldots \overset{p)}{a}.$

Distributionsformeln bei gleicher Basis:

$$\begin{cases} \text{I)}\ a^p \cdot a^q = a^{p+q}; \\ \text{II)}\ a^p : a^q = a^{p-q}, \text{ wenn} p > q \text{ist}; \\ \text{III)}\ a^p : a^q = 1, \text{ wenn} p = q \text{ist}; \\ \text{IV)}\ a^p : a^q = 1 : a^{q-p}, \text{ wenn} p < q \text{ist}. \end{cases}$$

Distributionsformeln bei gleicher Exponenten:

$$\begin{cases} \text{V)}\ a^q \cdot b^q = (a \cdot b)^q; \\ \text{VI)}\ a^q : b^q = (a : b)^q. \end{cases}$$

Associationsformel: VII) $(a^p)^q = a^{p \cdot q} = (a^q)^p.$

In § 10 ist die Definition des Produktes dahin erweitert, daß dasselbe beliebig viele Faktoren enthalten darf, und, im Anschluß daran, eine abgekürzte Schreibweise für solche Produkte eingeführt. Indem man diese zwei Zahlen enthaltende Schreibweise als eine arithmetische Verknüpfung derselben auffaßt, gelangt man zur *direkten Rechnungsart dritter Stufe. Eine Zahl a mit einer Zahl p potenzieren, heißt also, ein Produkt von p Faktoren bilden, von denen jeder a heißt.* Die Zahl a, *welche* als Faktor eines Produktes gesetzt wird, heißt Basis, die Zahl p welche angiebt, wie oft die andere Zahl a als Faktor eines Produktes gesetzt werdensoll, heißt *Exponent.* Das Resultat der Potenzierung, das man a^p sehreibt und "a hoch p" oder "a zur p-ten Potenz" liest, heißt *Potenz.* Da der Exponent zählt, wie oft die Basis als Faktor zu denken ist, so kann der Exponent nur eine positive ganze Zahl sein. Dagegen kann die Basis jede beliebige Zahl sein. Z. B.:

$$(-2)^3 = (-2) \cdot (-2) \cdot (-2) = -8;$$
$$\left(\frac{3}{5}\right)^4 = \left(\frac{3}{5}\right)\left(\frac{3}{5}\right)\left(\frac{3}{5}\right)\left(\frac{3}{5}\right) = \frac{81}{625};$$
$$0^6 = 0 \cdot 0 \cdot 0 \cdot 0 \cdot 0 \cdot 0 = 0.$$

Da man a als Produkt von *einem* Faktor ansehen kann, setzt man $a^1 = a$. Potenzen, welche den Exponenten 2 haben, sind unter dem Namen "Quadrate", schon im V. Abschnitt behandelt. Die Potenzen mit dem Exponenten 3 heißen auch "*Kuben*" und die dritten Potenzen der natürlichen Zahlen "*Kubikzahlen*". Diese Ausdrücke erklären sich dadurch, daß man, behufs Bestimmung des Volumens eines "*Kubus*", d. h. eines Würfels, die Maßzahl seiner Kantenlänge mit 3 zu potenzieren hat. Die ersten neun Kubikzahlen sind:

$$1, 8, 27, 64, 125, 216, 343, 512, 729.$$

Auch Potenzen von höheren Exponenten sind von § 10 an wiederholt vorgekommen, aber immer nur als abgekürzt geschriebene Produkte behandelt. Von nun an wird aber die Potenziemng als eine selbständige Rechnungsart angesehen, die aus der Multiplikation ebenso hervorgeht, wie diese ans der Addition entstand, und deshalb *dritter* Stufe heißen muß.

Die Formeln I und II entsprechen genau den Formeln I und II des § 10, sind also auch analog zu beweisen. Formel III ist richtig, weil ein Quotient, dessen Dividendus und Divisor gleich sind, den Wert 1 hat. Bei der linken Seite von Formel IV hat man sich einen Quotienten zu denken, dessen Dividendus ein Produkt von p Faktoren a ist, während der Divisor ein Produkt von q Faktoren a ist. Ist nun $p < q$, so heben sich alle Faktoren des Dividendus fort, sodaß ein Quotient entsteht, dessen Dividendus 1 ist, und dessen Divisor ein Produkt von $q - p$ Faktoren ist.

Formel V und VI sind richtig, weil man jeden von den q Faktoren a, die a^q umfaßt, mit einem von den q Faktoren b, die b^q umfaßt, durch Multiplikation bezw. Division vereinigen kann, sodaß q Produkte bezw. Quotienten entstehen, deren jeder $a \cdot b$ bezw. $a : b$ heißt.

Formel VII ist richtig, weil ein Produkt von q Faktoren, deren jeder ein Produkt von p Faktoren ist, ein Produkt von $p \cdot q$ Faktoren darstellt, und zugleich als ein Produkt von p Faktoren aufgefaßt werden kann, deren jeder ein Produkt von q Faktoren ist.

Zwischen diesen Gesetzen der Potenzierung und denen der Multiplikation besteht nur der wesentliche Unterschied, daß bei der Potenzierung das Kommntationsgesetz ungültig ist, da im allgemeinen a^b *nicht* gleich b^a ist.

Wenn die Basis einer Potenz nicht eine bloße Zahl oder ein einzelner Buchstabe, sondern ein Ausdruck ist, so ist derselbe in eine Klammer einzuschließen. Dagegen macht die höhere Stellung des Exponenten eine Klammer um denselben überflüssig.

Nach der Definition der Potenzierung sind a^0 und a^{-n}, wo $-n$ eine negative ganze Zahl ist, sinnlose Zeichen. Auch Produkte, deren Multiplikator null oder negativ ist, waren, nach der ursprünglichen Definition der Multiplikation, sinnlose Zeichen. Doch erhielten solche Zeichen, gemäß dem *Prinzip der Permanenz*, dadurch Sinn, daß man wünschte, mit solchen Differenzen ebenso multiplizieren zu können, wie mit Differenzen, die ein Ergebnis des Zählens darstellen. In derselben Weise verfährt man mit den Potenzformen:

$$a^0 \text{ und } a^{-n}.$$

Man setzt also $a^0 = a^{p-p}$, hebt die Beschränkung $p > q$ in Formel II auf, wendet dieselbe, umgekehrt gelesen, an, und benutzt dann Formel III. So erhält man:

$$a^0 = a^{p-p} = a^p : a^p = 1.$$

Ebenso setzt man $a^{-n} = a^{p-(p+n)}$, hebt die Beschränkung $p > q$ in Formel II auf, findet dadurch $a^p : a^{p+n}$, wendet nun Formel IV an, und erhält $1 : a^n$. Hiernach haben auch Potenzen, deren Exponent null oder negativ ist, Sinn bekommen, nämlich:

$$a^0 = 1 \text{ und } a^{-n} = 1 : a^n = (1 : a)^n.$$

Z. B.:

$$7^0 = 1; \quad \left(-\frac{3}{4}\right)^0 = 1; \quad 3^{-4} = 1 : 3^4 = \frac{1}{81};$$

$$\left(\frac{4}{5}\right)^{-2} = 1 : \left(\frac{4}{5}\right)^2 = 1 : \frac{16}{25} = \frac{25}{16}.$$

Für derartige Potenzformen gelten dieselben Gesetze wie für eigentliche Potenzen. Mit Hilfe der negativen Exponenten kann man jede Potenz aus dem Nenner eines Bruches in den Zähler und umgekehrt stellen, indem man das *Vorzeichen* des Exponenten in das entgegengesetzte verwandelt. Z. B.:

$$\frac{a^4}{b^5} = a^4 \cdot b^{-5}; \quad \frac{c^3 d^{-4} e^{-5}}{f^{-6} g^7} = \frac{c^3 f^6}{d^4 e^5 g^7}.$$

Die Ausdehnung des Begriffs der Potenzierung auf den Fall, daß der Exponent eine gebrochene Zahl ist, läßt sich erst bewerkstelligen, nachdem die Gesetze der Radizierung, der einen der beiden Umkehrungen der Potenzierung, festgestellt sind.

Übungen zu § 29.

Berechne:

1. 2^6;
2. 3^5;
3. $(1\frac{1}{3})^4$;
4. $0^{1}4$;
5. $1^{3}9$;
6. 39^1;
7. $(-1)^3$;
8. $(-1)^{40}$;
9. $(-1)^{41}$;
10. $(-2)^{1}0$;
11. $(-2)^9$;
12. $\left(-\frac{2}{3}\right)^5$;
13. $(-0,2)^4$;
14. $(\sqrt{2})^6$;
15. i^{13};
16. $3 \cdot 4^2 - 2 \cdot 3^4 + 10^3$;
17. $(2^3 + 2)^8$;
18. $(3^2 - 2^3)^{1899}$.

Vereinfache:

19. $a^3 \cdot a^4 \cdot a^5;$

20. $a^{19} \cdot a^3 : a^{20};$

21. $a^7 : a^5 \quad b^5 : b^3;$

22. $a^p \cdot a^q \cdot a^r;$

23. $a^b : a^c \cdot a^d;$

24. $a^{b-c} \cdot a^{b+c};$

25. $a^{p+q} : a^p : a^s;$

26. $\left(\frac{3}{4}a^2b\right)\left(\frac{4}{5}ab^2\right) : \left(\frac{3}{5}a^2b^2\right);$

27. $(a^2bc)(a^3b^2c^3)(ab^3c^2);$

28. $a^{3p} \cdot a^{4q} : (3p + 4q);$

29. $\dfrac{a^{3p-4q} \cdot b^{5p} \cdot c^{4q-p}}{a^{2p-3q} \cdot b^{4p-1} \cdot c^{p+q}} : \dfrac{a^p \cdot b^{3p+1} \cdot c^{3q-1}}{a^q \cdot b^{2p} \cdot c^{2p-1}};$

30. $\dfrac{(a-b)^{p+q+1}}{(a-c)^{p-q}} \cdot \dfrac{(a-c)^{p+q}}{(a-b)^{p-2q}} : (a-b);$

31. $\dfrac{a^n - b^n}{a - b};$

32. $\dfrac{a^{2n} - b^{2n}}{a + b};$

33. $\dfrac{a^{2n+1} + b^{2n+1}}{a + b};$

34. $\dfrac{a^{3n} + b^{3n}}{a^n + b^n};$

35. $\dfrac{a^{4m} - b^{4m}}{a^{2m} - b^{2m}};$

36. $(3\tfrac{1}{3})^{2n} \cdot \left(\frac{6}{5}\right)^{2n} \cdot \left(\frac{1}{4}\right)^{2n};$

37. $(8^n \cdot 125^n) : 10^{3n}$;

38. $4^{3n} \cdot 25^n \cdot 5^{4n} - 10^{6n}$;

39. $(a^2bc^2)^3 \cdot (ab^2c)^4 : (b^3c)^3 : b^2c^7$;

40. $(a^3)^{2n} - (a^2)^{3n}$;

41. $(a^5)^{12} : (a^4)^{15}$;

42. $\dfrac{(p^2 - q^2)^{p-q}}{(p+q)^{p-q}}$;

43. $\dfrac{1}{a^n} - \dfrac{1}{a^{n-2}}$;

44. $\dfrac{a}{a^{n-1}} + \dfrac{1}{a^{n-2}} - \dfrac{2a^4}{a^{n+2}}$;

45. $\dfrac{1+a}{a^2} + \dfrac{a+a^2}{a^3} - \dfrac{2(a^2+a^3)}{a^4}$;

46. $ab^2(a^2b + a^3b) - a^2b(ab^2 + a^2b^3)$;

47. $(a^m + a)^2$;

48. $\left(a + \dfrac{1}{a}\right)^2$;

49. $\left(a - \dfrac{1}{a}\right)^3$;

50. $\dfrac{a^p + a^q}{a^p - a^q} + \dfrac{a^p - a^q}{a^p + a^q} - \dfrac{a^{2p} + a^{2q}}{(a^2)^p - (a^2)^q}$.

Berechne:

51. $4^0 + 7^0 + 10^0$;

52. 9^{-1};

53. 3^{-2};

54. $2^{-3} \cdot 5 + 2^{-4} \cdot 10 - 5 \cdot 2^{-2}$;

55. $6 : 6^{-1}$;

56. $(0,3)^{-2}$;

57. $(1:5)^{-3}$;

58. $(-3)^0 + 1^{-3} - 2^{a-a}$;

59. $3 \cdot 10^0 + 1 \cdot 10^{-1} + 4 \cdot 10^{-2} + 1 \cdot 10^{-3} + 6 \cdot 10^{-4}$.

Schreibe mit positiven Exponenten:

60. $(b:c)^{-n}$;

61. $\dfrac{a^4 b^{-3} c^2}{d^{-3}}$;

62. $\left(\dfrac{1}{a+b}\right)^{-n}$;

63. $\dfrac{4abc}{a^{-4}b^{-3}c^{-2}} + \dfrac{a^2b^3c^4}{a^{-3}b^{-1}c}$.

Vereinfache

64. $a^{2n-1} : a^{-1} + b^{3n-4} : b^{n-4}$;

65. $(a:b)^{-3} \cdot (b:c)^{-4} \cdot (c:a)^{-5}$;

66. $(a^{-2})^3 \cdot (b^{-4})^2 : (a^{-3}b^{-4})^2$;

67. $\left(\dfrac{p+q}{p-q}\right)^{-3} \cdot \dfrac{(p^2-q^2)^3}{(p-q)^6}$;

68. $\dfrac{3a^{3n} + 2a^{2n}b + b^{3n}}{3a^{2n} - a^n b^n + b^{2n}}$;

69. $(a^{-8})^{-3} - (a^{-4})^{-6} + (a^{-2})^{-12}$;

70. $\left[(a^{-2})^{-3}\right]^{12} - \left[(a^4)^{-8}\right]^{-6}$.

Löse die Gleichungen

71. $x^{-1} - 7x^{-2} + 12x^{-3} = 0$;

72. $x + 5x^{-1} = 6$;

73. $1 = (x+2)^{-2} \cdot (8x+1)$.

§ 30. Wurzeln.

Definitionsformel: $\left(\sqrt[n]{a}\right)^n = a$;

$$\text{I)}\quad \sqrt[n]{a^n} = a.$$

Distributionsformeln:
$$\text{II)}\quad \sqrt[n]{a}\cdot\sqrt[n]{b} = \sqrt[n]{a\cdot b};$$
$$\text{III)}\quad \sqrt[n]{a} : \sqrt[n]{b} = \sqrt[n]{a : b}.$$

Associationsformeln:
$$\text{IV)}\quad \sqrt[p]{a^q} = (\sqrt[p]{a})^q;$$
$$\text{V)}\quad \sqrt[p]{\sqrt[q]{a}} = \sqrt[pq]{a}.$$
$$\text{VI)}\quad \sqrt[mp]{a^{mq}} = \sqrt[p]{a^q}.$$

$$\left(\sqrt[n]{a}\right)^n = a,$$

auch wenn a keine n te Potenz einer rationalen Zahl ist.

Da bei der Potenzierung das Kommutationsgesetz nicht gilt, weil im allgemeinen a^n nicht gleich n^a ist, so müssen die beiden Umkehrungen der Potenzierung nicht allein logisch, sondern auch *arithmetisch* unterschieden werden. Die Rechnungsart, welche bei $b^n = a$ die Basis b, also die passive Zahl, als gesucht, a und n aber als gegeben betrachtet, heißt *Radizierung* oder *Wurzel-Ausziehnng*; die Rechnungsart aber, welche bei $b^n = a$ den Exponenten n, also die aktive Zahl, als gesucht, b und a aber als gegeben betrachtet, heißt *Logarithmierung.* Hier soll nur die erste der beiden genannten Umkehrungen behandelt werden. Die Behandlung der Logarithmierung folgt erst in § 32.

Die Darstellung der Basis b aus der Potenz a und dem Exponenten n schreibt man:

$$b = \sqrt[n]{a},$$

gelesen: "b gleich der n-ten Wurzel aus a." Es ist also $\sqrt[n]{a}$ die Zahl, die, mit n potenziert, a ergiebt. Dies spricht die in der Überschrift stehende Definitionsformel aus. Die Zahl a, welche ursprünglich Potenz war, heißt bei der Radizierung *Radikandus*, die Zahl, welche Potenz-Exponent war, heißt *Wurzel-Exponent*, und die Zahl, welche Basis war, heißt *Wurzel.* Es ist z. B. bei $\sqrt[3]{8} = 2$ die Zahl 8 der Radikandns, 3 der Wurzel-Exponent, 2 die Wurzel. Wenn der Wurzel-Exponent die Zahl 2 ist, so pflegt man ihn fortzulassen, z. B. $\sqrt{25} = 5$. Für diesen besonderen Fall ist die Radizierung schon im V. Abschnitt behandelt. Die Beweise der Formeln der Überschrift ergeben sich aus der Definition der Radizierung in ähnlicher Weise, wie sich die Formeln des § 12 aus der Definition der Division ergaben. Nämlich:

Formel I ist richtig, weil $\sqrt[n]{a^n}$ die Zahl bedeutet, welche mit n potenziert, a^n ergiebt, und a diese Zahl ist;

Formel II ist richtig, weil

$$\left(\sqrt[n]{a}\cdot\sqrt[n]{b}\right)^n = \left(\sqrt[n]{a}\right)^n\cdot\left(\sqrt[n]{b}\right)^n = a\cdot b \text{ ist;}$$

Formel III ist richtig, weil

$$\left(\sqrt[n]{a}:\sqrt[n]{b}\right)^n = \left(\sqrt[n]{a}\right)^n:\left(\sqrt[n]{b}\right)^n = a:b \text{ ist;}$$

Formel IV ist richtig, weil

$$\left[\left(\sqrt[p]{a}\right)^q\right]^p = \left[\left(\sqrt[p]{a}\right)^p\right]^q = a^q \text{ ist;}$$

Formel V ist richtig, weil

$$\left(\sqrt[p]{\sqrt[q]{a}}\right)^{pq} = \left[\left(\sqrt[p]{\sqrt[q]{a}}\right)^p\right]^q = \left(\sqrt[q]{a}\right)^q = a \text{ ist;}$$

Formel VI ist richtig, weil

$$\left(\sqrt[p]{a^q}\right)^{mp} = \left[\left(\sqrt[p]{a^q}\right)^p\right]^m = (a^q)^m = a^{mq} \text{ ist.}$$

Wie mit Anwendung dieser Formeln sich Ausdrücke, die Wurzeln enthalten, umformen lassen, zeigen folgende Beispiele:

1) $\sqrt[n]{a^{3p-q}}\cdot\sqrt[n]{a^{4p+q-2}} = \sqrt[n]{a^{3p-q+4p+q-2}};$

$$= \sqrt[n]{a^{7p-2}}$$

2) $\sqrt[m]{a^5b^4}:\sqrt[m]{a^4b^3} = \sqrt[m]{a^{5-4}b^{4-3}} = \sqrt[m]{ab};$

3) $\sqrt[4]{a^{19}b^{21}} = \sqrt[4]{a^{16}\cdot a^3\cdot b^{20}\cdot b} = \sqrt[4]{a^{16}b^{20}}\cdot\sqrt[4]{a^3b};$

$$= a^4b^5\sqrt[4]{a^3b}$$

4) $\sqrt[4]{a^2b^3}\cdot\sqrt[6]{a^5b^5}\cdot\sqrt[9]{a^7b^8}$;

$$= \sqrt[36]{a^{18}b^{27}}\cdot\sqrt[36]{a^{30}b^{30}}\cdot\sqrt[36]{a^{28}b^{32}} = \sqrt[36]{a^{76}b^{89}}$$

$$= \sqrt[36]{a^{72}b^{72}a^4b^{17}} = a^2b^2\cdot\sqrt[36]{a^4b^{17}}$$

5) $\sqrt[5]{\sqrt[3]{a^5b^{10}}} = \sqrt[3]{\sqrt[5]{a^5b^{10}}} = \sqrt[3]{ab^2};$

$$6)\quad \frac{\sqrt[3]{a}-1}{\sqrt[3]{1}+1}=\frac{(\sqrt[3]{a}-1)\left(\sqrt[3]{a^2}-\sqrt[3]{a}+1\right)}{(\sqrt[3]{a}+1)\left(\sqrt[3]{a^2}-\sqrt[3]{a}+1\right)}.$$

$$=\frac{a-2\sqrt[3]{a^2}+2\sqrt[3]{a}-1}{a+1}$$

In § 24 ist auf die dekadische Stellenwert-Zifferschrift ein Verfahren gegründet, um die Quadratwurzel aus einer dekadisch geschriebenen Zahl wiederum in dekadischer Stellenwert-Schrift darzustellen. In analoger Weise kann man verfahren, um die *Kubikwurzel*, d. h. dritte Wurzel, aus einer gegebenen Zahl zu finden. Man hat dabei die Entwickelung von

$$\begin{aligned}&(a+b+c+d+\ldots)^3\\ &=a^3+3a^2b+3ab^2\\ &+3(a+b)^2c+3(a+b)c^2+c^3\\ &+3(a+b+c)^2d+3(a+b+c)d^2+d^3+\ldots\end{aligned}$$

zu benutzen. Dies zeigt folgendes Beispiel:

Ausführlich:	Abgekürzt:
$\sqrt[3]{636056}=a+b,$ wo	$\sqrt[3]{636'056}=86$
$\underline{512000}=a^3$ $\quad a=80$	$\underline{512}$
$\underline{124056}$ $\quad b=\ 6$	$\underline{1240'56}$
$3a^2=19200\|115200=3a^2b$ $\quad$ ist.	$192\|1152$
$8640=3ab^2$	864
$\underline{216}=b^3$	$\underline{216}$
124056	**124056**

Nach derselben Methode läßt sich auch zu jeder Zahl die Kubikzahl aus der nächst kleineren Kubikzahl finden. Z. B.:

$$1442^3<3000000000<1443^3,$$

woraus folgt:

$$144,2^3<3000000<144,3^3$$

oder auch:

$$1,442^3<3<1,443^3.$$

Aus diesem Beispiel erkennt man, daß man jede rationale Zahl, die selbst keine dritte Potenz ist, in zwei Grenzen einschließen kann, welche dritte Potenzen zweier rationaler Zahlen sind, die sich nur um, $\frac{1}{10},\frac{1}{100},\frac{1}{1000}$ *u. s. w., oder überhaupt um einen beliebig kleinen Bruch unterscheiden.* (Vgl. § 24.)

Wie das Verfahren der Quadratwurzel-Ausziehung aus der Entwickelung von $(a+b)^2$ hervorgeht, und wie das der Kubikwurzel-Ausziehung aus der Entwickelung von $(a+b)^3$ folgt, so geht auch aus der Entwickelung von $(a+b)^n$ in eine Summe von $n+1$ Summanden ein Verfahren hervor, durch welches man die n-te Wurzel aus jeder ganzen Zahl und deshalb auch aus jeder rationalen Zahl finden kann, falls die ganze Zahl bezw. die rationale Zahl n-te Potenzen von rationalen Zahlen sind. Da man aber bequemere Mittel besitzt, um die n-ten Wurzeln auszuziehen (vgl. § 32), so genügt hier die Erkenntnis, daß es möglich ist, die n-te Wurzel aus jeder Zahl zu ziehen, welche n-te Potenz einer rationalen Zahl ist. Wie oben bei der dritten Wurzel, so kann man dann auch für die n-te Wurzel auf dieses Verfahren *die Einschließung jeder rationalen Zahl in zwei Grenzen begründen, die n-te Potenzen von rationalen Zahlen sind, die sich um einen beliebig kleinen Bruch unterscheiden.* Um z. B. die Zahl 1899 in zwei Grenzen einzuschließen, die fünfte Potenzen von rationalen Zahlen sind, die sich um $\frac{1}{100}$, unterscheiden, findet man durch ein der Kubikwurzel-Ausziehung nachgebildetes Verfahren zunächst:

$$452^5 < 1899 \cdot 100^5 < 453^5$$

und daraus:

$$4,52^5 < 1899 < 4,53^5.$$

Das oben für Zahlen angewandte Verfahren, um die dritte bezw. n-te Wurzel auszuziehen, läßt sich auch auf algebraische Summen übertragen, wie folgendes Beispiel zeigt:

$$\sqrt[3]{125x^6 - 175x^5y + \frac{20}{3}x^4y^2 + \frac{1547}{27}x^3y^3 - \frac{4}{3}x^2y^4 - 7xy^5 - y^6} = 5x^2 - \frac{7}{3}xy - y^2.$$

$$\begin{array}{r l}
 & \underline{125x^6} \\
 & \underline{-175x^5y} \\
75x^4 | & -175x^5y + \frac{245}{3}x^4y^2 - \frac{343}{27}x^3y^3 \\
 & \underline{\qquad -\frac{225}{3}x^4y^2 + \frac{1890}{27}x^3y^3} \\
75x^4 - 70x^3y + \frac{49}{3}x^2y^2 | & -75x^4y^2 + 70x^3y^3 - \frac{49}{3}x^2y^4 \\
 & \underline{\qquad + 15x^2y^4 - 7xy^5 - y^6} \\
 & \text{Rest: } 0.
\end{array}$$

Das in § 8 eingeführte Permanenz-Prinzip verschaffte den Zeichen

$a - b$, wenn b nicht kleiner als a ist,

$a : b$, wenn b kein Teiler von a ist,

$\sqrt{a}$, wenn a kein Quadrat ist,

einen Sinn, der es gestattete, mit derartigen Zeichen nach den schon bewiesenen Regeln zu rechnen, and demgemäß solche Zeichen als Zahlen anzusehen. In derselben Weise haben wir hier dem Zeichen $\sqrt[n]{a}$, wo a nicht die n-te Potenz einer rationalen Zahl ist, einen Sinn zu erteilen, und zwar den durch die Definitionsformel $\left(\sqrt[n]{a}\right)^n = a$ ausgesprochenen Sinn. Ebenso erhalten dann auch

$$-\sqrt[n]{a}, \quad b : \sqrt[n]{a} \quad \text{u. s. w.}$$

einen leicht erkennbaren Sinn. Ferner gelten für die Wurzelform $\sqrt[n]{a}$, wo a nicht n-te Potenz einer rationalen Zahl ist, alle Formeln der Überschrift, weil diese ja nur auf den Potenzgesetzen und auf der Definitionsformel beruhen. Es ist z. B.:

1) $\sqrt[4]{3} \cdot \sqrt[4]{7} = \sqrt[4]{21}$;

2) $\sqrt[5]{128} : \sqrt[5]{4} = \sqrt[5]{128 : 4} = \sqrt[5]{32} = 2$;

3) $\sqrt[6]{17^5} = \left(\sqrt[6]{17}\right)^5$;

4) $\sqrt{\sqrt[5]{9}} = \sqrt[5]{\sqrt{9}} = \sqrt[5]{3}$;

5) $\sqrt[7]{8} \cdot \sqrt[6]{7} \cdot \sqrt[14]{98} = \sqrt[42]{8^6} \cdot \sqrt[42]{7^7} \cdot \sqrt[42]{98^3}$
$= \sqrt[42]{2^{18} \cdot 7^7 \cdot 2^3 \cdot 7^6} = \sqrt[42]{2^{21} \cdot 7^{13}}$;

6) $5\sqrt[3]{81} + 4\sqrt[3]{375} = 5 \cdot 3 \cdot \sqrt[3]{3} + 4 \cdot 5 \cdot \sqrt[3]{3} = 35 \cdot \sqrt[3]{3}$;

7) $\left(\sqrt[3]{3} - 1\right)^3 = \left(\sqrt[3]{3}\right)^3 - 3 \cdot \sqrt[3]{9} + 3 \cdot \sqrt[3]{3} - 1 = 2 - 3 \cdot \sqrt[3]{9} + 3 \cdot [3]3$;

8) $\dfrac{12}{4 - \sqrt[3]{4}} = \dfrac{12\left[4^2 + 4 \cdot \sqrt[3]{4} + \sqrt[3]{16}\right]}{64 - 4} = \dfrac{16 + 4 \cdot \sqrt[3]{4} + \sqrt[3]{16}}{5}$;

9) $\left(\sqrt{3} + 1\right) \sqrt[3]{\sqrt{3} + 1} = \sqrt[3]{3\sqrt{3} + 9 + 3\sqrt{3} + 1} \text{ mal } \sqrt[3]{\sqrt{3} + 1} = \sqrt[3]{10 + 6\sqrt{3}} \cdot$
$\sqrt[3]{\sqrt{3} + 1} = \sqrt[3]{10 + 18 + 10\sqrt{3} + 6\sqrt{3}} = \sqrt[3]{28 + 16\sqrt{3}}$.

Oben ist gezeigt, daß die Zahl 1899 größer als die fünfte Potenz von 4,52, aber kleiner als die fünfte Potenz von 4,53 ist, also zwischen den fünften Potenzen von zwei rationalen Zahlen liegt, die sich um $\frac{1}{100}$ unterscheiden. Indem man nun *die bisher nur für rationale Zablen definierten Begriffe "größer" und "kleiner"* auf die neu eingeführten Wurzelformen überträgt, schließt man aus der Ungleichung:

$$4,52^5 < 1899 < 4,53^5$$

die neue Ungleichung:

$$4,52 < \sqrt[5]{1899} < 4,53.$$

Auf solche Weise ist $\sqrt[5]{1899}$ in zwei Grenzen eingeschlossen, die rationale Zahlen sind, und sich nur um $\frac{1}{100}$ unterscheiden.

Ebenso kann überhaupt $\sqrt[n]{a}$, wo a irgend welche positive Zahl, aber keine n-te Potenz ist, *in zwei rationale Grenzen eingeschlossen werden, deren Unterschied beliebig klein ist.* Zahlen aber, welche diese Eigenschaft haben, sind schon in § 25 irrational genannt. Demnach nennt man auch $\sqrt[n]{a}$, wo a positiv ist aber nicht n-te Potenz einer rationalen Zahl ist, eine *irrationale* Zahl. Man kann deshalb $\sqrt[n]{a}$ außer in Wurzelform auch *numerisch* angeben, indem man, der Kürze wegen, die Ungenauigkeit begeht, $\sqrt[n]{a}$ *gleich* einer rationalen Zahl zu setzen, die sich von ihr möglichst wenig unterscheidet. Z. B. $\sqrt[5]{1899} = 4,52$; $\sqrt[3]{108} = 4,76$. Der positive Radikand kann selbst eine irrationale Zahl sein. Auch dann stellt die Wurzel eine Irrational-Zahl dar, z. B.:

$$\sqrt[3]{45 + 29\sqrt{2}} = 4,41.$$

Wenn der Wurzel-Exponent eine negative ganze Zahl ist, so ergiebt sich der reziproke Wert derjenigen Zahl, die entsteht, wenn der Wurzel-Exponent die entsprechende positive Zahl ist, weil

$$\sqrt[-n]{a} = \sqrt[+n]{a^{-1}} = \sqrt[n]{\frac{1}{a}} = \frac{1}{\sqrt[n]{a}}$$

ist. Z. B.:

$$\sqrt[-3]{1\tfrac{113}{512}} = \sqrt[3]{\frac{512}{625}} = \sqrt[3]{\frac{2^9}{5^4}} = \frac{2^3}{5}\sqrt[3]{\frac{1}{5}} = \frac{8}{5} \cdot \sqrt[3]{\frac{25}{5^3}} = \frac{8}{25} \cdot \sqrt[3]{25}.$$

Im Vorhergehenden ist immer unter $\sqrt[n]{a}$ *die* Zahl verstanden, deren n-te Potenz a ist. Dies ist insofern ungenau, als es, bei Zulassung von negativen und komplexen Zahlen, mehrere Zahlen giebt, deren n-te Potenz a ist. In besonderen Fällen ist dies schon früher erkannt. So ergaben sich zwei Zahlen, deren zweite Potenz a ist, eine positive $+\sqrt{a}$ und eine negative $-\sqrt{a}$. Ferner giebt es vier Zahlen, deren vierte Potenz $+1$ ist, nämlich $+1$, -1, $+i$ und $-i$.

Je nachdem n gerade oder ungerade und der Radikand a positiv oder negativ ist, lassen sich vier Fälle unterscheiden:

1) Wenn in $x^n = a$ die Zahl a positiv und n gerade ist, so giebt es zwei reelle Werte, welche die Gleichung befriedigen, einen positiven und einen negativen, beide von demselben absoluten Betrage; z. B.: $x^6 = 729$ wird durch $x = +3$ und durch $x = -3$ erfüllt;

2) Wenn in $x^n = a$ die Zahl a positiv und n ungerade ist, so giebt es eine reelle und zwar positive Zahl, welche die Gleichung befriedigt; z. B.: $x^5 = 32$ wird nur durch $x = +2$ erfüllt;

3) Wenn in $x^n = a$ die Zahl a negativ und n gerade ist, so giebt es keine reelle Zahl x, welche die Gleichung $x^n = a$ befriedigen könnte, weil das Produkt einer *geraden* Anzahl von reellen Faktoren immer positiv sein muß;

4) Wenn in $x^n = a$ die Zahl a negativ und n ungerade ist, so giebt es eine reelle und zwar negative Zahl x, welche die Gleichung erfüllt; z. B.: $x^5 = -\frac{1}{1024}$ wird durch den Wert $x = \frac{1}{4}$ befriedigt.

Um nun die Eindeutigkeit des Wurzelzeichens zu wahren, versteht man, falls a positiv ist, unter $\sqrt[n]{a}$ immer nur die eine positive Zahl, welche die Gleichung $x^n = a$ befriedigt. Falls a negativ und n ungerade ist, soll $\sqrt[n]{a}$ die eine negative Zahl bedeuten, welche $x^n = a$ erfüllt. Falls aber a negativ und n gerade ist, soll das Zeichen $\sqrt[n]{a}$ ganz vermieden werden. Hiernach können z. B. die vier Zahlen, welche die Gleichung $x^4 = a$ erfüllen, auf folgende Weise unterschieden werden: $x_1 = +\sqrt[4]{a}$, $x_2 = -\sqrt[4]{a}$, $x_3 = +i \cdot \sqrt[n]{a}$, $x_4 = -1 \cdot \sqrt[n]{a}$. Ebenso kann man die drei Zahlen unterscheiden, deren dritte Potenz a ist. Man findet zunächst aus $x^3 = 1$ die Gleichung $(x-1)\left(x^2+x+1\right) = 0$, woraus drei Werte von x folgen, erstens $x = 1$, zweitens $x = -\frac{1}{2} + \frac{1}{2}i\sqrt{3}$, drittens $x = -\frac{1}{2} - \frac{1}{2}i\sqrt{3}$ Daher folgt aus $x^3 = a$:

1) $x_1 = \sqrt[3]{a}$;

2) $x_2 = \sqrt[3]{a}\left(-\frac{1}{2} + \frac{1}{2}i\sqrt{3}\right) = -\frac{1}{2}\sqrt[3]{a} + i \cdot \frac{1}{2}\sqrt[3]{a} \cdot \sqrt{3}$;

3) $x_3 = \sqrt[3]{a}\left(-\frac{1}{2} - \frac{1}{2}i\sqrt{3}\right) = -\frac{1}{2}\sqrt[3]{a} - i \cdot \frac{1}{2}\sqrt[3]{a} \cdot \sqrt{3}$;

Übungen zu § 30.

Vereinfache:

1. $\sqrt[4]{a^4} + \sqrt[5]{a^5} - \sqrt[6]{a^6}$;
2. $\left(\sqrt[3]{a-b}\right)^3 + \left(\sqrt[3]{b}\right)^3$;
3. $\sqrt[n]{e^2 - f^2} : \sqrt[n]{e+f}$;
4. $\sqrt[n]{a^p b^q} \cdot \sqrt[n]{ab} : \sqrt[n]{a^{p-1} b^{q-1}}$.

Bringe den vor dem Wurzelzeichen stehenden Faktor unter dasselbe:

5. $a^2 \cdot \sqrt[3]{a^2}$;
6. $a^3 b \cdot \sqrt[3]{1 : a^4 : b^4}$;
7. $(p+q)\sqrt[4]{(p-q) : (p+q)^3}$.

Verwandele so, daß der Wurzelexponent größer ist, als die im Radikanden stehenden Potenzexponenten:

8. $\sqrt[3]{5^3 a^4 b^3 c^3}$;
9. $\sqrt[5]{a^6 b^6 c^6}$;
10. $\sqrt[4]{a^8 b^{12} c^{17}}$;
11. $\sqrt[6]{a^7 b^{18}} + \sqrt[7]{a^8 b^{16}}$;
12. $\sqrt[6]{2^{16} \cdot 5^{12} \cdot 4^4 \cdot a^6 b}$;
13. $\sqrt[5]{16 \cdot 27 \cdot 18 \cdot a^6}$;
14. $\sqrt[10]{a^{10} b^7 (b^2 + c^2)}$.

Vereinfache:

15. $\sqrt[6]{\dfrac{a^4 b^3}{a^2 b^7}} : \sqrt[6]{\dfrac{1^4 b^5}{ab^9}}$;
16. $(a+b) \cdot \sqrt[n]{(a+b)^{2n}}$;
17. $\sqrt[3]{(a^3 + 3a^2 b + 3ab^2 + b^3)^2}$;

18. $\sqrt[6]{(a^2b^3c^6)^4}$;

19. $\sqrt[4]{\sqrt[3]{a}} - \sqrt[3]{\sqrt[4]{a}}$;

20. $\left(\sqrt{\sqrt[3]{\sqrt[4]{a}}}\right)^{48}$;

21. $\sqrt[5]{\sqrt[3]{a^5}}$;

22. $\sqrt[12]{a^8b^{12}}$;

23. $\sqrt[4]{\sqrt[6]{a}} \cdot \sqrt[3]{\sqrt[8]{a}}$;

24. $\sqrt[5]{\sqrt[12]{16^{15}}}$;

25. $\sqrt[25]{32^{20}}$;

26. $\sqrt[7]{10\,000\,000^3}$.

Bringe auf den kleinsten positiven Wurzelexponenten:

27. $\sqrt[4]{a^6}$;

28. $\sqrt[48]{a^{86}}$;

29. $\sqrt[16]{a^{12}p}$;

30. $\sqrt[-4]{a^{12}}$;

31. $\sqrt[-6]{a^{-4b}}$;

32. $\sqrt[3ab]{p^{4ba}}$.

Bringe auf den Wurzelexponenten 48:

33. $\sqrt[6]{a^5}$;

34. $\sqrt[12]{a^11}$;

35. $\sqrt[8]{a^9}$;

36. $\sqrt[16]{a}$.

Verwandele in eine Wurzel:

37. $\sqrt[8]{a^5}$;

38. $\sqrt[5]{a^4} \cdot \sqrt[20]{a^9} \cdot \sqrt[8]{a}$;

39. $\sqrt[8]{a^{11}} : \sqrt[12]{a}$;

40. $\sqrt[9]{a} : \sqrt{a}$;

41. $\sqrt[3]{a^4bc} \cdot \sqrt[4]{a^3bc^3} : \sqrt[12]{a^{25}b^7}$;

42. $\sqrt[3]{a} \cdot \sqrt[6]{\frac{b}{a}}$;

43. $\sqrt[14]{\frac{a^3}{b^5}} : \sqrt[21]{\frac{a^4}{b^7}}$;

44. $\sqrt[5]{a^2 \sqrt[3]{a^2}}$;

45. $\sqrt[6]{a^4 \sqrt{a^7}}$;

46. $\sqrt{a^3 \sqrt{a^3 \sqrt{a}}}$;

47. $\sqrt[3]{a \sqrt[3]{a \sqrt[3]{a}}}$;

48. $\sqrt[-3]{a^4 \cdot \sqrt[-3]{a}}$.

Berechne:

49. $\sqrt[3]{592\,704}$;

50. $\sqrt[3]{54\,872}$;

51. $\sqrt[3]{390\,617\,891}$;

52. $\sqrt[3]{\frac{1728}{4913}}$;

53. $\sqrt[3]{6331\frac{5}{8}}$;

54. $\sqrt[3]{912,673}$;

55. $\sqrt[3]{1,728}$;

56. $\sqrt[3]{0,001331}$;

57. $\sqrt[3]{0,000004913}$.

Suche die dritte Wurzel aus der nächst kleineren Kubikzahl zu:

58. 4000;

59. 18000;

60. 5 000 000.

Schließe in zwei Grenzen ein, die dritte Potenzen von Zablen sind, die sich um $\frac{1}{100}$ *unterscheiden:*

61. 3;

62. 9;

63. 100;

64. 4, 16.

Verwandele in algebraische Summen:

65. $\sqrt[3]{a^3 + 9a^2b + 27ab^2 + 27b^3}$;

66. $\sqrt[3]{\frac{a^3}{64} + \frac{3}{16}a^2b + \frac{3}{4}ab^2 + b^3}$;

67. $\sqrt[3]{1 + \frac{15}{4}x + \frac{99}{16}x^2 + \frac{365}{64}x^3 + \frac{99}{32}x^4 + \frac{15}{16}x^5 + \frac{1}{8}x^6}$.

Berechne auf drei Dezimalstellen:

68. $\sqrt[3]{5}$;

69. $\sqrt[3]{0,25}$;

70. $7\sqrt[3]{5} - f\sqrt[3]{7}$;

71. $\sqrt[3]{10 + 6\sqrt{3}}$;

72. $\sqrt[-12]{0,0081}$.

Forme so um, daß die numerische Berechnung bequem wird:

73. $\sqrt[3]{2^4 \cdot 3^4 \cdot 4^2 \cdot 9}$;

74. $\sqrt[3]{\sqrt{216}}$;

75. $\sqrt[5]{\sqrt[3]{243}}$;

76. $\sqrt[3]{\frac{3}{4}}$;

77. $7\sqrt[4]{4} + 5\sqrt{2}$;

78. $\sqrt[8]{512}$;

79. $\sqrt[5]{0,00064}$;

80. $\frac{1}{3 - \sqrt[3]{3}}$.

Gieb alle Werte an, welche die folgenden Gleichungen erfüllen:

81. $x^4 = 81$;

82. $x^3 = 512$;

83. $x^3 = -1,728$.

---

§ 31. Potenzen mit gebrochenen und irrationalen Exponenten.

$$a^{\frac{p}{q}} = \sqrt[q]{a^p} = \left(\sqrt[q]{a}\right)^p.$$

Das Permanenz-Prinzip verlangt, daß einer Potenz a^n auch dann Sinn erteilt wird, wenn der Exponent n eine gebrochene Zahl ist. Dies war in § 29 noch nicht möglich, weil die Sinn-Erteilung anf der erst in § 30 behandelten Radizierung beruht. Nach der Definition von gebrochenen Zahlen, bedeutet $\frac{p}{q}$ die Zahl, die, mit q multipliziert, p ergiebt. Nun ist aber:

$$a^p = a^{\frac{p}{q} \cdot q} = \left(a^{\frac{p}{q}}\right)^q.$$

Folglich ist $a^{\frac{p}{q}}$ die Zahl, die, mit q radiziert, a^p ergiebt, d. h. gleich $\sqrt[q]{a^p}$, wofür nach § 30 auch $\left(\sqrt[q]{a}\right)^p$ gesetzt werden kann. Z. B.:

$$8^{\frac{2}{3}} = \sqrt[3]{8^2} = \left(\sqrt[3]{8}\right)^2 = 2^2 = 4;$$

$$\left(\frac{3}{4}\right)^{\frac{3}{4}} = \sqrt[4]{\left(\frac{3}{4}\right)^3} = \sqrt[4]{\frac{3^3}{2^6}} = \sqrt[4]{\frac{3^3 \cdot 2^2}{2^8}} = \frac{1}{4} \cdot \sqrt[8]{108}.$$

Der Sinn, der $a^{\frac{p}{q}}$ oben erteilt ist, ist derartig gewählt, daß die in § 29 bewiesenen Potenzgesetze ihre Gültigkeit behalten, wenn der Exponent gebrochen ist. Nämlich:

1) $a^{\frac{p}{q}} \cdot a^{\frac{r}{s}} = a^{\frac{p}{q}+\frac{r}{s}}$;
2) $a^{\frac{p}{q}} : a^{\frac{r}{s}} = a^{\frac{p}{q}-\frac{r}{s}}$;
3) $a^{\frac{p}{q}} \cdot b^{\frac{p}{q}} = (a \cdot b)^{\frac{p}{q}}$;
4) $a^{\frac{p}{q}} : b^{\frac{p}{q}} = (a : b)^{\frac{p}{q}}$;
5) $\left(a^{\frac{p}{q}}\right)^{\frac{r}{s}} = a^{\frac{p}{q} \cdot \frac{r}{s}}$.

Um mit einer Potenz, deren Exponent eine negative gebrochene Zahl ist, also mit $a^{-\frac{p}{q}}$ so rechnen zu können, wie mit gewöhnlichen Potenzen, hat man

$$a^{-\frac{p}{q}} = \frac{1}{\sqrt[q]{a^p}}$$

zu setzen, weil $a^{\frac{p}{q}} = a^{0-\frac{p}{q}} = a^0 : a^{\frac{p}{q}} = 1 : a^{\frac{p}{q}}$ ist. Ebenso kann man auch Wurzeln, deren Exponent eine positive oder negative gebrochene Zahl ist, einen solchen Sinn erteilen, daß man mit solchen Wurzeln nach den in § 30 aufgestellten Gesetzen rechnen kann. Nämlich:

1) $\sqrt[\frac{p}{q}]{a} = \sqrt[p]{a^q}$;
2) $\sqrt[-\frac{p}{q}]{a} = 1 : \sqrt[p]{a^q}$.

Um dem Wurzelzeichen die Eindeutigkeit zu bewahren, ist in § 30 festgesetzt, daß $\sqrt[n]{a}$, wo a positiv ist, immer nur die positive Zahl bedeuten soll, deren n-te Potenz a ist. Hiermit in Übereinstimmung, setzen wir auch fest, daß $a^{\frac{p}{q}}$ bezw. $a^{-\frac{p}{q}}$ nur die positive Zahl bedeuten soll, deren q-te Potenz gleich a^p bezw. $1 : a^p$ ist. Wenn nicht das Gegenteil ausdrücklich gesagt wird, soll bei einer Potenz mit gebrochenem Exponenten die Basis a immer als positiv vorausgesetzt werden. Dann kann also aus der Gleichung

$$a^p = b^p$$

unzweideutig geschlossen werden, daß

$$a = b^{\frac{p}{q}} \text{ ist, oder auch daß}$$

$$a^{\frac{p}{q}} = b \text{ ist.}$$

Da ferner die Begriffe größer und kleiner, die ursprünglich nur für natürliche Zahlen definierbar waren, auf positive nnd negative, rationale und irrationale Zahlen übertragen sind, so kann auch aus:

$$b^q < a^p < b^s$$

die folgende Vergleichung geschlossen werden:

$$b^{\frac{q}{p}} < a < b^{\frac{s}{p}}$$

Wenn man nun immer bei b^q für q die größte ganze Zahl wählt, welche die Ungleichung $b^q < a^p$ erfüllt, und ebenso bei b^s für s die kleinste ganze Zahl wählt, welche die Ungleichung $a^p < b^s$ erfüllt, so muß der Unterschied zwischen $\frac{q}{p}$ und $\frac{s}{p}$ bei wachsendem p immer kleiner werden. Demgemäß gilt folgender Satz:

Jede positive Zahl a kann in zwei Grenzen eingeschlossen werden, welche Potenzen sind, deren gemeinsame Basis jede andere, aber von 1 verschiedene positive Zahl ist, und deren Exponenten positive oder negative rationale Zahlen sind, die sich um beliebig wenig unterscheiden.

Wenn z. B. $a = 3$, $b = 5$ ist, so erhält man nacheinander die folgenden Vergleichungen:

$$\begin{gathered}
3^1 < 5^1 < 3^2 \text{ oder } 3^{\frac{1}{1}} < 5 < 3^{\frac{2}{1}}; \\
3^2 < 5^2 < 3^3 \text{ oder } 3^{\frac{2}{2}} < 5 < 3^{\frac{3}{2}}; \\
3^4 < 5^3 < 3^5 \text{ oder } 3^{\frac{4}{3}} < 5 < 3^{\frac{5}{3}}; \\
3^5 < 5^4 < 3^6 \text{ oder } 3^{\frac{5}{4}} < 5 < 3^{\frac{6}{4}}; \\
3^7 < 5^5 < 3^8 \text{ oder } 3^{\frac{7}{5}} < 5 < 3^{\frac{8}{5}}; \\
3^8 < 5^6 < 3^9 \text{ oder } 3^{\frac{8}{6}} < 5 < 3^{\frac{9}{6}}; \\
3^{10} < 5^7 < 3^{11} \text{ oder } 3^{\frac{10}{7}} < 5 < 3^{\frac{11}{7}}; \\
\text{u. s. w.}
\end{gathered}$$

In der letzten Zeile ist die Zahl 5 in zwei Grenzen eingeschlossen, die beide Potenzen mit der Basis 3 und mit zwei Exponenten sind, die sich nur um $\frac{1}{7}$ unterscheiden. Man erkennt theoretisch die Möglichkeit, den Unterschied der Exponenten auf diesem Wege noch viel kleiner zu gestalten, wenn auch die

Berechnung praktisch äußerst mühsam sein würde. Die Mathematik hat nun bequemere Wege gefunden, um solche sich nähernden Exponenten zu berechnen. Auf einem solchen Wege findet man z. B.:

$$3^{146} < 5^{100} < 3^{147} \text{ oder } 3^{1,46} < 5 < 3^{1,47}.$$

Wenn $5 = 3^x$ gesetzt wird, so weiß man von x, daß es keine rationale Zahl ist, daß es aber rationale Zahlen x giebt, die die Gleichung $5 = 3^x$ *nahezu* erfüllen, und zwar so, daß $3^c < 5 < 3^d$ ist, wo c und d rationale Zahlen sind, die sich um beliebig wenig unterscheiden, d. h. die Zahl x in $5 = 3^x$ hat genau den schon in § 25 erläuterten Charakter der irrationalen Zahlen. Man erklärt deshalb die Gleichung $a = b^x$, wo b eine von 1 verschiedene positive Zahl ist, für immer lösbar, und setzt x gleich einer irrationalen Zahl, die man mit beliebiger Annäherung durch rationale Zahlen ersetzen kann.

Wenn b eine positive, von 1 verschiedene Zahl ist, so ist b^x immer gleich einer ganz bestimmten *positiven* Zahl, was für eine *positive oder negative* Zahl auch x sein mag, und zwar kann dieselbe Zahl b^x nie durch zwei verschiedene Werte von x erzielt werden. Man kann daher den folgenden Satz aussprechen:

Wenn in $b^x = a$ die Zahl $b > 1$ ist, so gehört zu jedem Werte von x, mag er positiv, null oder negativ sein, ein einziger positiver Wert von a, der größer als 1, gleich 1 oder kleiner als 1 ist, je nachdem x positiv, null oder negativ ist. Umgekehrt gehört auch zu jedem positiven Werte von a ein einziger Wert von x, der positiv, null oder negativ ist, je nachdem a größer als 1, gleich 1 oder kleiner als 1 ist.

Beispiele:

1) Für $b = 10$ und $a = 4$ erhält man für x einen positiven irrationalen Wert, der nur wenig größer als 0,6 sein kann, weil 10^6 wenig kleiner als $4^{10} = 1\,048\,576$ ist, also auch $10^{0,6} > 6$ wenig kleiner als 4 sein muß.

2) Für $b = 8$ und $a = \frac{1}{3}$ erhält man für x einen negativen irrationalen Wert, der zwischen $-0,5$ und $-0,6$ liegen muß. Denn es ist $8^{-0,5} = 8^{-\frac{1}{2}} = 1 : \sqrt{8} = \frac{1}{4}\sqrt{2} = 0,353\ldots$, also $> \frac{1}{3}$. Andrerseits ist $\left(\frac{1}{3}\right)^5 = \frac{1}{243}$ und $8^{-3} = \frac{1}{512}$, also $\left(\frac{1}{3}\right)^5 > 8^{-3}$ oder $\frac{1}{3} > 8^{-\frac{3}{5}}$, d. h. $\frac{1}{3} > 8^{-0,6}$.

Übungen zu § 31.

Schreibe als Wurzel:

1. $p^{\frac{1}{2}}$;
2. $q^{\frac{4}{5}}$;
3. $a^{\frac{7}{3}}$;
4. $a^{-\frac{7}{3}}$;
5. $a^{-0,7}$.

Berechne:

6. $36^{\frac{1}{2}} + 216^{\frac{2}{3}}$;
7. $49^{\frac{1}{2}} \cdot 81^{\frac{3}{4}}$;
8. $8^{-\frac{1}{3}} \cdot 16^{\frac{3}{4}}$;
9. $512^{\frac{7}{9}} : 1024^{0,3}$;
10. $\left(\frac{1}{4}\right)^{-\frac{1}{2}} \cdot 1728^{-\frac{2}{3}}$;
11. $\sqrt[\frac{3}{4}]{8}$.

Berechne anf zwei Dezimalstellen:

12. $3^{\frac{1}{2}} - 2^{\frac{1}{3}}$;
13. $\sqrt[6]{125} : 5^{-\frac{1}{2}} \cdot \left(\frac{1}{5}\right)^{-0,5}$.

Verwandele in eine Potenz mit gebrochenem Exponenten:

14. $\sqrt[3]{a^8}$;
15. $\sqrt{ab}$;
16. $\sqrt[11]{a^5}$;
17. $\sqrt[p]{a^q}$.

Durch Anwendung der Potenzsätze soll vereinfacht werden:

18. $a^{\frac{1}{2}} \cdot a^{\frac{3}{8}} : a^{\frac{5}{8}}$;

19. $b^{\frac{3}{4}} \cdot b^{-\frac{1}{2}} \cdot b^{\frac{7}{4}}$;

20. $a^{\frac{5}{6}} \cdot a^{\frac{1}{12}} : a^{\frac{1}{4}}$;

21. $a^{\frac{5}{8}} \cdot \sqrt[8]{a^3} : \sqrt[3]{a^2}$;

22. $a^{-0,3} \cdot a^{\frac{1}{5}} \cdot \sqrt[10]{a}$;

23. $\left(a^{\frac{3}{4}} b^{\frac{1}{5}}\right)\left(a^{\frac{1}{6}} \cdot b^{\frac{3}{10}}\right)$;

24. $\left(a^{\frac{3}{7}} b^{-\frac{5}{9}}\right) : \left(a^{\frac{5}{14}} b^{-\frac{4}{9}}\right)$;

25. $\left(a^{\frac{4}{5}}\right)^{\frac{5}{6}}$;

26. $\left(b^{\frac{3}{4}} \cdot c^{\frac{7}{8}}\right)^{\frac{16}{5}}$;

27. $\left(a^{\frac{1}{3}} : a^{\frac{1}{6}}\right)^{-6}$.

Durch Potenzieren soll die rationale Zahl p so bestimmt werden, daß die folgenden Ungleichungen richtig werden:

28. $4^p < 5 < 4^{p+\frac{1}{5}}$;

29. $10^p < 2 < 10^{p+\frac{1}{10}}$;

30. $5^p < 2 < 5^{p+\frac{1}{13}}$;

31. $\left(\frac{1}{6}\right)^p < 0,001 < \left(\frac{1}{6}\right)^{p+\frac{1}{2}}$.

Bestimme in den folgenden Gleichungen die im Exponenten stehende Unbekannte x durch eine Gleichung ersten Grades:

32. $5^{x+4} = 5^{10}$;

33. $7^{3x} = 7^{2(x+1)+5}$;

34. $\sqrt[5]{17^{5-x}} = \sqrt[10]{17^{2x-10}}$;

35. $9^x = 3^{3x-12}$.

§ 32. Logarithmen.

$$\textbf{Definition: } b^{\log^b a} = a;$$
$$\text{I) } \log^b b^a = a;$$
$$\text{II) } \log(e \cdot f) = \log e + \log f;$$
$$\text{III) } \log(e : f) = \log e - \log f;$$
$$\text{IV) } \log(e^m) = m \cdot \log e;$$
$$\text{V) } \log \sqrt[m]{e} = \frac{1}{m} \log e;$$
$$\text{VI) } \log^b a = \frac{\log^c a}{\log^c b},$$

insbesondere: $\log^b b = 1$, $\log^b 1 = 0$, $\log^b a = 1 : \log^a b$.

Schon in § 30 ist darauf hingewiesen, daß die Potenzierung zwei nicht allein logisch, sondern auch *arithmetisch verschiedene* Umkehrungen haben muß, weil bei der Potenzierung das Kommutationsgesetz nicht gültig ist. Die eine dieser beiden Umkehrungen, die Radizierung, bei welcher die Basis der Potenz gesucht wird, ist schon in § 30 behandelt. Hier soll nun die zweite Umkehrung, die Logarithmierung, behandelt werden, bei welcher der Exponent der Potenz gesucht wird. Wenn nämlich $b^n = a$ ist, so nennt man *n den Logarithmus von a zur Basis b*, geschrieben:

$$\log^b a.$$

Es bedeutet also $\log^b a$ *immer den* ***Exponenten****, mit welchem b zu potenzieren ist, damit a herauskommt.* Dies spricht die Definitionsformel in der Überschrift aus. Die Richtigkeit der Formel I ergiebt sich daraus, daß $\log^b(b^n)$ den Exponenten bedeutet, mit dem b zu potenzieren ist, damit b^n sich ergiebt, und daß diese Forderung vom Exponenten n erfüllt wird. Bei der Logarithmierung nennt man die Zahl, welche ursprünglich Potenz war, *Logarithmandus* oder *Numerus*, die Zahl, welche ursprünglich Potenz-Basis war, *Logarithmen-Basis* oder kurz *Basis*, und das Ergebnis selbst *Logarithmus.* Wenn man also z. B.

$$\log^3 81 = 4$$

setzt, so ist dies gleichbedeutend mit $3^4 = 81$ und es ist deshalb 81 der Logarithmandns oder Numerus, 3 die Basis, 4 der Logarithmus. Der Zusammenhang zwischen der direkten Operation dritter Stufe und ihren beiden Umkehrungen wird durch die folgenden Beispiele verdeutlicht, bei denen jede Gleichung die beiden in derselben horizontalen Linie befindlichen Gleichungen zur Folge hat:

Potenzierung	Radizierung	Logarithmierung
1) $3^4 = 81$	$\sqrt[4]{81} = 3$	$\log^3 81 = 4$;
2) $10^{-2} = 1 : 100$	$\sqrt[-2]{1 : 100} = 10$	$\log^{10} 1 : 100 = -2$;
3) $128^{\frac{5}{7}} = 32$	$\sqrt[\frac{5}{7}]{32} = 128$	$\log^{128} 32 = \frac{5}{7}$;
4) $\left(\frac{9}{16}\right)^{-\frac{1}{2}} = \frac{4}{3}$	$\sqrt[-\frac{1}{2}]{\frac{4}{3}} = \frac{9}{16}$	$\log^{\frac{9}{16}} \frac{4}{3} = -\frac{1}{2}$;
5) $b^1 = b$	$\sqrt[1]{b} = b$	$\log^b b = 1$;
6) $b^0 = 1$	$\sqrt[0]{1} = b$	$\log^b 1 = 0$;

Wenn x gleich einer Potenz gesetzt werden kann, deren Basis b ist, so ist, nach der Definition des Logarithmus, $\log^b x$ gleich dem Exponenten dieser Potenz zu setzen. Nach § 31 giebt es einen solchen Exponenten immer, wenn b eine von 1 verschiedene positive Zahl und wenn auch x eine positive Zahl ist. Darum hat, unter der soeben ausgesprochenen Einschränkung bezüglich der Zablen b und x,

$$y = \log^b x$$

einen ganz bestimmten Sinn derartig, daß zu jeder positiven Zahl x eine einzige positive oder negative Zahl y zugehört und daß umgekehrt zu jeder positiven oder negativen Zahl y eine einzige positive Zahl x zugehört. Nur unter der angegebenen Einschränkung, daß die Basis eine von 1 verschiedene positive Zahl und der Logarithmand positiv ist, können die Logarithmen in der elementaren Mathematik behandelt werden. Wegen der eindeutigen Zuordnung von x und y in $\log^b x = y$ kann aus $p = q$ geschlossen werden, daß

$$\log^b p = \log^b q$$

ist, und umgekehrt.

In § 31 ist gezeigt, wie jede positive Zahl in Grenzen eingeschlossen werden kann, die Potenzen einer und derselben beliebigen positiven Zahl sind, so daß die Exponenten rationale Zahlen sind, die sich um beliebig wenig unterscheiden. Beispielsweise war dort 5 in zwei Grenzen eingeschlossen, die Potenzen von 3 sind, so daß die Exponenten $\frac{10}{7}$ und $\frac{11}{7}$ sind, also:

$$3^{\frac{10}{7}} < 5 < 3^{\frac{11}{7}}.$$

Dies bedeutet aber nach der Definition des Logarithmus nichts anderes, als daß $\log^3 5$ eine zwischen $\frac{10}{7}$ und $\frac{11}{7}$ liegende irrationale Zahl ist. So kann man allgemein $\log^b a$ mit beliebiger Genauigkeit bestimmen, sobald man erstens eine Tabelle der Potenzen $b, b^2, b^3, \ldots$ u. s. w., zweitens eine Tabelle der Potenzen $a, a^2, a^3, \ldots$ u. s. w. vor sich hat. Um z. B. $\log^5 2$ so zu berechnen, daß die rationalen Grenzen sich nur um $\frac{1}{20}$ unterscheiden, hat man zu beachten, daß $2^{20} = 1048576$ ist, und daß deshalb $5^8 = 390625$ kleiner als 2^{20}, dagegen $5^9 = 1953125$ größer als 2^{20} ist. Wir schließen also:

$$5^8 < 2^{20} < 5^9$$

oder:

$$5^{\frac{8}{20}} < 2 < 5^{\frac{9}{20}},$$

das heißt aber:

$$\frac{8}{20} < \log^5 2 < \frac{9}{20}.$$

Die höhere Mathematik hat jedoch viel bequemere Methoden ausgebildet, um irrationale Logarithmen mit beliebiger Genauigkeit numerisch zu berechnen.[1]

Wenn in einer Gleichung mehrere Logarithmen mit derselben Basis vorkommen, so darf man die Angabe der gemeinsamen Basis unterlassen. Dies ist in den Formeln II his V der Überschrift geschehen. Um dieselben zu beweisen, setze man, wenn b als Basis betrachtet wird, $\log^b e = \varepsilon$ und $\log^b f = \varphi$, so daß man $b^\varepsilon = e$ und $b^\varphi = f$ hat. Multipliziert man nun diese beiden Gleichungen, so erhält man:

$$b^{\varepsilon+\varphi} = e \cdot f,$$

woraus $\log^b(e \cdot f) = \varepsilon + \varphi = \log^b e + \log^b f$ folgt. Wenn man, statt zu multiplizieren, dividiert, so erhält man in derselben Weise den Beweis der Formel III. Um IV und V zu beweisen, hat man $b^\epsilon = e$ mit m zu potenzieren bezw. zu radizieren. Die Formel VI zeigt, wie man den Logarithmus einer Zahl zu einer beliebigen Basis b finden kann, wenn man für eine andere Basis c sowohl den Logarithmus von a, als auch den von b kennt. Um diese Formel zu beweisen, gehe man von der Definitionsformel

$$b^{\log^b a} = a$$

aus und logarithmiere die beiden Seiten derselben nach IV zur Basis c. Dann erhält man:

$$\log^b a \cdot \log^c b = \log^c a,$$

[1] Vgl. Band V dieser Sammlung.

woraus folgt:

$$\log^b a = \frac{\log^c a}{\log^c b}.$$

Wenn man hier insbesondere $c = a$ setzt, so erhält man $\log^b a = 1 : \log^a b$.

Wie man mit Hilfe der Formeln II his V verwickeltere Ausdrücke zu logarithmieren hat, zeigen folgende Beispiele:

1) $\log(abcd) = \log a + \log b + \log c + \log d$;

2) $\log(ab^2 : c) = \log a + 2\log b - \log c$;

3) $\log \frac{a^3b^4c^5}{d^2e} = 3\log a + 4\log b + 5\log c$;

$-2\log d - \log e$

4) $\log \sqrt[4]{\frac{a^5b^2}{\sqrt{c}}} = \frac{1}{4}\left[5\log a + 2\log b - \frac{1}{2}\log c\right]$;

5) $\log\left[\sqrt[3]{a \cdot b} \cdot \sqrt[5]{c^4} : \sqrt[4]{f-g}\right] = \frac{1}{3}(\log a + \log b)$.

$+\frac{4}{5}\log c - \frac{1}{4}\log(f-g)$

Man beachte namentlich, daß $\log a + \log b$ nicht gleich $\log(a + b)$, sondern gleich $\log(a \cdot b)$ ist, und daß analog $\log a - \log b$ nicht gleich $\log(a - b)$, sondern gleich $\log(a : b)$ ist.

Die Formeln II his V verwandeln das Multiplizieren in ein Addieren, das Dividieren in ein Subtrahieren, das Potenzieren in ein Multiplizieren, das Radizieren in ein Dividieren, erniedrigen also die Stufe einer Rechnungsart um eins. Man wendet deshalb die Logarithmen an, um Zablen-Ausdrücke, deren Berechnung auf gewöhnlichem Wege sehr mühsam sein wurde, auf bequemere Weise zn berechnen. Dies ist natürlich nur möglich, wenn man für irgend eine feste Basis dic Logarithmen aller Zahlen mit einiger Annäherung kennt, d. h. zwei rationale Zahlen kennt, die sich um wenig unterscheiden, und zwischen denen der Logarithmus jeder Zahl liegt. Man hat deshalb für die Basis zehn die Logarithmen aller ganzen Zahlen bis hunderttausend auf vier und mehr Dezimalstellen berechnet, tabellarisch zusammengestellt und dadurch ein ausreichendes Mittel gewonnen, um den Logarithmus jeder beliebigen positiven, ganzen oder gebrochenen Zahl für jede beliebige Basis schnell finden zu können. Die Zusammenfassung der Logarithmen aller Zahlen zu einer und derselben Basis heißt emphLogarithmen-System. Um die Logarithmen aller Zahlen in einem System aus den Logarithmen derselben in einem andern System zu finden, hat man die letzteren durch eine und dieselbe Zahl zu dividieren, wie Formel VI lehrt. Da die *dekadischen Logarithmen*, d. h. solche, welche die Basis *zehn* haben, vorzugsweise in Gebrauch sind, so läßt man bei ihnen die Angabe der Basis fort, z. B. $\log 8 = \log^{10} 8 = 0,90309$. Eine Logarithmen-Tafel enthält links in natürlicher Reihenfolge die Zahlen von 1 an aufwärts und läßt rechts den dekadischen Logarithmus der links stehenden Zahl erkennen. Die vom Verfasser herausgegebenen Tafeln[2] enthalten außerdem noch eine *Gegentafel*, bei welcher umgekehrt links in natürlicher Reihenfolge Dezimalbrüche stehen, die Logarithmen bedeuten, and zu denen der zugehörige Numerus rechts zu finden ist.

Das dekadische Logarithmen-System bietet den Vorteil dar, daß man bei einer in gewöhnlicher, also dekadischer Zifferschrift angegebenen Zahl schon aus der *Anzahl ihrer Ziffern* ersehen kann, zwischen welchen aufeinanderfolgenden ganzen Zahlen ihr Logarithmus liegt. Denn wenn die Zahl a mit n Ziffern geschrieben wird, so ist:

$$10^{n-1} \leq a < 10^n,$$
$$\text{also: } n - 1 \leq \log a < n.$$

Man stellt deshalb die dekadischen Logarithmen immer in der Form $c + m$ dar, wo erstens c eine ganze Zahl ist, die positiv, null und negativ sein kann, und die man *Kennziffer* oder *Charakteristik* nennt, und wo zweitens m nicht negativ und kleiner als 1 ist. Diese immer durch die Dezimalstellen hinterm Komma angegebene, bei fünfstelligen Tafeln zwischen 00000 und 99999 liegende Zahl m heißt *Mantisse.* Wenn die Kennziffer negativ ist, so läßt man auf Null und Komma zunächst die Mantisse folgen und schreibt die negative Kennziffer hinter die Mantisse. Aus dem Gesagten folgt:

1) Die Kennziffer des dekadischen Logarithmus einer ganzen Zahl oder eines Dezimalbruchs, der größer als 1 ist, ist immer um 1 kleiner als die Anzahl der Ziffern der ganzen Zahl bezw. der Ziffern der vor dem Komma des Dezimalbruchs stehenden ganzen Zahl;

2) Wenn ein Dezimalbruch mit "Null Komma" beginnt und p Nullen auf das Komma folgen, so ist die Kennziffer seines dekadischen Logarithmus gleich minus $(p+1)$. Z. B. hat $\log 1899$ die Kennziffer 3, $\log 5$ die Kennziffer 0, $\log 0,5$ die Kennziffer $-l$, $\log 0,05$ die Kennziffer -2 u. s, w.

Da hiernach die Kennziffern der Logarithmen der Zahlen ohne Mühe erkennbar sind, so enthalten die Logarithmentafeln nur die Mantissen der Logarithmen, und zwar in Dezimalbruchform, ältere Tafeln auf 7 oder noch mehr

---

[2] 1. Fünfstellige Tafeln und Gegentafeln für logarithmisches und trigonometrisches Rechnen. Leipzig, Teubner, 1897.

2. Vierstellige Tafeln und Gegentafeln für logarithmisches und trigonometrisches Rechnen, in zweifarbigein Druck. Leipzig, Göschen, 1898.

Dezimalstellen, neuere Tafeln auf 5 oder 4 Stellen. Bemerkenswert ist, daß die Logarithmen je zweier Zahlen, deren Quotient eine Potenz von 10 mit ganzzahligem Exponenten ist, also auch je zweier Zahlen, die sich nur durch die Stellung des Dezimalkommas unterscheiden, *eine und dieselbe Mantisse haben.* Z. B.:

$$\log 8000 = 3,90309; \quad \log 80 = 1,90309;$$
$$\log 8 = 0,90309; \quad \log 0,008 = 0,90309 - 3.$$

Die logarithmische Berechnung von Zahl-Ausdrücken zeigt folgendes Beispiel:

$$x = \sqrt[3]{\frac{13,46 \cdot 0,0782}{(3,9164)^2}}$$

ergiebt:

$$\log x = \frac{1}{3}\left[\log 13,46 + \log 0,0782 - 2 \cdot \log 3,9164\right].$$

$$\begin{array}{rl}
\log 13,46 = & 1,12905 \\
\log 0,0782 = & \underline{0,89321 - 2} \\
 & 2,02226 - 2 \\
\log 3,9164 = & 0,59284 \\
 & \underline{\quad (4)} \\
2\log 3,9164 = & \underline{1,18576} \\
 & 0,83650 - 2 \\
 & \underline{1,83650 - 3} \\
3| & 0,61217 - 1 \| \mathbf{x} = \mathbf{0,40942}.
\end{array}$$

Wenn der logarithmisch zu berechnende Zahlen-Ausdruck Plus- und Minuszeichen enthält, so müssen die durch diese Zeichen getrennten Glieder für sich berechnet werden, da für $\log(a \pm b)$ keine einfache Umformung möglich ist. Z. B.:

$$x = \frac{1}{4}\sqrt{10 + 2\sqrt{5}}.$$

$$\begin{array}{rll}
\log 5 = & 0,69897 & \\
\frac{1}{2}\log 5 = & 0,34948(5) & \\
\log 2 = & \underline{0,30103} & \\
 & 0,65051(5); & 2\sqrt{5} = \quad 4,4721(5) \\
\log 14,4721 = & \underline{1,16053 \quad ;} & \qquad 14,4721(5) \\
2| & 0,58026(5) & \\
\log 4 = & \underline{0,60206} & \\
 & 0,97820(5) - 1; & x = 0,95105.
\end{array}$$

Gleichungen, bei denen die Unbekannte im Exponenten von Potenzen vorkommt, lassen sich häufig durch Übergang zu den Logarithmen auf gewöhnliche Gleichungen (§ 17 und § 27) zurückführen, wodurch dann die Lösung solcher *Exponentialgleichungen* ermöglicht wird. Z. B.:

1) $$1,035^x = 2$$

führt auf:

$$x \cdot \log 1,035 = \log 2$$

oder:

$$x = \frac{\log 2}{\log 1,035} = \frac{0,30103}{0,01494} = 20,2.$$

2) $$4^{5x+2} + 8 \cdot 8^{2(x+1)} = \left(\frac{131}{9}\right)^{10-x}$$

führt zunächst auf:

$$2^{6x+4} + 2^3 \cdot 2^{6x+6} = \left(\frac{131}{9}\right)^{10-x}$$

oder:

$$2^{6x} \cdot [2^4 + 2^9] = \left(\frac{131}{9}\right)^{10-x}$$

oder:

$$2^{6x} \cdot 528 = \left(\frac{131}{9}\right)^{10-x}$$

also, durch Logarithmierung:

$$6x \cdot \log 2 + \log 528 = (10 - x) \log \frac{131}{9},$$

woraus folgt:

$$x = \frac{10(\log 131 - \log 9) - \log 528}{6 \log 2 + \log 131 - \log 9}.$$

Die numerische Berechnung ergiebt dann:

$$\begin{array}{r|r} \log 131 = 2,11727 & 6 \log 2 = 1,80618 \\ \log 9 = \underline{0,95424} & \log 131 = \underline{2,11727} \\ 1,16303 & 3,92345 \\ 11,6303 & \log 9 = 0,95424 \\ \log 528 = \underline{2,7226} & \text{Nenner} = 2,96921 \\ \text{Zähler} = 8,9077 & \end{array}$$

Nun ist $\log x = \log 8,9077 - \log 2,96921$.

$$\begin{aligned}\log 8,9077 &= 0,94976 \\ \log 2,96921 &= \underline{0,47264} \\ \log x &= 0,47712 | \mathbf{x = 3}.\end{aligned}$$

Übungen zu § 32

Jede der folgenden identischen Gleichungen soll so verwandelt werden, daß nur eine Seite der Gleichung das Zeichen “log” enthält

1. $5^4 = 625;$
2. $8^3 = 512;$
3. $\dfrac{25}{16} = \left(\dfrac{5}{4}\right)^2;$
4. $1000 = 10^3;$
5. $\left(\dfrac{81}{25}\right)^{\frac{1}{2}} = \dfrac{9}{5};$
6. $\left(\dfrac{16}{81}\right)^{\frac{3}{4}} = \dfrac{8}{27};$
7. $\left(\dfrac{1}{2}\right)^{-5} = 32;$
8. $\left(\dfrac{27}{64}\right)^{-\frac{2}{3}} = \dfrac{16}{9};$
9. $a^0 = 1;$
10. $a^{-1} = \dfrac{1}{a};$
11. $\sqrt[4]{256} = 4;$
12. $\sqrt[m]{1} = 1.$

Übersetze in Potenzsprache:

13. $\log^3 243 = 5$;

14. $\log^6 216 = 3$;

15. $\log^8 16 = \frac{4}{3}$;

16. $\log^{\frac{4}{3}}(1 + \frac{7}{9}) = 2$;

17. $\log^{0,2} \frac{1}{125} = 3$;

18. $\log^{11} \frac{1}{1331} = -3$;

19. $\log^6(216^m) = 3m$.

Welches sind für die Basis 9 die Logarithmen von:

20. 9;

21. 81;

22. 1;

23. $\frac{1}{9}$;

24. 9^{-m};

25. 3;

26. $\frac{1}{27}$;

27. $\sqrt[3]{\frac{1}{3}}$;

28. 3^p;

29. $81^{\frac{7}{2}}$;

30. $729^{-\frac{5}{4}}$?

31. 3^{1000} liegt zwischen 10^{477} und 10^{478}. Wie heißt also der dekadische Logarithmus von 3?

32. Entnimm aus der Berechnung von 5^{10} den $\log 5$ auf eine Dezimalstelle.

Logarithmiere:

33. abc;

34. ab^2c^3;

35. $a : (bcd)$;

36. $32\,a : b$;

37. $ab^4 : c^6$;

38. $(abc)^4 : (de)^5$;

39. $\dfrac{a^3b^2c^4}{d^5e^7}$;

40. $\dfrac{a^{-3}b^{-2}}{c^{-4}}$;

41. $\sqrt[5]{ab}$;

42. $\sqrt[4]{a} \cdot \sqrt[3]{b} : c^4$;

43. $\dfrac{1}{b\sqrt[3]{ac}}$;

44. $\dfrac{a \cdot b \cdot \sqrt[3]{4}}{\sqrt[5]{6} \cdot c}$;

45. $a^{\frac{4}{5}}b^{\frac{5}{6}} : c^{\frac{6}{7}}$.

Verwandele in den Logarithmus eines Ausdrucks:

46. $\log a + \log b - \log c - \log d$;

47. $\log a + 3 \log b$;

48. $5 \log a - 4 \log b$;

49. $\dfrac{1}{2} \log a + \dfrac{1}{3} \log b - \dfrac{1}{4} \log c$;

50. $\log(a + b) + \log(a - b)$;

51. $\log a + \log\left(1 - \dfrac{b}{a}\right)$;

52. $\log(a^3 + b^3) - \log(a + b)$;

53. $3\log(a + b) - \log(a^2 + 2ab + b^2)$.

Berechne logarithmisch:

54. $5,428 \cdot 10,13$;

55. $0,4325 \cdot 72,34$;

56. $143,7 \cdot 5,842$;

57. $(4,582)^8$;

58. $\dfrac{0,0423}{0,0089}$;

59. $\dfrac{0,7435}{(0,0562)^2}$;

60. $\dfrac{834,56}{123,78}$;

61. $\dfrac{34,5 \cdot 35,6}{7,89 \cdot 139}$;

62. $\dfrac{(4,892)^7}{(7,956)^4}$;

63. $\sqrt[3]{19,452}$;

64. $\sqrt[5]{3}$;

65. $\sqrt[6]{7}$;

66. $43,4 \cdot \sqrt[5]{8,9} \cdot 7,57$;

67. $\sqrt[15]{15}$;

68. $\sqrt[11]{5480}$;

69. $\left(\dfrac{3}{4}\right)^{0,5}$;

70. $\left(\sqrt[4]{17}\right)^{1,3}$;

71. $\sqrt[5]{723 \cdot \sqrt[3]{19} \cdot \sqrt[7]{26}}$;

72. $\dfrac{\sqrt[3]{723,5}}{\sqrt[5]{428,7}}$;

73. $\sqrt[3]{-525}$;

74. $\sqrt[5]{-37,429}$.

Unterbrochene logarithmische Berechnung von:

75. $\frac{1}{4}\sqrt{10 + 2\sqrt{5}}$;

76. $\sqrt{2 - \sqrt{2 + \sqrt{2}}}$;

77. $\sqrt[15]{3^15 + 15^3}$.

Berechne logarithmisch die mittlere Proportionale zu:

78. 5,837 und 6,792;

79. $\sqrt[5]{8}$ und $\sqrt[8]{5}$;

80. $7^{\frac{13}{5}}$ und $\left(\frac{13}{5}\right)^7$.

Mit wieviel Ziffern wird geschrieben:

81. 2^{100};

82. $9^{(9^9)}$?

Die folgenden Exponentialgleichungen sollen durch Übergang zu den Logarithmen gelöst werden:

83. $4^x + 4^{x+1} + 4^{x+3} = 5^x + 5^{x+2}$;

84. $3^{(4^x)} = 4^{(3^x)}$;

85. $\begin{cases} 3^x \cdot 2^y &= 5 \\ y - x &= 2 \end{cases}$.

Anhang.

---

§ 33. Das System der arithmetischen Operationen.

Die Arithmetik entwickelt aus dem Begriff der Zahl, ohne Zuhilfenahme irgend eines Axioms, zunächst die Addition, aus ihr die Multiplikation und aus dieser die Potenzierung. Bei jeder dieser drei Operationen werden zwei Zahlen verknüpft, um eine dritte zu ergeben. Die beiden Zahlen, welche verknüpft werden, können immer logisch als passive Zahl und als aktive Zahl unterschieden werden. Man operiert mit der aktiven Zahl an der passiven. Da für die Addition und für die Multiplikation das Kommutationsgesetz gilt, indem $a+b=b+a$ und $a \cdot b = b \cdot a$ ist, so brauchen bei diesen beiden Operationen die passive und die aktive Zahl in arithmetischer Hinsicht nicht unterschieden zu werden. Sie haben daher einen gemeinsamen Namen erhalten, der bei der Addition Summand und bei der Multiplikation Faktor heißt. Bei der Potenzierung gilt das Kommutationsgesetz *nicht*, und deshalb muß die Basis und der Exponent nicht allein logisch, sondern auch arithmetisch unterschieden werden.

Da *jede* der beiden durch eine Operation verknüpften Zablen als *gesucht* betrachtet werden kann, während die andere verknüpfte Zahl, sowie das Ergebnis als gegeben zu betrachten ist, so hat jede Operation logisch zwei Umkehrungen. Wegen des Kommutationsgesetzes fallen jedoch arithmetisch die beiden Umkehrungen der Addition und der Multiplikation je in eine einzige Umkehrung zusammen. Nur die Potenzierung hat, wegen der Ungültigkeit des Kommutationsgesetzes, zwei wesentlich verschiedene Umkehrungen. Die Umkehrungen nennt man *indirekte* Operationen, im Gegensatz zu der Addition, Multiplikation und Potenzierung, die man direkte Operationen nennt, und zwar beziehungsweise erster, zweiter und dritter Stufe. Demgemäß sind arithmetisch 7 Operationen zu unterscheiden, die in der folgenden Tabelle zusammengestellt sind, wo immer 16 die passive, 2 die aktive Zahl ist:

Tabelle der 7 Operationen.

Name der Operation:	Beispiel:	Die passive Zahl, hier 16, heißt:	Die aktive Zahl, hier 2, heißt:	Das Resultat heißt:
Addition	$16 + 2 = 18$	Augendus (Summand)	Auctor (Summand)	Summe
Subtraktion	$16 \cdot 2 = 14$	Minnendus	Subtrahendus	Differenz
Multiplikation	$16 \cdot 2 = 32$	Multiplikandus (Faktor)	Multiplikator (Faktor)	Produkt
Division	$16 : 2 = 8$	Dividendus	Divisor	Quotient
Potenziernng	$16^2 = 256$	Basis	Exponent	Potenz
Radizierung	$\sqrt[2]{16} = 4$	Radikandus	Wurzel-Exponent	Wurzel
Logarithmierung	$\log 16 = 4$	Logarithmandus	Logarithmen-Basis	Logarithmus

Wie hierbei aus jeder der drei direkten Operationen Addition, Multiplikation, Potenzierung ihre beiden Umkehrungen folgen, zeigt folgende Tabelle:

Stufe:	Direkte Operation:	Indirekte Operation:	Gesucht wird:
I.	Addition: $5 + 3 = 8$	Subtraktion: $8 - 3 = 5$	Augendus
		Subtraktion: $8 - 5 = 3$	Auctor
II.	Multiplikation: $5 \cdot 3 = 15$	Division: $15 : 3 = 5$	Multiplikandus
		Division: $15 : 5 = 3$	Multiplikator
III.	Potenzierung: $5^3 = 125$	Radizierung: $\sqrt[5]{125} = 5$	Basis
		Logarithm. $\log^5 125 = 3$	Exponent

In derselben Weise, wie die Multiplikation aus der Addition, die Potenzierung aus der Multiplikation hervorgeht, so könnte man auch aus der Potenziernng als der direkten Operation dritter Stufe eine direkte *Operation vierter Stufe*, aus dieser eine fünfter Stufe u. s. w. ableiten. Doch ist schon die Definition einer direkten Operation vierter Stufe zwar logisch berechtigt, aber für den Fortschritt der Mathematik unwichtig, weil bereits bei der dritten Stufe das Commutationsgesetz seine Gültigkeit verliert.

Um zu einer direkten Operation vierter Stufe zu gelangen, hat man a^a als Exponenten von a zu betrachten, die so entstandene Potenz wieder als Exponenten von a anzusehen und so fortzufahren, bis a $b$mal gesetzt ist. Nennt man das Ergebnis dann $(a; b)$, so stellt $(a; b)$ das Resultat der direkten Operation vierter Stufe dar. Für dasselbe gilt z. B. die Formel:

$$(a; b)^{(a;c)} = (a; c + 1)^{(a;b-1)}.$$

Ferner gilt für die vierte Stufe, daß, wenn $(a;\infty) = x$ ist, $a = \sqrt[x]{x}$ sein muß.

Wegen der Gültigkeit des Kommutationsgesetzes bei der direkten Operation zweiter Stufe, kann man von dieser ans nur in einer einzigen Richtung zu einer direkten Operation der nächst höheren Stufe gelangen, da es gleichgültig ist, ob man $a \cdot a$ als passive und a als aktive Zahl oder umgekehrt auffaßt. Anders bei dem Aufstieg von der dritten Stufe zur vierten. Oben ist a^a als Exponent der Basis a betrachtet, u. s. w. Man kann jedoch auch a als Exponent der Basis a^a ansehen, die so entstandene Potenz wieder als Basis einer Potenz betrachten, deren Exponent a ist, und so fortfahren, bis a b mal gesetzt ist. Dann gelangt man zu

$$a^{(a^{b-1})},$$

also zu einer Potenz, deren Basis a und deren Exponent a^{b-1} ist, also nicht zu einer als neu aufzufassenden Operation.

---

§ 34. Die Erweiterungen des Zahlbegriffs.

Aus dem Begriff des Zählens ergeben sich zunächst die natürlichen Zahlen als die Ergebnisse desselben, dann aber auch der Begriff der Addition als der Zusammenfassung zweier Zählungen in eine einzige Zählung. Ohne Hindernis gelangt man dann von der Addition zu dem Begriff der *direkten* Operation höherer Stufe, so daß die Verknüpfung zweier beliebiger Zahlen durch irgend eine direkte Operation immer Sinn behält, d. h. zu einer natürlichen Zahl als dem Ergebnis der Verknüpfung führt. Sobald man aber die indirekten Operationen zuläßt, gelangt man zu der Erkenntnis, daß nur bei gewissen Zahlen-Paaren die Verknüpfung durch eine solche Operation Sinn hat, bei andern Zahlen-Paaren nicht. So hat erstens "5 minus 9" keinen Sinn, weil es keine natürliche Zahl giebt, die, mit 9 durch Addition verbunden, zur Zahl 5 führt, zweitens "8 dividiert durch 3" keinen Sinn, weil es keine natürliche Zahl giebt, die, mit 3 durch Multiplikation verbunden, zur Zahl 8 führt, drittens "fünfte Wurzel aus 100" keinen Sinn, weil es keine natürliche Zahl giebt, deren fünfte Potenz 100 ist, viertens "Logarithmus von 50 zur Basis 10" keinen Sinn, weil es keine natürliche Zahl giebt, mit der man 10 potenzieren müßte, um 50 zu erhalten. Statt nun solche sinnlosen Verknüpfungen zweier Zahlen zu verwerfen und aus der Sprache der Arithmetik zu verbannen, hat man es vorgezogen, solche Verknüpfungen als Zahlen im erweiterten Sinne des Wortes in die Sprache der Arithmetik aufzunehmen. Man befolgt dabei das schon in § 8 erwähnte *Prinzip der Permanenz* oder der *Ausnahmslosigkeit.* Dasselbe besteht in viererlei:

erstens darin, jeder Zeichen-Verknüpfung, die keine der bis dahin definierten Zahlen darstellt, einen solchen Sinn zu erteilen, daß die Verknüpfung nach denselben Regeln behandelt werden darf, als stellte sie eine der bis dahin definierten Zahlen dar;

zweitens darin, eine solche Verknüpfung als Zahl im erweiterten Sinne des Wortes zu definieren, und dadurch den Begriff der Zahl zu erweitern;

drittens darin, zu beweisen, daß für die Zahlen im erweiterten Sinne dieselben Sätze gelten, wie für die Zahlen im noch nicht erweiterten Sinne; viertens darin, zu definieren, was im erweiterten Zahlengebiet die ursprünglich nur für natürliche Zahlen definierbaren Begriffe "gleich, größer, kleiner" bedeuten.

Durch Anwendung des Prinzips der Permanenz gelangten wir bei der Subtraktion zur Zahl *Null* und zu den *negativen Zahlen*, bei der Division zu den positiven und negativen *gebrochenen* Zahlen, bei der Radizierung mit positivem Radikanden und bei der Logarithmierung mit positiver Basis zu den positiven und negativen *irrationalen* Zahlen, bei der Radizierung mit negativem Radikanden zu den rein imaginären *Zahlen*, und von diesen zu den *komplexen* Zahlen. So konnten wir in der Zahlform

$$a + ib,$$

wo a und b entweder null oder eine beliebige positive oder negative, rationale oder irrationale Zahl bedeuten, die bis jetzt höchste Erweiterung des Zahlbegriffs erblicken. Schon ist in § 26 nachgewiesen, daß die Verknüpfung zweier solcher Zahlen durch die Operationen erster und zweiter Stufe immer wieder zu einer solchen Zahl führt. Da die Untersuchung der Verknüpfung zweier Zahlen von der Form $a + ib$ durch die Operationen *dritter* Stufe mit den Mitteln der elementaren Mathematik nicht möglich ist, so mag hier die Mitteilung genügen, daß auch die Anwendung der drei Operationen dritter Stufe auf Zahlen von der Form $a + ib$ immer wieder auf solche Zahlen führt, also nicht zu neuen Erweiterungen des Zahlengebiets Veranlassung giebt. Auch indirekte Operationen von noch höherer als der dritten Stufe können nicht zu neuen Zahlformen führen. In $a + ib$ haben also die allmählichen Erweiterungen des Zahlengebiets ihren Abschluß gefunden.

---

§ 35. Historisches.

[1]

[1] Ausführlichere historische Notizen habe ich in dem von mir für die "Encyklopädie der mathematischen Wissenschaften" (Leipzig 1898) verfaßten Artikel "über die Grundlagen der Arithmetik" zusammengestellt. Diesem Artikel sind auch einige der hier folgenden Notizen entnommen.

Zu Abschnitt I.

Die ersten Keime einer arithmetischen Buchstabenrechnung finden sich schon bei den Griechen (*Nikomachos* um 100 n. Chr., *Diophantos* um 300 n. Chr.), mehr noch bei den Indern und Arabern (*Alchwarizmî* um 800 n. Chr., *Alkalsâdi* um 1450). Die eigentliche Buchstabenrechnung mit Verwendung der Zeichen

$$=, >, <$$

und der Operationszeichen ist jedoch erst im 16. Jahrhundert ausgebildet (*Vieta*, † 1603), vor allem in Deutschland und Italien. Das jetzt übliche Gleichheitszeichen findet sich zuerst bei *R. Recorde* (1556). Aber erst durch *L. Euler* (1707–1783) hat die arithmetische Zeichensprache die heutige festere Gestalt bekommen. Die drei Regeln üher das Setzen der Klammern sprach zuerst *E. Schröder* aus, und zwar in seinem "Lehrbuch der Arithmetik", Leipzig 1873, Band I, sowie in seinem "Abriß der Arithmetik und Algebra", I. Heft, Leipzig 1874.

Zu Abschnitt II.

Über Zahl-Mitteilung und Zahl-Darstellung in Wort und Schrift lese man des Verfassers kulturgeschichtliche Studie "Zählen und Zahl" in Virchow-Holtzendorffs Sammlung gemeinv. wiss. Vorträge, Hamburg 1887.

Die Unterscheidung der *kommutativen, assoziativen und distributiven* Gesetze findet man in Deutschland zuerst bei *H. Hankel* (Theorie der komplexen Zahlsysteme, Leipzig 1867), in England schon seit etwa 1840.

Als gemeinsames Zeichen für alle Differenzformen, in denen Minuend und Subtrahend gleich sind, tritt die *Null* erst seit dem 17. Jahrhundert auf. Ursprünglich war die Null nur ein Vacatzeichen für eine fehlende Stufenzahl in der von den Indern erfundenen Stellenwert-Zifferschrift (vgl. hier § 22). Andere Zifferschriften, wie die additive der Römer oder die multiplikative der Chinesen haben kein Zeichen für Null.

Das Prinzip der Permanenz ist in allgemeinster Form zuerst von *H. Hankel* (§ 3 der Theorie der komplexen Zahlsysteme, Leipzig 1867) ausgesprochen.

Bei einem logischen Aufbau der Arithmetik geht die Einführung der *negativen* Zahlen der der gebrochenen Zahlen voran.

Historisch jedoch sind die negativen Zahlen viel später in Gebrauch gekommen, als die gebrochenen Zahlen. So rechneten die griechischen Arithmetiker nur mit Differenzen, in denen der Minuend größer als der Subtrahend war. Die ersten Spuren eines Rechnens mit negativen Zahlen finden sich bei dem indischen Mathematiker *Bhâskara* (geb. 1114), der den negativen und den positiven Wert einer Quadratwurzel unterscheidet. Auch die Araber erkannten negative Wurzeln von Gleichungen. *L. Pacioli* am Ende des 15. Jahrhunderts und *Cardano*, dessen Ars magna 1550 erschien, wissen zwar etwas von negativen Zahlen, legen ihnen aber keine selbständige Bedeutung bei. Cardano nennt sie aestimationes falsae und fictae. *Michael Stifel* (in seiner 1544 erschienenen Arithmetica integra) rechnet sie nicht zu den numeri veri. Erst *Th. Harriot* (um 1600) betrachtet negative Zahlen für sich und läßt sie die eine Seite einer Gleichung bilden. Das eigentliche Rechnen mit negativen Zahlen beginnt jedoch erst mit *R. Descartes* († 1650), der einem und demselben Buchstaben bald einen positiven, bald einen negativen Wert beilegte.

Zu Abschnitt III.

In früheren Jahrhunderten herrschte noch Unklarheit darüber, welche Operationen als arithmetische Grund-Operationen zu betrachten sind, so noch um die Mitte des 15. Jahrhunderts bei *J. Regiomontanus* und *G. v. Peurbach*, der acht Grund-Operationen aufzählt, nämlich: Numeratio, Additio, Subtraktio, Mediatio, Duplatio, Multiplikatio, Divisio, Progressio. Der hier im Text vollzogene logisch genaue *Aufbau* der vier fundamentalen Operationen und überhaupt der arithmetischen Begriffe gehört erst dem neunzehnten Jahrhundert an. Namentlich hat *E. Schröders* Lehrbuch (Leipzig 1873, Band I: Die sieben algebraischen Operationen) auf die Darstellungen der elementaren Arithmetik verbessernd gewirkt.

Mit *Brüchen* wurde schon im Altertum gerechnet. Ja, das älteste mathematische Handbuch, der *Papyrus Rhind* im Britischen Museum, enthält schon eine eigenartige Bruchrechnung, in der jeder Bruch als Summe verschiedener *Stammbrüche* geschrieben wird. Die *Griechen* unterschieden in ihrer Buchstaben-Zifferschrift, Zähler und Nenner durch verschiedene Strichelung der Buchstaben, bevorzugten aber Stammbrüche. Die Römer suchten die Brüche als Vielfache von $\frac{1}{12}, \frac{1}{24}$ u. s. w. bis $\frac{1}{288}$ darzustellen, im Zusammenhang mit ihrer Gewichts-und Münzeinteilung. Die *Inder* und *Araber* kannten Stammbrüche und abgeleitete Brüche, bevorzugten aber, ebenso wie die *alten babylonischen*, und, ihnen folgend, die *griechischen* Astronomen *Sexagesimalbrüche*. Den Bruchstrich und die heutige Schreibweise der Brüche erfand *Leonardo von Pisa* (genannt *Fibonacci*, um 1220).

Zu Abschnitt IV.

Die unter dem Namen "Pascalsches Dreieck" (triangulus arithmeticus) bekannte Koeffizienten-Tafel für die Entwickelung von $(a+b)^n$ findet sich schon vor *Blaise Pascal* († 1662) bei *Michael Stifel* (Arithmetica integra, 1544).

Schon *Diophantos* (um 300 n. Chr.) lehrte die Auffindung einer unbekannten Zahl durch Auflösung einer Gleichung. Ebenso verstanden es auch die indischen Mathematiker, einfache Gleichungen aufzulösen. Die Araber aber haben auch verwickeitere Gleichungen zu lösen vermocht (*Alchwarizmî*, latinisiert Algorithmus, um 800).

Mit *Proportionen* beschäftigten sich schon die Griechen, vorzugsweise mit ihrer Anwendung in der Geometrie (Geometrisches Mittel). Die Unterscheidung von drei Mitteln, dem geometrischen, dem arithmetischen und dem harmonischen, rührt von Nikomachos (um 100 n. Chr.) her.

Die Dezimalbrüche entstanden im Laufe des 16. Jahrhunderts. *Johann Keppler* (1571–1630) führte das Dezimalkomma ein. Das Prinzip, das der Dezimalbruch-Schreibweise zu Grunde liegt, war schon im Altertum bei den *Sexagesimalbrüchen* verwendet. Bei denselben läßt man auf die Ganzen Vielfache von $\frac{1}{60}$ und dann von $\frac{1}{3600}$ folgen. Daß dieselben *babylonischen* Ursprungs sind, ist durch die Entdeckung einer von babylonischen Astronomen angewandten sexagesimalen Stellenwert-Zifferschrift (mit 59 verschiedenen Zahlzeichen, aber ohne ein Zeichen für nichts) unzweifelhaft geworden. Auch die griechischen Astronomen (*Ptolemäus*, um 150 n. Chr.) rechneten mit Sexagesimalbrüchen. Z. B. setzte Ptolemäus das Verhältnis des Umfangs eines Kreises zu seinem Durchmesser gleich 3..8..30, d. h. gleich $3+\frac{8}{60}+\frac{30}{3600}=3\frac{17}{120}=3,141\overline{6}$. Unsere Sechzig-Teilung der Stunde und des Grades, sowie die Ausdrücke Minute (pars *minuta* prima) und Sekunde (pars minuta *secunda*) sind letzte Reste der alten Sexagesimalbrüche.

Zu Abschnitt V.

Der erste Mathematiker, welcher eine methodische Ausziehung einer Quadratwurzel lehrte, war *Theon von Alexandrien.* Unser heutiges Wurzelzeichen schrieben zuerst um die Mitte des 16. Jahrhunderts *Christoph Rudolf aus Jauer* und *Adam Biese.* Doch hatte auch schon der Westaraber *Alkalsâdi* (um 1450) ein besonderes Zeichen für die Quadratwurzel.

Das *Irrationale* erkannte zuerst *Pythagoras* an dem besonderen Beispiel des Verhältnisses der Diagonale und der Seite eines Quadrats. *Euklides* behandelte die Unterscheidung der rationalen und der irrationalen Zahlen ausführlicher im

10. Buch seiner "Elemente", jedoch immer nur als Ausdruck für das Verhältnis von Strecken. Irrational nennt er das Verhältnis *inkommensurabler* Strecken, d. h. solcher Strecken, in denen kein gemeinsames Maß ganzzahlig enthalten ist. Er faßte auch $a \pm \sqrt{b}$ und $\sqrt{a} \pm \sqrt{b}$ als besondere Irrationalitäten auf. *Appollonius von Pergä* (um 200 vor Chr.) schrieb ein besonderes Lehrbuch üher irrationale Größen. *Archimedes* verstand es sogar, ein gesuchtes irrationales Verhältnis in zwei *sehr nahe* rationale Grenzen einzuschließen. So fand er auf dem Wege zu seinem berühmten Resultate $3\frac{10}{71} < \pi < 3\frac{1}{7}$ unter anderem $\frac{265}{153} < \sqrt{3} < \frac{1351}{780}$. Doch ist Euklid und Archimedes, ebenso wie allen Mathematikern des Altertums, die Anschauung fremd geblieben, daß das Verhältnis zweier inkommensurabler Strecken eine *bestimmte* Zahl definiere. Dagegen unterwarfen die *Inder* (*Brahmagupta* um 600, *Bhâskara* um 1150 n. Chr.), welche zu dem Irrationalen von den quadratischen Gleichungen her gelangt waren, die irrationalen Quadratwurzeln denselben Rechenregeln, wie die Übrigen Zahlen. Bhâskara lehrte sogar das Wegschaffen des Irrationalen ans dem Nenner eines Bruches und die Verwandlung von $\sqrt{a + \sqrt{b}}$ in $\sqrt{c} + \sqrt{d}$. Der erste Mathematiker, welcher jeder irrationalen Wurzel gerade so gut, wie jeder rationalen Zahl einen eindeutig bestimmten Platz in der Zablenreihe zuweist, war *Michael Stifel* (Arithmetica integra, 1544, II. Buch).

Quadratwurzeln aus negativen Zahlen wurden früher als sinnlos ganz außer acht gelassen. *Cardano* (um 1545) schenkte ihnen als unmöglichen Wurzeln von Gleichungen einige Beachtung. *Euler* und *Cauchy* (1821) zeigten den Nutzen der imaginären und der imaginär-komplexen Zahlen. Aber erst *Gauß* (1831) vermochte es, namentlich vermöge seiner graphischen Darstellung der komplexen Zahlen, der letzten Erweiterung des Zablengebiets das volle Bürgerrecht in der Arithmetik zu verschaffen, ein Bürgerrecht, das die gebrochenen, die negativen und die irrationalen Zablen schon vorher erhalten hatten

Heron von Alexandrien war der erste, welcher die gemischt-quadratische Gleichung durch Ergänzung zu einem vollständigen Quadrate löste (um 100 v. Chr.). *Diophantos* behandelte außer der quadratischen Gleichung mit einer Unbekannten auch solche mit mehreren Unbekannten, wenn auch nur in sehr einfachen Fällen. Während Diophant aber immer nur an einen einzigen Wert der Unbekannten dachte, erkannten die indischen Mathematiker, daß eine quadratische Gleichung *zwei* Wurzeln habe, und ließen, freilich nur unter Vorbehalt, auch irrationale und imaginäre Wurzeln zu. *Bhâskara* zeigte ferner, wie sich oft die Lösung von Gleichungen höheren Grades auf die Lösung von solchen zweiten Grades zurückfuhren läßt. Die Leistungen des Diophant und der älteren indischen Mathematiker vervollkommneten und verbreiteten die Araber, namentlich *Alchwarizmî* (um 800) und *Alkarchî* (um 1000). *Leonardo von Pisa* (um 1200) brachte die arabische Algebra nach dem Westen. Die Sätze vom Zusammenhang der Koeffizienten mit den Wurzeln sprach *Vieta* (um 1600) zuerst aus.

Zu Abschnitt VI.

Potenzen mit den Exponenten 1 bis 6 bezeichnete schon *Diophant* in abgekürzter Weise. Er nennt die zweite Potenz *δύναμις*, ein Wort, auf das durch die lateinische Übersetzung potentia das Wort "Potenz" zurückzuführen ist. Im 14. bis 16. Jahrhundert finden sich schon Spuren eines Rechnens mit Potenzen und Wurzeln, so bei *Oresme* († 1382), Adam Riese († 1559), *Christoph Rudolf* (um 1539) und namentlich bei *Michael Stifel* in dessen Arithmetica integra (Nürnberg 1544). Aber erst seit Erfindung der Logarithmen im Anfange des 17. Jahrhunderts wurden die drei Operationen dritter Stufe in die Sprache der Arithmetik einverleibt. Die tiefere Erkenntnis des Zusammenhangs dieser drei Operationen hatte jedoch erst *L. Euler* (1748).

Die Erfinder der Logarithmen sind *Jost Bürgi* († 1632) und *John Napier* († 1617). Um die Verbreitung der Kenntnis der Logarithmen hat auch *Keppler* († 1630) große Verdienste. *Henry Briggs* († 1630) führte die Basis Zehn ein und gab eine Sammlung von Logarithmen dieser Basis heraus. Das Wort "Logarithmus" (*λόγου αϱιϑμός* = Nummer eines Verhältnisses) erklärt sich daraus, daß man zwei Verhältnisse dadurch in Beziehung zu setzen suchte, daß man das eine potenzierte, um das andere zu erhalten. So nannte man 8 zu 27 das dritte Verhältnis von 2 zu 3. Auch kommt für Logarithmus der Ausdruck "numerus rationem exponens" vor, von dem vielleicht das Wort "Exponent" herrührt. Die ersten Berechner von Logarithmentafeln *Napier und Briggs* (1618) berechneten dieselben mühsam durch Potenzieren und Interpolieren. Am Ende des 17. Jahrhunderts erschlossen die unendlichen Potenzreihen bequemere Wege zur Berechnung. Um die Vervollkommnung der Logarithmentafeln hat sich besonders *Vega* (1794) verdient gemacht, dessen siebenstellige Tafeln, in verschiedenen Ausgaben, noch heute gebraucht werden. Im Schulgebrauch jedoch sind gegenwärtig die siebenstelligen Tafeln durch fünfstellige oder gar vierstellige verdrängt.

---

§ 36. Rechnungs-Ergebnisse bei den Übungen (mit Auswahl).

Zu § 2.

19) 13; 20) 7; 21) 1; 22) 4; 23) 60; 24) 60; 25) 10; 26) 10; 27) 10; 28) 10; 29) 10; 30) 39; 31) 1; 32) 7; 33) 63; 34) 56; 35) 195; 36) 45; 37) 41; 38) 110; 39) 178; 40) 44.

Zu § 3.

9) 50; 10) 1000; 11) 5; 12) 96; 13) 96; 14) 6; 15) 3; 16) 1.

Zu § 10.

41) $11a + 3b - 2c$; 42) $57a - 93b$; 43) $p + 26q - 48s$; 44) $a - 14b + c$; 45) $-2bc$; 46) $ac - bc + 2bd + cd$; 47) $36a - 9ab$.

Zu § 13.

58) $a - 2b$; 59) $a^2 - 3ab - 4b^2$; 60) $9p^2 + 6p + 1$; 61) $x^2 + 4x + 11$; 62) $x^3 - x^2 + 5x - 3$; 63) $6p - 5$.

Zu § 14.

15) $\frac{1}{4}$; 16) $s - 6p$; 17) 1899; 18) $\frac{21p - 8q + 43r}{pqr}$; 19) $\frac{48a - 5b}{720}$; 20) $\frac{15}{4}a^2 + \frac{181}{256}ab + \frac{5}{64}b^2$; 21) $\frac{1}{9}x^2 - \frac{1}{2}xy + \frac{9}{16}x^2$; 22) $\frac{1}{8}a^3 + \frac{3}{16}a^2b + \frac{3}{32}ab^2 + \frac{1}{64}b^3$; 23) $\frac{3}{4}a^2 - \frac{1}{2}ab + \frac{1}{8}b^2$; 24) $\frac{7}{8}p^2 + \frac{9}{2}pq - q^2$; 25) $\frac{1}{8}a^2 - \frac{1}{2}a + 1$; 26) $7x - \frac{7}{2}$; 27) $\frac{1}{4}x^2 - \frac{9}{5}y^2$; 28) $\frac{9}{4}a^2 + ab + \frac{4}{9}b^2$; 29) $\frac{1}{2}a - b$.

Zu § 17.

1) 3; 2) 2; 3) 1; 4) 3; 5) 5; 6) 6; 7) 5; 8) 1; 9) 10; 10) 2; 11) -1; 12) 4; 13) 7; 14) 10; 15) $-\frac{51}{11}$; 16) 78; 17) 5; 18) 1; 19) 5; 20) 5; 21) $\frac{17}{15}$; 22) $-\frac{17}{0}$; 23) 42; 24) 1; 25) 4; 26) 1; 27) 7; 28) 1; 29) 3; 30) -1; 31) $\frac{5}{2}$; 32) 4; 33) 3; 34) $\frac{3}{4}$; 35) 50; 36) 1; 37) 4; 38) $\frac{1}{8}$; 39) $\frac{2}{3}$; 40) 3;
82) 5; 83) 7; 84) 5; 85) $5\frac{5}{6}$; 86) um 5; 87) $39 + 48$; 88) $40 + 20 + 51$; 90) 20 Stunden; 91) 2 Stunden und 10 Min.; 92) 330 Postkarten; 93) 25000 Mark; 94) 54 Mark; 95) 300 Stimmen; 96) 900; 97) 30 Jahre; 98) Am 1. Januar 1919; 99) $4\frac{0}{0}$; 100) 800 Mark; 101) $36°, 72°, 108°, 144°, 180°$; 102) 54 Liter; 103) 32 Kilo; 104) 5 Kilometer; 105) Um 7 Uhr; 106) Nach $3\frac{1}{3}$ Minuten; 107) 6 Kilometer; 108) $5\frac{5}{11}$ Minuten; 109) 25 Centimeter; 110) 9 Centimeter; 111) 9 Dezimeter; 112) 21 und 28 Kilo; 113) 10 Ohm; 114) 550 Centimeter.

Zu § 18.

1) 13 u. 6; 2) 9 u. 1; 3) 11 u. 1; 4) 2 u. 1; 5) 1 u. 1; 6) 3 u. 2; 7) 10 u. 1; 8) 1 u. 5; 9) 10 u. 2; 10) 1 u. 3; 11) $\frac{1}{2}$ u. $\frac{1}{2}$; 12) $\frac{1}{2}$ u. 3; 13) $\frac{1}{4}$ u. $-\frac{1}{4}$; 14) $\frac{1}{4}$ u. $\frac{1}{3}$; 15) $\frac{1}{8}$ u. -1; 16) $\frac{1}{4}$ u. $\frac{1}{4}$;
23) 4 u. 5; 24) 3 u. 8; 25) 10 u. 1; 26) 4 u. 1; 27) 4 u. $\frac{1}{2}$; 28) 7 u. 3; 29) 8 u. 3;
34) 1, 2 u. 4; 35) 6, 5 u. 0; 36) 7, $\frac{1}{2}$ u. 3; 37) 1, 3 u. 5; 38) 1, 3 u. 5; 39) 2, 7 u. -1; 40) 15 u. 4; 41) 4 u. 2; 42) $\frac{5}{7}$; 43) 80 für, 40 gegen; 44) 94; 45) 8000 Mark u. 9000 Mark; 46) 130 Meter u. 30 Meter i. d. Sekunde; 47) 4 Kilometer u. 5 Kilometer; 48) 9 u. 10 Centimeter; 49) 84 u. 13 Centimeter; 50) 12000 Mann u. 10 Wochen; 51) 11, 17 u. 19; 52) 16, 28, 37 Mark; 53) in 12, 16 u. 18 Minuten; 54) 4, 7, 11 u. 14.

Zu § 24.

67) 1,732 u. 1,733; 68) 2,645 u. 2,646; 69) 4,358 u. 4,359; 70) 18,027 u. 18,028; 71) $\frac{989}{700}$ u. $\frac{990}{700}$; 72) $\frac{542}{700}$ u. $\frac{543}{700}$; 73) $\frac{1870}{700}$ u. $\frac{1871}{700}$.

Zu § 25.

13) 2,236 u. 2,237; 14) 3,162 u. 3,163; 15) 1,581 u. 1,582; 16) 3,794 u. 3,795; 17) 18,179 u. 18,180; 18) 0,379 u. 0,380; 19) 7,615 u. 7,616; 20) 0,577 u. 0,578; 21) 25,980 u. 25,981; 22) 2,027 u. 2,028; 23) 5,47; 24) −1,41; 25) 6,76; 26) 2,83; 27) 3,87; 28) 15,49; 29) 0,58; 30) 1,32; 31) 1,90; 32) 1,66.

Zu § 27.

1) ± 6; 2) $\pm\frac{5}{4}$; 3) ± 6; 4) $\pm\frac{8}{3}$; 5) ± 7; 6) ± 2; 7) $f + e$; 8) +4 u. +5; 9) 3 u. 4; 10) 3 u. 9; 11) 4 u. −3; 12) 20 u. −1; 13) 5 u. −9; 14) 7 u. 19; 15) 121 u. 11; 16) 2 u. −19; 17) 5 u. −4; 18) 3 u. 7; 19) 4 u. 5; 20) 3 u. $-\frac{2}{3}$; 21) $\frac{1}{2}$ u. $\frac{13}{20}$; 22) $\frac{1}{3}$ u. $\frac{4}{5}$; 23) $\frac{3}{4}$ u. $-\frac{4}{3}$; 24) $\frac{1}{3}$ u. $\frac{17}{12}$; 25) $\frac{1}{2}$ u. $-\frac{5}{18}$; 26) $\frac{2}{3}$ u. $-\frac{14}{5}$; 27) $-4 \pm \sqrt{17}$; 28) $3 \pm \sqrt{2}$; 29) $\frac{7}{2} \pm \frac{1}{2}\sqrt{5}$; 30) $\sqrt{2} \pm \sqrt{5}$; 31) $2 \pm 2i$; 32) $\frac{1}{10} \pm \frac{3}{10}i\sqrt{11}$; 33) $-\frac{1}{2} \pm \frac{1}{2}i\sqrt{3}$; 34) $1 \pm i\sqrt{3}$; 55) 1, $-2 \pm \sqrt{34}$; 56) −4, $-\frac{3}{2} \pm \frac{5}{2}\sqrt{5}$; 57) ± 2, ± 5; 58) ± 10, ± 5; 59) ± 1, $\pm i\sqrt{55}$; 60) ± 2, $\pm\frac{1}{15}\sqrt{345}$; 61) ± 3, $\pm i\sqrt{11}$; 63) 2 u. 4; 64) 9 u. 15; 65) $\frac{5}{4}$ u. $\frac{1}{8}$; 66) 0, −3, 2, −5; 67) 3, $\frac{1}{3}$, 5, $\frac{1}{5}$; 68) +1, −1, +3, $-\frac{1}{3}$; 69) 4, $\frac{1}{4}$, 1, 1; 70) $\frac{1}{4}(\sqrt{5} - 1) \pm \frac{1}{4}i\sqrt{10 + 2\sqrt{5}}$ und $-\frac{1}{4}(\sqrt{5} + 1) \pm \frac{1}{4}i\sqrt{10 - 2\sqrt{5}}$; 71) −1, 3, $\frac{1}{3}$, 5, $\frac{1}{5}$; 72) 1, 1, 1, 2, $\frac{1}{2}$; 73) 1 u. die vier Werte von No. 70; 74) 1, −1, $-\frac{1}{2} \pm \frac{1}{2}i\sqrt{3}$, $\frac{1}{2} \pm \frac{1}{2}i\sqrt{3}$; 75) +1, −1, $+i$, $-i$, $\pm\frac{1}{2}\sqrt{2} \pm \frac{1}{2}i\sqrt{2}$; 76) +1, −1, $\pm\frac{1}{4}(\sqrt{5}-1) \pm \frac{1}{4}i\sqrt{10 + 2\sqrt{2}}$, $\pm\frac{1}{4}(\sqrt{5} \pm 1) \pm \frac{1}{4}i\sqrt{10 - 2\sqrt{2}}$; 77) 2; 78) 3; 79) 4; 80) 3; 81) 7; 82) 11; 83) 5; 84) 3; 85) 4 u. $-\frac{72}{71}$; 86) $\frac{3}{4}$; 87) 8 mal 9; 88) 3 u. 4; 89) $\frac{9}{16}$; 90) 7; 91) 25 Centimeter; 92) 29 Centimeter;

93) 49 zu 25; 94) 10 Erwachsene, 12 Kinder, Beitrag 3 Mark, bezw. 1 Mark; 95) 3 Mark ; 96) 40 Schriftsetzer; 97) 23 Personen; 98) 1400 Meter; 99) 3000 u. 3250 Meter; 100) 4800 Meter u. 5500 Meter; 101) 8 Kilo; 102) Nach 2 Sekunden und nach $2\frac{4}{49}$ Sekunden; 103) $1\frac{1}{2}$ Meter; 104) 20 Ohm.

Zu § 28.

[Von den Wert-Gruppen, welche das Gleichungssystem erfüllen, ist hier immer nur eine angegeben.]

1) 2 u. 3; 2) 5 u. 2; 3) 4 u. 1; 4) 4 u. 5; 5) 3 u. 2; 6) 2 u. 3; 7) 2 u. 1; 8) 3 u. 5; 9) 5 u. 7; 10) 4 u. 2; 11) 15 u. 5; 12) 5 u. 3; 13) 6 u. 5; 14) 4 u. 8; 15) 6 u. 5; 16) 7 u. 2; 17) 7 u. 2; 18) 2 u. 1; 19) 3 u. 1; 20) 3 u. 2; 21) 3 u. 2; 22) 3 u. 2; 23) 3 u. 1; 24) 4 u. 1; 25) 7 u. 1; 26) 5 u. 4; 27) 5 u. 3; 28) 4 u. 1; 29) 36 u. 9; 30) 16 u. 1;
36) 2, 3, 4; 37) 1, 2, 3; 38) 1, 2, 5; 39) 2, 4, 7;
40) 5, 6, 7; 41) 4, 8, 16; 42) 6, 10, 14; 43) 1, 3, 4; 44) 6, 12, 8, 9; 45) 1, 3, 5, 7; 46) 2, 3, 5, 6; 47) 16 u. 36; 48) 4 u. 9 Seiten; 49) $\frac{3}{2}+\frac{1}{2}i\sqrt{3}$ u. $\frac{3}{2}-\frac{1}{2}i\sqrt{3}$; 50) 7, 24 u. 25 Meter; 51) 4, 6, 9; 52) 10 Minuten u. 12 Minuten; 53) 24 Pferde, jedes zu 200 Mark; 54) 40 Ohm, 5 Ampère, 1000 Watts.

Zu § 29.

70) 3 u. 4; 71) 1 u. 5; 72) 1 u. 3.

Zu § 30.

61) 1,44 u. 1,45; 62) 2,08 u. 2,09; 63) 4,64 u. 4,65; 64) 1,60 u. 1,61;
68) 1,710; 69) 0,630; 70) 2,405; 71) 2,732; 72) 1,494.

Zu § 31.

12) 0,47; 13) 11,18.

Zu § 32.

54) 54,98; 55) 31,29; 56) 24,60; 57) 96,20; 58) 4,753; 59) 235,4; 60) 6,742; 61) 1,120; 62) 16,74; 63) 2,689; 64) 1,246; 65) 1,383; 66) 508,7; 67) 1,198; 68) 2,187; 69) 0,816; 70) 2,511; 71) 4,983; 72) 2,671; 73) −8,044; 74) −2,064; 75) 0,9511; 76) 0,3902; 77) 3,000; 78) 6,296; 79) 1,361; 80) 355,7; 81) Mit 31 Ziffern; 82) Mit 369 000 000 bis 370 000 000 Ziffern; 83) 4,37; 84) 0,81; 85) 0,125 und 2,125.

www.ingramcontent.com/pod-product-compliance
Ingram Content Group UK Ltd.
Pitfield, Milton Keynes, MK11 3LW, UK
UKHW061541190726
13845UKWH00031B/1156